兵器材料与应用

陶绍虎　赵　晖　孙兴龙　主　编

北京理工大学出版社
BEIJING INSTITUTE OF TECHNOLOGY PRESS

内 容 简 介

本书针对性地介绍了现代兵器所应用的多种材料，内容涉及国内外先进兵器用的金属材料、非金属材料、复合材料、功能材料、高分子材料、弹箭材料等诸多优质材料，着重对这些材料的制备工艺、理化测试和性能、应用前景等方面的基础理论知识和科研成果作了详细的梳理。本书既反映了国内外最新兵器材料的研究成果，也融入了诸多兵器材料的应用实例，具有很强的理论指导性和应用性。本书通用性强、适应范围广，可作为高等院校兵器材料相关专业本科生、研究生的教材，也可供其他专业对兵器材料感兴趣的老师和学生、材料制备的工程技术人员以及从事兵器材料基础理论和技术研究的工作人员阅读和参考。

版权专有　侵权必究

图书在版编目（CIP）数据

兵器材料与应用 / 陶绍虎，赵晖，孙兴龙主编. --
北京：北京理工大学出版社，2022.8
　ISBN 978-7-5763-1659-9

Ⅰ．①兵… Ⅱ．①陶… ②赵… ③孙… Ⅲ．①武器工业-材料 Ⅳ．①TJ04

中国版本图书馆 CIP 数据核字（2022）第 159154 号

出版发行 / 北京理工大学出版社有限责任公司
社　　址 / 北京市海淀区中关村南大街 5 号
邮　　编 / 100081
电　　话 / （010）68914775（总编室）
　　　　　 （010）82562903（教材售后服务热线）
　　　　　 （010）68944723（其他图书服务热线）
网　　址 / http：//www.bitpress.com.cn
经　　销 / 全国各地新华书店
印　　刷 / 北京国马印刷厂
开　　本 / 787 毫米×1092 毫米　1/16
印　　张 / 14.5
彩　　插 / 1
字　　数 / 338 千字
版　　次 / 2022 年 8 月第 1 版　2022 年 8 月第 1 次印刷
定　　价 / 72.00 元

责任编辑 / 王梦春
文案编辑 / 闫小惠
责任校对 / 刘亚男
责任印制 / 李志强

前　言

兵器材料和其他基础材料一样，其技术进步和创新应该建立在牢固而正确的理论基础之上。近些年来，世界的兵器材料有非常大的进步和创新，衍生了诸多新型的材料，并在先进的兵器上得以应用，取得了较好的效果。

本书的整体构建符合新工科人才培养理念与需求，系统地梳理了新工科专业知识逻辑体系，科学设计了新工科通专融合的课程体系；本书从学生主体认知特点出发，构建节点化、关联化的教材知识结构体系，并对内容进行了分层设计，重在知识的获得和理解，符合学生的认知特点，把握概念教学逐步到位。同时，教材中有机地融入"课程思政"有关要求，深化课程思政与思政课程协同育人效应，吸纳了相关领域理论知识与实践成果，凸显前沿性、交叉性与综合性的教材内容。

本书是一本阐述兵器材料与应用的书籍，力求为学习材料相关专业的学生提供一本基础教材，同时为其他学科的读者提供一本深入浅出的参考书，使其具有一定的科普性。本书主要介绍了国内外兵器工业用金属材料、非金属材料、复合材料、高分子材料及其材料制备工艺、理化测试等方面的基础知识和科研成果。本书共计5章内容，第1章是兵器材料的进步，着重介绍了兵器材料的蓬勃发展、战略地位和产业布局及竞争优势；第2章是兵器用金属材料，主要介绍了铝合金、镁合金、钛合金、钨合金、稀土材料、超高强度钢、高温合金和金属基复合材料的性能与应用；第3章是兵器用非金属材料，主要介绍了碳/碳复合材料、陶瓷基复合材料和聚合物基复合材料的性能与应用；第4章是功能材料，主要介绍了超导材料、纳米功能材料、阻尼材料和隐身材料的性能与应用；第5章是弹箭材料，主要介绍了穿破甲弹和火炸药材料的性能与应用。希望广大老师和学生喜欢这本教材，并从中受益。

本书在章节体系和内容组织方面得到了张罡教授的指点和帮助，特此致谢。本书由陶绍虎副教授完成第1、2章的编写工作，孙兴龙讲师完成第3、4章的编写工作，赵晖教授主要完成第5章的编写工作，全书由陶绍虎副教授统稿。本书得到了沈阳理工大学引进高层次人才科研支持计划资金的资助，书稿完成后，编写团队花费了大量的时间对文字和图表进行了校对，借此机会，向付出了艰辛劳动的全体编写人员致以崇高的敬意，同时也感谢北京理工大学出版社对本书的出版工作所给予的支持和辛勤劳作。

由于时间仓促，书中难免存在不当之处，敬请读者给予批评和指正。

目 录

第1章
兵器材料的进步

1.1 兵器材料发展史

中国有着极为悠久的历史文化传承，而古代文明的发展总是伴随着接连不断的战争，中国古代的军事文化也是世界文化的重要组成部分，而兵器作为现代史学家研究古代军事文化的载体，在其中起着重要的作用。兵器作为战争中最重要的存在之一，它的制造材料也紧随时代的发展，但总体来说可分为冷兵器时代和热兵器时代，其中冷兵器时代主要包括石器时代、青铜器时代和铁器时代，每个时代发展转变的时间也各不相同。

▶▶▶ 1.1.1 兵器材料的分类 ▶▶▶

自古以来，工欲善其事，必先利其器。强悍的战士要配备强有力的武器才能在战斗中占据上风，好的武器可以让战士如虎添翼，而若要利其器就得有好材料，这也就是石斧、石刀最终被金属兵器所代替的原因。

1. 冷兵器时代

冷兵器是一种作战效率极高的武器，在热兵器未出现之前，决定着战场的优劣之势。作为士兵仅能依赖的作战武器，冷兵器的打造要得到极高的保障，这样士兵在战场上就不会因为兵器脆弱而丢掉性命。

冷兵器的材料挑选和制作工艺都有着极大的不同，不同的兵器有着不同的锻造方法，它们的制造结合了人们的智慧，既具威力又极具特色。

1）石器时代

石器时代又分为旧石器时代和新石器时代。旧石器时代距今 300 万—1 万年，以使用打制石器为主要标志。石器时代的最后一个阶段，以使用磨制石器为标志。在新石器时代晚期人们已经在使用研磨得很精细的石斧石刀，还有各式各样有着尖锐箭头的弓箭和标枪，但那时这些也只是作为狩猎或者帮助生产的工具。人类的原始时代末期，随着生产力的发展和文明的逐渐进步，人们开始有了私有财产，与此同时也出现了为争夺财产和奴隶而发生的争斗。这些有着杀伤力的工具开始作为武器使用，渐渐地从日常工具中脱离出

来，成为帮助人们战斗的兵器。

石制兵器包含石斧、石镰、石戈等，当时的兵器制造分为石头的粗砸和细磨两个阶段，石制兵器从原始社会到夏朝中后期一直占据着重要的地位，这些兵器也逐渐发展，从最初的粗制滥造到后来变得精细锋利。到了石制兵器时代的后期，为应付各种不同的战争环境，人们逐渐创造出模仿动物角、爪等部位所制造的兵器，这些兵器有更大的杀伤力。古代的生产力普遍低下，石制兵器在青铜兵器出现后的很长一段时间里也被频繁使用。石制兵器变化如图1.1所示。

图1.1　石制兵器变化

2）青铜器时代

铜是人类发现最早的金属之一，它的发现可以追溯到公元前5000—4000年，在新石器时代晚期，人类最先使用的金属是红铜，所谓红铜，就是指天然铜。在石器作为主要工具的时代，人们在拣取石器材料时，偶尔会遇到天然铜。人们有了长期用火的丰富经验，为铜的冶炼提供了必要的条件，在公元前5000年的中东遗迹中就有铜打制成的最早的铜器。

公元前4000年左右，铜的铸造技术已普及；公元前3000年左右，铸造技术传到印度，后来经印度传到中国；公元前1600年左右的殷商时期，青铜（铜与锡或者铅的合金）制造业已很发达。虽然中国的青铜历史不如国外那么早，但这并不代表中国古代的青铜发展就逊于国外。1975年，甘肃东乡林家马家窑文化遗址（约公元前3000年）出土一件青铜刀，这是目前在中国发现的最早的青铜器，是中国进入青铜器时代的最有效证明。纯铜质地较软，加入铅或锡后制成的青铜具有熔点低、硬度大、可塑性强、耐腐蚀、色泽光亮等特点。

国外早在公元前3000年就已制造出青铜，最早的青铜器出现于6000年前的古巴比伦两河流域。苏美尔文明时期雕有狮子形象的大型铜刀是早期青铜器的代表，《荷马史诗》中提到希腊火神赫斐斯塔司把铜、锡、银、金投入熔炉，炼成了英雄阿基里斯所持的盾。图1.2和图1.3分别是代表古代青铜技艺的越王勾践剑和公元400年的凯尔特匕首。

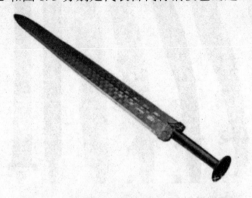

图1.2 代表古代青铜技艺的越王勾践剑　　　　图1.3 公元400年的凯尔特匕首

较之于石头，青铜可塑性极强，可以按照人类的要求被制成各种形状，包括青铜刀、剑等，而石制兵器则无法做到，因此青铜兵器逐渐取代了石制兵器，登上了人类历史的舞台。但是铜也有不足之处，即在地壳中的储量比铁少，这也是铜最终被铁取代的原因。

3）铁器时代

铁是地壳中分布最为广泛的材料之一，那为什么人类最早发现的是金、银、铜等而不是铁呢？首先是因为天然单质状态的铁在地球上是找不到的，铁往往以铁矿石的形式出现，而且容易氧化生锈，同时熔点（1 535 ℃）比铜（1 083 ℃）高，这使铁比铜难以熔炼。

地球上的铁以磁铁矿、赤铁矿、褐铁矿和菱铁矿为主要表现形式。铁矿石常用高炉以焦炭为燃料，以铁矿石和石灰石为原料炼得，炼出来的铁分为3种，即生铁、熟铁和钢，主要区别在于碳含量的多少。含碳量在2.11%以上的铁是生铁，含碳量少于0.02%的铁是熟铁，含碳量介于0.02%~2.11%的铁就是钢，3种铁因为碳含量的不同，所具有的特性也不尽相同。生铁坚硬，但质脆，钢具有弹性，熟铁易于机械加工，却又比钢柔软。

在中国，从战国时期到东汉初年，铁器的使用开始普遍起来，铁成为我国最主要的金属。铁的化合物四氧化三铁就是磁铁矿，为早期制作司南的材料。

图1.4和图1.5分别为古印度的坎查剑和古埃及的各类刀剑，图1.6展示的是铁器时代的典型兵器。

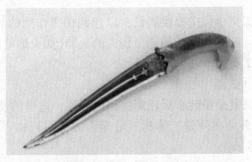

图1.4 古印度的坎查剑

图1.5　古埃及的各类刀剑

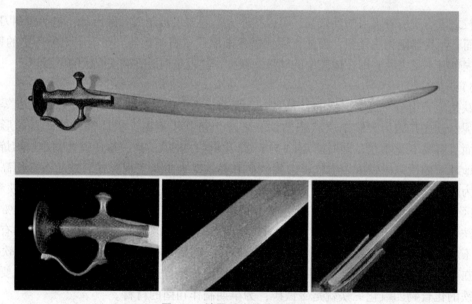

图1.6　铁器时代的典型兵器

2. 热兵器时代

所有依靠火药或类似化学反应提供能量，以起到伤害作用的兵器（如火药推动子弹）；或者直接利用火、化学、激光等携带的能量伤人的兵器（如火焰喷射器），都是热兵器。

热兵器可分为如下7类。

1）步枪、手枪等单兵武器

单兵武器，顾名思义就是单纯步兵就能使用的武器，这里的使用包含运载、瞄准、开火3个方面。单兵武器必须在质量、体积、后坐力方面可以由一名或多名士兵承受。图1.7列出了部分单兵武器。

图 1.7 单兵武器

2）火炮

火炮，发明于中国，是指利用机械能、化学能（火药）、电磁能等能量抛射弹丸，射程超过单兵武器射程，由炮身和炮架两大部分组成，口径不小于 20 mm 的身管射击武器。图 1.8 为中国 PLZ-05 自行火炮。

图 1.8 中国 PLZ-05 自行火炮

3）坦克

坦克是现代陆上作战的主要武器之一，具有直射火力、越野能力和装甲防护力的履带式装甲战斗车辆，是陆地武器中重要性唯一高于轮式装甲车的存在，主要用来与对方坦克或其他装甲车辆作战，也可以压制、消灭反坦克武器，摧毁工事，歼灭敌方陆上力量。

坦克一般装备数挺防空（高射）或同轴（并列）机枪和一门中口径或大口径火炮（有些现代坦克的火炮甚至可以发射反坦克/防空导弹），是凭火力进行作战的经典体现。坦克大多使用旋转式炮塔,但也有少数使用固定式主炮。坦克主要由武器系统、瞄准系统、动力系统、通信系统、装甲式车体等系统组成。图1.9为中国96B坦克。

图1.9　中国96B坦克

4)装甲车

装甲车是具有装甲防护的各种履带或轮式军用车辆,是装有装甲的军用或警用车辆的统称。坦克也是履带式装甲车辆的一种,但是在习惯上通常因作战用途另外独立分类,而装甲车辆多半是指防护力与火力较坦克弱的车种。图1.10为ZBL-09装甲车。

图1.10　ZBL-09装甲车

5)火箭炮

火箭炮是一种发射火箭弹的多发联装发射装置,它发射的火箭弹依靠自身发动机的推力飞行。火箭炮发射速度快、火力猛烈、突袭性好、机动能力强,可在极短的时间里发射大量火箭弹。图1.11为中国273 mm 1983式多管火箭炮。

图 1.11　中国 273 mm 1983 式多管火箭炮

6）化学武器

化学武器（图 1.12）通过爆炸的方式（如炸弹、核武器、炮弹或导弹）释放有毒化学品（或称化学战剂），通过窒息、神经损伤、血中毒和起水疱等令人恐怖的反应杀伤人类。

图 1.12　化学武器

7）核武器

核武器是利用能自持进行的原子核裂变或聚变反应瞬时释放的巨大能量，产生爆炸作用，并具有大规模毁伤破坏效应的武器。图 1.13 为中国 DF-5B 核导弹。

图 1.13　中国 DF-5B 核导弹

热兵器所用材料，按其用途可分为结构材料和功能材料两大类，主要应用于航空航天、兵器和船舰工业。

1）结构材料

（1）铝合金

铝合金一直是军事工业中应用最广泛的金属结构材料。铝合金具有密度低、强度高、加工性能好等特点，作为结构材料，因其加工性能优良，可制成各种截面的型材、管材、高筋板材等，以充分发挥材料的潜力，提高构件刚度和强度。所以，铝合金是武器轻量化首选的轻质结构材料。图 1.14 为军用铝合金装甲板。

图 1.14　军用铝合金装甲板

（2）镁合金

镁合金作为最轻的工程金属材料，具有比重轻、比强度及比刚度高、阻尼性及导热性好、电磁屏蔽能力强以及减振性好等一系列独特的性质，极大地满足了航空航天、现代武器装备等军工领域的需求。

镁合金在军工装备上有诸多应用，如坦克座椅骨架、车长镜、炮长镜、变速箱箱体、发动机机滤座、进出水管、空气分配器座、机油泵壳体、水泵壳体、机油热交换器、机油滤清器壳体、气门室罩、呼吸器等车辆零部件，战术防空导弹的支座舱段与副翼蒙皮、壁板、加强框、舵板、隔框等弹箭零部件，歼击机、轰炸机、直升机、运输机、机载雷达、地空导弹、运载火箭、人造卫星等飞船飞行器构件。图 1.15 为镁合金在航空领域的应用。

图 1.15　镁合金在航空领域的应用

（3）钛合金

钛合金具有较高的抗拉强度（441～1 470 MPa），较低的密度（4.5 g/cm³），优良的抗腐蚀性能，在 300～550 ℃温度下有一定的高温持久强度和很好的低温冲击韧性，是一种理想的轻质结构材料。钛合金具有超塑性的功能特点，采用超塑成形-扩散连接技术，可以以很少的能量消耗和材料消耗将合金制成形状复杂和尺寸精密的制品。图 1.16 为德国DSR-1 狙击步枪，在此枪的设计中使用了大量的钛合金。

图 1.16　德国 DSR-1 狙击步枪

在过去相当长的时间里，钛合金由于制造成本昂贵，应用受到了极大的限制。近年来，世界各国正在积极开发低成本的钛合金，在降低成本的同时，还要提高钛合金的性

能。在我国，钛合金的制造成本还比较高，随着钛合金用量的逐渐增大，寻求较低的制造成本是发展钛合金的必然趋势。

（4）复合材料

先进复合材料是比通用复合材料有更高综合性能的新型材料，包括树脂基复合材料、金属基复合材料、陶瓷基复合材料和碳基复合材料等，在军事工业的发展中起着举足轻重的作用。先进复合材料具有高比强度、高比模量、耐烧蚀、抗侵蚀、抗核打击、透波、吸波、隐身、抗高速撞击等一系列优点，是国防工业发展中最重要的一类工程材料。图 1.17为军用复合材料-碳纤维运输箱，碳纤维复合材料的应用，可以大大降低其整体质量，在长距离、难装卸的军事运输中起到非常积极的作用。

图 1.17　军用复合材料-碳纤维运输箱

（5）超高强度钢

超高强度钢是屈服强度和抗拉强度分别超过 1 200 MPa 和 1 400 MPa 的钢，它是为满足飞机结构上要求高比强度的材料而研究和开发的。由于钛合金和复合材料在飞机上应用的扩大，钢在飞机上用量有所减少。图 1.18 为超高强度钢在飞机起落架上的应用。

图 1.18　超高强度钢在飞机起落架上的应用

（6）高温合金

高温合金是航空航天动力系统的关键材料。高温合金是在 600~1 200 ℃高温下能承受一定应力并具有抗氧化和抗腐蚀能力的合金，是航空航天发动机涡轮盘的首选材料。图1.19 为高温合金在航空发动机上的应用。

图 1.19　高温合金在航空发动机上的应用

（7）钨合金

钨的熔点在金属中最高，其突出的优点是高熔点带来材料良好的高温强度与耐蚀性，在军事工业特别是武器制造方面表现了优异的特性。在兵器工业中，它主要用于制作各种穿甲弹的战斗部。钨合金通过粉末预处理技术和大变形强化技术，细化了材料的晶粒，拉长了晶粒的取向，以此提高材料的强韧性和侵彻威力。图1.20 是钨合金制作的军事装备用品。

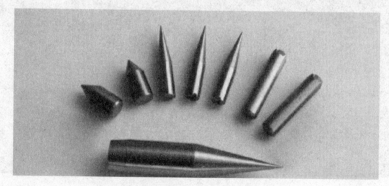

图 1.20　钨合金制作的军事装备用品

（8）结构陶瓷

结构陶瓷材料是当今世界上发展最快的高技术材料，它已经由单相陶瓷发展到多相复合陶瓷。结构陶瓷材料因其耐高温、低密度、耐磨损及低热膨胀系数等诸多优异性能，在军事工业中有着良好的应用前景。图1.21 为结构陶瓷材料。

图1.21　结构陶瓷材料

2）功能材料

（1）光电功能材料

光电功能材料是指在光电子技术中使用的材料，它能将光电结合的信息传输并处理，是现代信息科技的重要组成部分，光电功能材料在军事工业中有着广泛的应用。碲镉汞、锑化铟是红外探测器的重要材料；硫化锌、硒化锌、砷化镓主要用于制作飞行器、导弹，以及地面武器装备红外探测系统的窗口、头罩、整流罩等；氟化镁具有较高的透过率、较强的抗雨蚀、抗冲刷能力，是较好的红外透射材料；激光晶体和激光玻璃是高功率和高能量固体激光器的材料，典型的激光材料有红宝石晶体、掺钕钇铝石榴石、半导体激光材料等。图1.22为光电侦察装备，在机腹载荷舱内安装先进光电侦察设备后，可以用于监视低空活动的各种目标并截击飞机的各项数据。

图1.22　光电侦察装备

（2）储氢材料

某些过渡金属、合金和金属间化合物，由于其特殊的晶格结构，氢原子比较容易透入金属晶格的四面体或八面体间隙中，从而形成金属氢化物，这种材料称为储氢材料。

在兵器工业中，坦克车辆使用的铅酸蓄电池因容量低、自放电率高而需经常充电，此时维护和搬运十分不便。铅酸蓄电池放电输出功率容易受电池寿命、充电状态和温度的影响，在寒冷的气候条件下，坦克车辆起动速度会显著减慢，甚至不能起动，这样就会影响坦克的作战能力。储氢合金蓄电池具有能量密度高、耐过充、抗振、低温性能好、寿命长等优点，在未来主战坦克蓄电池发展过程中具有广阔的应用前景。

（3）阻尼减振材料

阻尼是指一个自由振动的固体，即使与外界完全隔离，它的机械性能也会转变为热能的现象。采用高阻尼功能材料的目的是减振降噪，因此阻尼减振材料在军事工业中具有十分重要的意义。

（4）隐身材料

现代攻击武器的发展，特别是精确打击武器的出现，使武器装备的生存力受到了极大的威胁，单纯依靠加强武器的防护能力已不实际。采用隐身材料（图1.23），使敌方的探测、制导、侦察系统失去功效，从而尽可能地隐蔽自己，掌握战场的主动权，抢先发现并消灭敌人，已成为现代武器防护的重要发展方向。

图1.23 隐身材料

▶▶▶ 1.1.2 全球兵器发展现状及兵器材料技术的研究重点 ▶▶▶

1. 国际兵器工业行业市场规模

根据相关数据统计，2021年全球国防支出预算总计1.94万亿美元，其中北美地区10个国家或地区国防支出预算约为0.77万亿美元（占比39.7%），亚洲44个国家或地区国防支出预算约为0.64万亿美元（占比33.0%），欧洲37个国家或地区国防支出预算约为0.36万亿美元（占比18.5%），非洲36个国家或地区国防支出预算约为0.06万亿美元（占比3.1%），南美地区11个国家或地区与大洋洲2个国家或地区国防支出预算在0.06万亿美元以下。

2. 国际兵器工业行业竞争格局

国际军工市场由世界各国共同构成，受综合实力的制约，不同国家在国际军工市场中所占的份额差异较大。依据各国对外军售收入的多少，当前全球军工企业排名TOP10如表1.1所示。

表1.1　全球军工企业排名 TOP10

排名	公司	国家	军售收入/百万美元	总收入/百万美元	军售收入占比
1	洛克希德·马丁公司	美国	50 536	53 762	94%
2	波音公司	美国	34 050	101 127	33.67%
3	诺斯罗普·格鲁曼公司	美国	25 300	30 095	84.07%
4	雷神公司	美国	25 163.94	27 058	93%
5	中国航空工业集团	中国	24 902	66 405.36	37.5%
6	通用动力公司	美国	24 055	36 200	66.45%
7	BAE 系统公司	英国	22 477.48	24 569.06	91.49%
8	中国兵器工业集团	中国	14 777.77	68 100.3	21.7%
9	空中客车公司	荷兰/法国	13 063.82	75 220.59	17.37%
10	中国航天科工集团	中国	12 130.93	37 909.17	32%

　　美国作为世界第一大军事强国，拥有强大的技术基础和武器装备，且在国际上盟友众多。2018 年，美国的军火销售总收入达到了 2 278 亿美元，占全球销售总收入的 57%。其中，对外军售收入为 556.6 亿美元，较 2017 年增长 33%。2019 年，美国国务院批准的对外军售收入更是达到 679 亿美元，销量大幅增长并继续稳居第一。美国军事工业的强大，体现在其不仅拥有如洛克希德·马丁公司、雷神公司等世界顶级军工企业，同时还拥有以波音公司为代表的大型民企，其常年作为美国国防部承包商，依靠雄厚的技术优势，在军工业务上也能位列世界十强。

　　2018 年年底，俄罗斯公布的军售订单总收入超过了 500 亿美元，已签署的武器出口合同总收入则为 190 亿美元，仅次于美国。截至 2019 年 6 月底，俄罗斯已经向外国客户交付了价值 57 亿美元的产品，其军事装备对外出口保持稳定。俄罗斯军工产业自苏联解体后，虽然因人才流失严重、财力支持困难等发展缓慢，但因保留着苏联完整的军工体系，因此在航空器、防空导弹、潜艇等军工领域依旧保持一定的技术领先优势，是俄罗斯屡获对外军售订单的保障。俄罗斯军工企业规模小于美国，其对外军售订单主要集中在联合航空制造集团公司、俄罗斯直升机公司、金刚石-安泰公司等几家核心军工企业。

　　英、法、德是欧洲地区三大军事强国。英国较法、德两国稍有优势，其 BAE 系统公司是欧洲最大的军工企业，该公司 2018 年全年的销售总收入达到 224.8 亿美元。英国 2018 年全年对外军售收入达到了 180 亿美元，在总额上直追俄罗斯。法国对外军售在战斗机、舰艇等优势领域频繁收获大订单，其"阵风"战斗机接连拿下印度、卡塔尔的订单，"西北风"级两栖攻击舰出口埃及。德国的军工产品在国际市场上凭借良好的口碑，销量稳定，但由于历史原因，德国的对外军售基本不出口大规模伤害的攻击性武器，不向交战双方出售军火等，在军售市场上以销售"豹2"家族主战坦克、装甲战车、轻武器等陆军武器为主。

　　中国过去虽有军工产品出口经验，但装备技术水平较低，故在国际市场上分量较轻。近年来，随着中国综合国力、科学技术的不断发展提高，军工产品也在技术水平上逐渐赶上世界先进水平，且中国军工产品普遍性价比高。以中国和巴基斯坦联合研制的"枭龙"战斗机为例，其技术水准达到了第三代战斗机的要求，升级空间较大，单机售价却仅为2 000万~3 000万美元，而国际市场上同类水平产品动辄4 000万~5 000万美元。中国的"彩虹""翼龙"系列武装无人机也依靠性能和价格双重优势，大量出口中东地区。此外，在潜艇、护卫舰、主战坦克等武器装备领域，中国也不断赢得订单，使中国跻身世界军售大国行列。

国际军工市场的其他部分由一些地区大国组成，它们在军工领域限于其综合国力的不足，无法实现中、美、俄、英、法的全面发展，但在某一军工领域具有较为领先的技术水平，从而在世界军工市场占据一席之地。如意大利的各型舰炮，韩国的教练机、中小型护卫舰，以色列先进的雷达系统，西班牙的两栖攻击舰、驱逐舰等在国际军工市场订单不断，但都仅限于某一型武器的突出，规模较小，故在国际军工市场占比较低。

3. 我国常规兵器材料技术的发展方向及研究重点

我国常规兵器经过了几十年来的不断发展和开发，在许多装备方面已经接近国际上的先进水平，但与各工业强国的武器装备相比，在数量上和战技水平上还是有一定差距，这是不允否认的事实。因此，我们还必须清醒地认识到，如果我们在高新材料技术方面不能实现跨越式的发展，不能在一些关键材料技术上有重大突破，那么研制和生产新一代武器装备也只能是望洋兴叹。

根据我国常规兵器技术改造和未来高新技术兵器发展需求，我国在今后十几年中，兵器高新材料技术的发展方向和主要研究重点应该集中在以下方面。

1) 轻质高强结构材料

从火炮、主战坦克、装甲车辆到单兵武器，为适应复杂作战地域的特殊要求，尽量使用轻质的结构材料是常规兵器长期的追求目标，也是材料技术发展的必然方向，因此应重点研究新型高强韧钢、钛合金、铝合金、镁合金、金属基复合材料、高分子复合材料等。

2) 高效防护材料

加强对武器装备、战斗人员、作战设施的防护能力是提高战场生存力的重要手段，也是兵器材料技术研究和开发的重要方向，因此应重点研制高效能的防护材料，如重点研制单兵防护材料、装甲车辆用防护材料及各种防腐蚀技术。

3) 特种功能材料

近几十年来，各种新型功能材料的开发与应用取得了飞速发展，国内外的新材料研究已经从传统的结构材料向功能材料方向转移，而我国常规兵器在功能材料的开发与应用已远远落后于国外的先进水平，因此今后应大力开发兵器用功能材料技术，如隐身材料、传感器材料、耐腐蚀材料、耐高温材料等，以满足新型武器装备对材料技术的需求。

4) 光电子材料

现代战场的快速反应能力对武器装备的观瞄技术、探测技术、通信技术、情报分析、数据处理技术提出了越来越高的要求，这就使光学材料、电子材料、光电子材料、通信材料技术成为兵器新材料技术的重要发展方向和研究重点。

5) 高含能材料

为大幅度提高弹药的攻击能力、毁伤能力和武器的远程打击能力，研制新型高含能材料是各国兵器发展的一个重要方向，为此应进一步加强我国高能发射药、高能爆破药、空

心装药等含能材料技术研制与应用。

6）高分子材料

近十几年来，高分子材料技术在兵器上的应用已经取得了飞速发展，并因其具有的优异性能正取代部分金属材料，然而我国兵器高分子材料的研究和应用与国外差距极大，因此大力开发高分子材料及其复合材料在非承重结构件、防护材料、弹箭材料上的应用十分重要。

7）陶瓷材料

工程陶瓷材料以其独特的耐高温、耐磨损、耐烧蚀和耐腐蚀性能，已经成为一种重要的结构和功能材料，在常规兵器上有着广泛的应用前景，因此应重点研制抗弹陶瓷、发动机用陶瓷、弹箭用陶瓷材料等新型陶瓷材料技术。

8）材料动态性能测试技术

许多常规兵器材料是在动态下使用，且必须满足高温、高压、高速和高腐蚀的服役条件，高新材料技术研制中也需要对材料的使用性能进行模拟试验、数值仿真，因此应重点开展兵器材料在特殊使用条件下的测试技术，为武器装备的可靠性提供保障。

4. 我国兵器高新材料技术的发展策略与措施

经过科技人员几十年的不懈努力和艰苦奋斗，我国兵器材料技术已取得了巨大进步和众多成果，为我军众多现代化武器装备提供了有力的技术支撑，但同时在高新材料技术方面与国外的差距也是相当大的，而且要接近目前国外的先进水平还任重道远。为此，我国对兵器材料技术的研制和开发必须投入更大的人力和物力，集中力量在短时期内突破一些制约兵器材料技术发展的"瓶颈"，使兵器高新材料技术实现跨越式的发展。

1）增加高新材料技术研制的经费投入

兵器高新材料技术研制投资经费不足，是长期制约我国兵器用特种材料技术研究和开发的一个重要影响因素，使兵器新材料研制多年来处于一种"有多少钱办多少事"的困难境地，这种局面得不到根本的改善，要加快兵器高新材料技术发展只能是纸上谈兵。

2）加强专业新材料技术研发机构建设

兵器材料研究所及相关专业研究所在兵器新材料技术研制方面曾做出巨大的贡献，而且它们现在及今后都是发展兵器高新材料技术的主力军团。但是，由于科研经费不足、科研设施陈旧老化、科技人员收入偏低、生产生活条件恶劣等问题长期得不到改善，已经没有吸引人才、留住人才的优势可言，因此加大科研经费投资力度、更新科研设备、提高兵器科技人员收入等一些加强科研机构建设的措施应尽快落实。

3）扩大兵器新材料技术研制协作渠道

现代材料技术发展的不平衡和科研力量的分布变化，使民口企业的高新材料技术在许多方面已经超前于军口企业，而且民用材料在武器装备上的应用已成为兵器新材料技术应用研究的一个重要方面。为此，兵器新材料技术研制应进一步加大与行业外研究机构和大专院校的合作，努力扩大与国内外的人才与技术交流，以缩短研制周期和降低研发开支。

4）全面改革新材料技术研制管理模式

兵器新材料技术的研究工作长期以来一直采取计划经济下的管理体制，这种以管理为中心的管理模式不仅加大了科研经费的额外开支，而且严重地影响科研人员的积极性和创造力。随着我国管理体制的改革与完善，建议兵器新材料技术研制应尽快实行以科研人员为中心的管理体制改革，打破以前多层次、多机构、机关说了算的管理模式，而应由科研人员直接向中央军事委员会装备发展部(简称军委装备发展部)申请项目，并实行研制计划、经费开支完全由课题组决定的管理模式。

5)重视兵器新材料技术的工程化试制

多年来，在我国新材料技术的应用研究中，预先研究与型号研究之间的工程化研究衔接不好，是长期以来严重影响新材料技术在武器装备上应用的一个非常突出的问题。这表现为一方面是预先研究没有足够的经费完成工程化，另一方面是型号研制用新材料技术必须是已经工程化的材料技术，这使我国兵器新材料技术的大量科研成果得不到应用，而武器装备研制时又无新材料可用。为此，在高新材料技术预先研究的经费中必须安排其工程化的经费，以使研制的高新材料技术能达到实用化的程度。

▶▶▶ 1.1.3　兵器材料发展中存在的问题 ▶▶▶

目前，国内外大多认为电子信息技术、生物工程技术、新能源技术、光电子技术、新材料技术、新兴自动化技术属于高新技术领域。这些高新技术都在现代兵器上有广泛的应用需求和发展前景，尤其是在精确制导技术、战场监察与控制技术、液体发射药火炮技术、智能弹药技术、电磁发射技术、新型引信技术、含能材料技术、结构材料技术、先进制造技术等方面，谁能占据技术上的领先优势，谁就可主宰未来战场的命运，并赢得战争的胜利。为此，世界各军事大国无不在常规兵器研制中投入巨大的人力、物力，开发新技术，发展新装备。然而由于历史原因和各种观念上的差距，我国兵器材料技术的发展受到了一定程度的影响，不能完全满足武器装备更新换代的需求，初步分析其原因主要有以下4点。

1. 观念陈旧影响新材料研制和应用

由于历史原因，中华人民共和国成立后的主要装备和材料技术几乎全部采用苏联的标准，加之受到"重型号、轻预研，重生产、轻工艺"传统观念的影响，至今主要的各种装备上仍然大量沿用苏联的材料，最典型的是坦克发动机曲轴材料还在使用 18Cr2Ni4WA 钢，由于该钢调质处理后强度较低，严重地影响了发动机的轻量化，虽然进行了多次技术攻关，但并无大的改进。其次如重负荷齿轮用钢，早在 20 世纪 80 年代就已经自行成功研制了新型低铬镍的齿轮用钢，但至今仍然在使用 20Cr2Ni4A 和 18Cr2Ni4WA 这些应该淘汰的老钢种。

2. 型号研制与新材料研究不配套

多年来，兵器工业在重点型号的研制和引进中，对于新材料技术的应用重视不足，如在第三代主战坦克的研制时，并没有对新材料技术提出具体的要求，后来在研制中为了解决一些关键材料技术才成立了新材料专项组，但此时装备研制已经进入了正样车研制，新材料的研制和试验根本没有时间，致使如密封材料、胶贴剂、减振降噪等材料直接影响到战车的性能。此外，在引进装备中由于没有材料技术研制和生产部门的配合，在国产化时也受到相当大的影响。

3. 新材料研制的经费长期不足

几十年来，由于兵器工业企业大多不具备新材料技术研制和试验的条件，而专业材料研究所因研制经费不足，已经成为兵器工业新材料技术研究和应用的"短板"。特别是预研经费一般只能支撑材料技术研制完成实验室的研究工作，往往还不能达到工程应用要求的程度；在新装备研制时则要求新材料技术必须完成工程化试制，而预先研究往往又没有足够的经费支持进行工程试验，致使一些新材料成果长期得不到推广应用而束之高阁，其结果是造成材料技术科研工作"成果一大堆，型号用不上"的局面，也造成了大量科研经费的浪费。

4. 军口企业与民口企业的新材料研究协调不力，需协同创新

军民协同创新要求把国防科技创新与民用创新体系进行融合，实现资源整合、成果共享、互动协同，使国家科技创新投入产出效益最大化。在国防科技工业和国家工业融合发展的背景下，有关军民协同创新的概念，不少学者都进行了有益探索。军民协同创新是指军地创新主体面向国家军民两用重大战略需求，开展跨部门、跨领域、跨区域、跨行业密切协同互动，实现知识增值和重大科技创新，整合提升创新绩效的创新组织形式。应以产业集群为关键节点，从战略、组织、制度和知识 4 个维度来分析军民协同创新概念的内涵。目前，国内专家学者主要从企业发展角度、知识产权归属角度、企业技术转移角度、协同创新机制构建角度等方面，围绕军民协同创新体系的构建来开展相关研究工作。现有的军民协同创新研究中，将协同创新与产业链整合理论结合研究的成果相对较少。

1.2 兵器材料的蓬勃发展

我国兵器材料产业的战略地位不断提升，目前已上升到国家战略层面。当前，我国兵器材料产业发展到了关键阶段，必须抓住机遇，乘势而上，全力推动产业持续快速发展，实现新突破，跃上新水平。技术升级、政策推动、市场占据是行业竞争中的核心成功要素。

▶▶▶ | 1.2.1 新材料琳琅满目 ▶▶▶ ▶

我国兵器材料产业起步较晚，产业发展较不充分，关键材料自给能力不足，高端材料依赖进口。随着我国向中高端领域加快发展，兵器材料行业有着巨大的市场潜力和发展空间，但前提需尽快突破技术瓶颈，推动产业体系逐步完善。

在未来战争中，人类将在空间展开一场前所未有的、以开发利用空间丰富资源和争夺制天、制地、制海权为主要内容的大竞争，军用武器装备将会得到迅速发展。金属材料、非金属材料、功能材料、特殊材料等多种材料和新型材料的出世，创新技术的发展，均会带动武器装备的发展。

在各个时代，最先进的技术最早往往为军事用途服务。材料在国防工业中占据着举足轻重的地位，而兵器新材料是高端武器装备发展的先决要素。兵器性能的改进一半靠材料，可以说，没有先进的材料和制造技术就没有更先进的武器装备。因此兵器新材料是新一代武器装备的物质基础，也是当今世界军事领域的关键技术。世界各国对军用新材料技

术的发展给予了高度重视，加速发展军用新材料技术是保持军事领先的重要前提。

新型号、新装备对高性能材料需求明显增加。目前在新型武器装备的应用中，钛合金、高温合金以及复合材料（碳纤维等）等高性能材料脱颖而出，市场空间不断增长，用量不断创新高。新材料技术是决定武器装备性能与水平的重要因素。例如，高效低成本树脂基弹箭复合材料研制成功及其在战略和战术弹箭上的应用，显著改进了武器装备战技指标，大大地增加了战略和战术导弹的射程。轻型反坦克导弹的增程，主要依赖于碳纤维/玻纤混杂增强环氧复合材料、有机硅耐烧蚀涂料和橡胶基复合材料防护层的成功研制与应用。

兵器新材料引领技术发展，奠定我国整体材料基础。兵器新装备的牵引是我国的高端新材料技术快速发展的动力源之一，尤其是在国外封锁的环境下，兵器材料是我国新材料技术的突破口，通过近几年的发展，可以看到我国正逐渐打破西方列强的围剿封锁。以碳纤维为例，以往国际碳纤维行业主要市场被美、日等国垄断，但随着国家的重点扶持，以及如光威复材、中简科技等企业的不懈努力，通过军品的研发供应，我国在高性能碳纤维方面取得了长足的进步，为未来高端民用市场奠定了基础。

兵器材料正向着"轻量化、高性能化、多功能化"等方向发展，高性能化是兵器新材料从始至终贯穿的要求，这种性能体现在多方面，既可以是力学强度、韧性方面，也可以是耐高温性能等方面，此外，由于武器装备对可靠性的高要求，兵器材料具有性能高于经济性的特点。

1. 新材料之王碳纤维是军事强国的必争之材

现代信息化战争既是高技术装备之战，也是高性能材料之战。碳纤维材料（图1.24）性能优异，外柔内刚，兼具电学、热学和力学等综合特性。它强度高、韧性好，可大幅提升现代武器装备系统作战性能，具有低密度、高强度、高模量、耐高温、耐严寒、耐摩擦、耐腐蚀、导电、抗冲击、电磁屏蔽效果好等一系列优越的性能，能够广泛应用于航空、航天、能源、交通、军用装备等众多领域，不仅是国防军工和民用生产生活的重要材料，而且是极其重要的军事战略材料。

近年来，为适应我国国防建设发展需要，碳纤维及其复合材料已被列为国家重点支持的项目。专家认为，着眼未来建设完整自主的高水平产业链，努力把事关国家安全利益的核心技术真正掌握在自己手中，乃是实现兴国强军中国梦的必由之路。

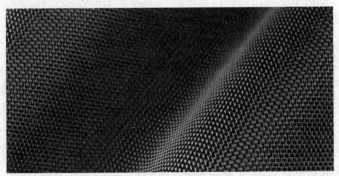

图1.24　碳纤维材料

2. 对未来军工领域产生革命性影响的超材料

超材料（图1.25）是通过在材料关键物理尺寸上的结构有序设计，突破某些表观自然规律的限制，获得超出自然界原有普通物理特性的复合材料。超材料是一个具有重要军事应用价值和广泛应用前景的前沿技术领域，将对未来武器装备发展和作战产生革命性影响。

图1.25　超材料

与常规材料相比，超材料主要有3个特征：一是具有新奇人工结构；二是具有超常规的物理性质；三是采用逆向设计思路，能"按需定制"。超材料研究的重大科学价值及其在诸多应用领域呈现的革命性应用前景，使其得到了美国、欧洲、俄罗斯、日本等国家和地区政府，以及波音公司、雷神公司等企业的强力关注，现在已是国际上最热门、最受瞩目的前沿高技术之一。在超材料应用方面，有关国家和机构近年来启动了多项研究计划，如美国国防部高级研究计划局（DARPA）实施的负折射率材料研究计划，美国杜克大学开展的高增益天线超材料透镜研究，以及可升级和可重构的超材料研究等。此外，还有近百家美国企业获得小企业创新计划和企业技术转移资助和计划资助，对超材料技术进行了大量研究和产品转化。目前，超材料领域已初步形成的产品包括超材料智能蒙皮、雷达天线、吸波材料、电子对抗雷达、通信天线、无人机载雷达等。超材料因其独特的物理性能而一直备受人们的青睐，在军事领域具有重大的应用前景。近年来，超材料在隐身、电子对抗、雷达等领域的应用成果不断涌现，展现了巨大应用潜力和发展空间。隐身是近年来出镜率最高的超材料应用，也是迄今为止超材料技术研究最为集中的方向，如美国的F-35战斗机与DDG1000大型驱逐舰均应用了超材料隐身技术。未来，超材料在电磁隐身、光隐身和声隐身等方面具有巨大应用潜力，在各类飞机、导弹、卫星、舰艇和地面车辆等方面将得到广泛应用，使军事隐身技术发生革命性变革。

超材料的重要意义不仅体现在主要的人工材料上，更重要的是它提供了一种全新的思维方法——人们可以在不违背物理学基本规律的前提下，获得与自然界中的物质具有迥然不同的超常物理性质的"新物质"。"一代材料，一代装备"，创新材料的诞生及发展必将会催生新的武器装备与作战样式。

3. 石墨烯的军事用途之科技前沿发展

石墨烯是已知最薄、最坚硬的纳米材料，它几乎完全透明，质轻且具有良好的柔韧性和超强的导电、导热性，在微电子、光电子和新材料等高技术军事领域有巨大的应用潜能。欧美等发达国家投入了大量资金，重点开展石墨烯在超级计算机、高灵敏传感器、便携电子器件和先进防护材料等与国防密切相关领域的战略性开发，以期占据军事前沿技术的制高点。

石墨烯将提高计算机的存储和运算能力、减小体积、降低能耗，计算机是武器火控系统的核心，其数据处理和存储能力决定着弹道计算和快速打击的精准度。石墨烯器件制成的计算机处理频率比硅基微处理器高 1 000 THz，在装备设计制造模拟、战场模拟、核爆模拟以及情报分析方面有重要意义，此外石墨烯器件还具有尺寸小、耗能低、发热量少等特点。图 1.26 为更细小、更节能、运算速度更快的石墨烯芯片。

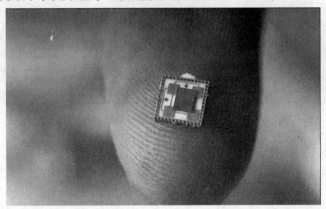

图 1.26　更细小、更节能、运算速度更快的石墨烯芯片

石墨烯可以提高装备的防护性能和隐身能力，并具有优越的力学性能，在抗弹防护方面具有广泛的应用前景。石墨烯受到硅石球高速冲击时，能迅速分散冲击力，吸收入射能量的能力比钢强 10 倍，是凯芙拉纤维的 2 倍。将石墨烯与其他轻质高强材料复合，有望获得高性能轻型装甲系统。此外，石墨烯能显著增强蜘蛛丝的强度，复合丝可达天然蛛丝强度的 3.5 倍，是单兵防弹衣的高性能材料。鉴于石墨烯的轻质高强特性和热、电性质，石墨烯还可用于隐身防护领域。图 1.27 和图 1.28 分别为基于石墨烯传感器的可穿墙的眼镜和利用石墨烯制造的更轻巧、防护能力更强的防弹衣。

图 1.27　基于石墨烯传感器的可穿墙的眼镜

图 1.28　利用石墨烯制造的更轻巧、防护能力更强的防弹衣

石墨烯已成为军事尖端技术所依托的明星材料，其成果一旦商业化，将给军事装备和民用产品带来巨大变革，如石墨烯基超级计算机、微型红外夜视镜、超灵敏探测器和超薄可折叠显示屏等。

4. 国内外军工领域里 3D 打印的影子

3D 打印是一项特殊的技术，与传统的"减材制造"不同，它是一种"增材制造"，就是把材料逐层叠加，从底层到上层，这样逐层制造、逐层增材，慢慢会成为一个 3D 打印的成品。当今时代，3D 打印技术成为科技新闻报道中的高频词汇，甚至被英国《经济学人》杂志预测为"将推动新一轮工业革命的来临"。因其数字化、智能化的先进"复制"能力而备受青睐，这项技术在被民用化的同时，也逐渐成为国防和军工领域备受欢迎的"新贵"。

未来战争中，利用 3D 打印技术，无论是武器装备，还是军需物资，都可能实现"DIY"，即由作战人员在战地自助生产行动所需的装备物资。图 1.29 为 3D 打印技术在舰载机上的应用。

图 1.29　3D 打印技术在舰载机上的应用

5. 战斗机隐身涂料技术全解密

隐身涂料是涂料家族的神秘一员，它并不是科幻作品中的隐身，而是军事术语中控制目标的可观测性或控制目标特征信号的技巧和技术的结合。目标特征信号是描述某种武器系统易被探测的一组特征，包括电磁(主要是雷达)、红外、可见光、声、烟雾和尾迹等6种特征信号。据统计，空战中飞机损失80%～90%的原因是飞机被观测。降低平台特征信号，就降低了被探测、识别、跟踪的概率，因而可以提高生存能力。降低平台特征信号不仅仅是为了对付雷达探测，还包括降低被其他探测装置发现的可能性。隐身是通过增加敌人探测、跟踪、制导、控制和预测平台或武器在空间位置的难度，大幅度降低敌人获取信息的准确性和完整性，降低敌人成功地运用各种武器进行作战的机会和能力，以达到提高己方生存能力而采取的各种措施。

隐身涂料是用于飞机、军舰、坦克等装备外表，做反雷达探测及防止电磁波泄漏或干扰的一种材料，隐身涂料与隐身设计有机结合，形成一门新技术，即隐身技术。隐身技术要求隐光、隐电、隐磁、隐声、隐红外，是一门综合技术，现代隐身技术主要分为电磁波隐身技术和声波隐身技术。隐身涂料按其功能可分为雷达隐身涂料、红外隐身涂料、可见光隐身涂料、激光隐身涂料、声呐隐身涂料和多功能隐身涂料。隐身涂料要求具有较宽温度的化学稳定性，较好的频带特性，面密度小、质量轻，黏结强度高，耐一定的温度和不同环境变化等特点。图1.30为新型隐身涂料应用于美国F-22战斗机。

图1.30 新型隐身涂料应用于美国F-22战斗机

6. 装甲防护材料与技术为军用装备穿上"防弹衣"

现代战争的对抗程度空前激烈，为适应现代战争模式的转变，对军用车辆防护水平要求越来越高，研究军用车辆装甲防护技术，提高军用车辆战场防护水平尤为重要。应用于国内外装备的装甲防护材料主要有防弹玻璃、防弹钢板、防弹陶瓷、防弹高强玻纤、防弹芳纶纤维、防弹超高分子量聚乙烯纤维等。图1.31为装甲防护材料应用于军用车辆。

图 1.31　装甲防护材料应用于军用车辆

▶▶▶ 1.2.2　政策引导推动 ▶▶▶

　　兵器新材料作为国民经济先导性产业和高端制造及国防工业等的关键保障,是各国战略竞争的焦点。目前,相关部门出台一系列指导性政策措施促进新材料产业发展,其中包括纲领文件《中国制造 2025》、指导性文件《〈中国制造 2025〉重点领域技术路线图(2015版)》以及《新材料产业发展指南》等。紧紧把握国家政策导向,用战略眼光规划好产业发展是相关企业快速发展的应有之义。

　　1. 行业主管部门与监管体制

　　军用特种功能材料主要应用于国防军事领域,所属主管部门及职责如表 1.2 所示。

表 1.2　军用特种功能材料所属主管部门及职责

主管部门名称	机构主要职能
国家发展改革委员会	综合研究拟定经济和社会发展政策,进行总量平衡,指导总体经济体制改革的宏观调控部门
工业和信息化部	负责工业和信息化产业的监督管理,组织制定行业的产业政策、产业规划,组织制定行业的技术政策、技术体制和技术标准,并对行业的发展方向进行宏观调控
国家国防科技工业局	负责国防科技工业计划、政策、标准及法规的制定和执行情况的监督
国家保密局	指导、协调党、政、军、人民团体及企事业单位的保密工作
军委装备发展部	负责全军武器装备建设的集中统一领导,履行全军装备发展规划计划、研发试验鉴定、采购管理、信息系统建设等职能

　　2. 行业主要法律法规及政策

　　国家相关部门出台的一系列的法律法规及相关政策文件,规范了我国国防科技工业和

新材料产业的发展运营，推动了我国军用特种功能材料产业的健康发展，同时也为未来国防科技工业深度发展提供了良好的政策环境，如表1.3和表1.4所示。

1）行业主要法律法规

表1.3　我国国防科技工业和新材料产业的发展运营的行业主要法律法规

序号	时间	名称	颁布部门	内容简介
1	2004年	《国防专利条例》	国务院、中央军委	对国防专利的申请、审查、授权、管理、保密、保护、转让和处置进行规定
2	2010年	《中华人民共和国保守国家秘密法》	全国人大	规定一切国家机关、武装力量、政党、社会团体、企业事业单位和公民都有保守国家秘密的义务，并对国家秘密的范围及密级、保密制度、法律责任等进行规定
3	2010年	《武器装备科研生产许可实施办法》	工业和信息化部、原总装备部	对武器装备科研生产许可管理的全过程包括准入、监管、处罚和退出等方面做出了规范化、程序化的规定
4	2011年	《军工关键设备设施管理条例》	国务院、中央军委	对直接用于武器装备科研生产的重要的实验设施、工艺设备、试验及测试设备等专用的军工设备设施实行登记管理
5	2014年	《中华人民共和国保守国家秘密法实施条例》	国务院	规定从事武器装备科研生产等涉及国家秘密的业务的企事业单位，应当由保密行政管理部门或者保密行政管理部门会同有关部门进行保密审查
6	2015年	《中华人民共和国国家安全法》	全国人大	对维护国家安全的任务与职责、国家安全制度、国家安全保障以及公民、组织的义务和权利等方面进行规定
7	2016年	《武器装备科研生产单位保密资格认定办法》	国家国防科技工业局、军委装备发展部	规范武器装备科研生产单位保密资格认定工作，确保国家秘密安全
8	2016年	《涉军企事业单位改制重组上市及上市后资本运作军工事项审查工作管理暂行办法》	国家国防科技工业局	涉军企业事业单位改制、重组、上市及上市后资本运作过程中涉及军品科研生产能力结构布局、军品科研生产任务和能力建设项目、军工关键设备设施管理、武器装备科研生产许可条件、国防知识产权、安全保密等事项的管理办法，以保证军工能力安全、完整、有效和国家秘密安全
9	2017年	《装备承制单位知识产权管理要求》	军委装备发展部	从装备预先研究、型号研制、生产、维修保障等各阶段，以及招投标、合同订立履行等各环节，明确装备承制单位知识产权工作的特殊要求

续表

序号	时间	名称	颁布部门	内容简介
10	2018年	《国防科技重点实验室稳定支持科研管理暂行办法》	国家国防科技工业局	国家国防科技工业局通过军工科研经费渠道，在一个时间周期内按照一定经费标准，支持实验室自主开展国防领域基础性、前沿性和探索性研究的科研投入方式，旨在培养造就高水平国防科技人才和创新团队，提升实验室的自主创新能力
11	2019年	《军品定价议价规则》	国务院、中央军委	原《军品价格管理办法》废止，推行军品定价和军品议价相结合的价格管理机制
12	2019年	《武器装备科研生产备案管理暂行办法》	国家国防科技工业局	国家国防科技工业局对列入《武器装备科研生产备案专业（产品）目录》的武器装备科研生产活动实行备案管理，由《武器装备科研生产许可专业（产品）目录》和《备案目录》共同构成
13	2019年	《军队单一来源采购审价管理办法》	军委后勤保障部	重点明确了单一来源采购审价的方法、程序和内容，结合军队采购工作实际，从制造成本、直接材料、直接人工、制造费用、专项费用、费用分配、期间费用、管理费用、财务费用等方面对主要审核内容及方法予以规范

2）行业政策及产业政策

表1.4 我国国防科技工业和新材料产业的发展运营的行业政策及产业政策

序号	时间	名称	颁布部门	内容简介
1	2014年	《关于加快推进工业强基的指导意见》	工业和信息化部	提高特种金属功能材料、高端金属结构材料、先进高分子材料、新型无机非金属材料、高性能纤维及复合材料、生物基材料等基础材料的性能和质量稳定性，降低材料综合成本，提高核心竞争力。提高国防军工、新能源、重大装备、电子等领域专用材料自给保障能力，提升制备技术水平。加快推进科技含量高、市场前景广、带动作用强、保障程度低的关键基础材料产业化、规模化发展，推进关键基础材料升级换代
2	2015年	《中国制造2025》	国务院	以特种金属功能材料、高性能结构材料、功能性高分子材料、特种无机非金属材料和先进复合材料为发展重点，加快研发先进熔炼、凝固成形、气相沉积、型材加工、高效合成等新材料制备关键技术和装备，加强基础研究和体系建设，突破产业化制备瓶颈

序号	时间	名称	颁布部门	内容简介
3	2016 年	《关于经济建设和国防建设融合发展的意见》	中共中央、国务院、中央军委	提出加快引导优势民营企业进入武器装备科研生产和维修领域，健全信息发布机制和渠道，构建公平竞争的政策环境；推动军工技术向国民经济领域的转移转化，实现产业化发展
4	2016 年	《"十三五"国家战略性新兴产业发展规划》	国务院	超前部署氢燃料、全电、组合动力等新型发动机关键技术研究，提升未来航空产业自主发展能力。加快发展多用途无人机、新构型飞机等战略性航空装备。前瞻布局超音速商务机、新概念新构型总体气动技术、先进高可靠性机电技术、新一代航空电子系统、航空新材料及新型复合材料加工技术。面向航空航天、轨道交通、电力电子、新能源汽车等产业发展需求，扩大高强轻合金、高性能纤维、特种合金、先进无机非金属材料、高品质特殊钢、新型显示材料、动力电池材料、绿色印刷材料等规模化应用范围，逐步进入全球高端制造业采购体系
5	2018 年	《战略性新兴产业分类(2018)》(国家统计局令第23号)	国家统计局	根据《国务院关于加快培育和发展战略性新兴产业的决定(国发[2010]32号)》要求，对战略性新兴产业制定分类标准。分类包括新一代信息技术产业、高端装备制造产业、新材料产业、生物产业、新能源汽车产业、新能源产业、节能环保产业、数字创意产业、相关服务业等9大领域
6	2019 年	《新时代的中国国防》	国务院新闻办公室	构建现代化武器装备体系，完善优化武器装备体系结构，统筹推进各军兵种武器装备发展，统筹主战装备、信息系统、保障装备发展，全面提升标准化、系列化、通用化水平。加大淘汰老旧装备力度，逐步形成以高新技术装备为骨干的武器装备体系
7	2020 年	《中共中央关于制定国民经济和社会发展第十四个五年规划和二〇三五年远景目标的建议》	中国共产党第十九届中央委员会第五次全体会议	明确提出"确保二〇二七年实现建军百年奋斗目标""加速武器装备升级换代和智能化武器装备发展""二〇三五年基本实现国防和军队现代化"

▶▶▶ █ 1.2.3 市场空间把握 ▶▶▶ ▶

由于技术进步以及新兴产业的发展，一些新材料相对于传统材料来说，在性能和成本方面有明显的优势；出于环境保护的考虑和资源的限制，一些新材料有较大的优势。当前

中国新材料产业发展迅速，产业规模保持平稳增长，市场空间大，占据了市场就是占据了未来发展。

伴随着产品、技术及产业发展不断深化，新材料产业未来发展趋势如下。

产品不断更新换代。随着万物互联、物联网、工业互联网等概念的加速落地，新材料技术正加速向科技化方向发展。未来，各种新材料技术将大量涌现，为生物医疗、国防军事以及航空航天等领域发展提供支撑。

人工智能与新材料技术互为促进。随着高端制造业的进一步完善，新材料围绕功能化、智能化、集成化发展路径，与纳米技术、生物技术、信息技术等新兴产业深度融合，成为科技进步的重要手段。未来，解决人工智能使用的敏感元件问题要靠材料科学，同时也有必要根据材料科学的需求去发展人工智能技术和理论。

产业上下游融合加剧。激烈的市场竞争加剧新材料产业整合重组，产业结构呈现横向扩散和互相包容的特点。元器件微型化、集成化的趋势，使新材料与器件的制造一体化趋势日益明显，新材料产业与上下游产业相互合作与融合更加紧密，产业结构出现垂直扩散趋势。

1.3　兵器材料的战略地位　

▶▶▶| 1.3.1　兵器材料发展的战略需求 ▶▶ ▶

兵器新材料是新一代武器装备的物质基础，也是当今世界军事领域的关键技术之一。高精尖武器装备的研究，使相应材料需求增加。军工材料既是当代高科技的重要组成部分，又是发展高技术武器装备的重要支柱和突破口。任何一种武器装备系统，离开材料，尤其是关键材料的支撑将无法存在和发展，正是由于材料对武器装备和军事威慑力量具有不可替代的推动力，世界各国均十分重视军工新材料的研究、开发和应用。

军工材料是推动国防工业发展的重要物质基础和先导，其中兵器材料尤为重要，地位明显，所用材料环境适应性工程化验证是评价武器装备环境适应性及服役性的重要依据，是材料工程化验证的重要组成部分，是加快材料科研成果向应用转化的重要环节，对保障武器装备正常使用和充分发挥战技性能具有重要意义。

世界发达国家在国家和国防科学技术发展战略和相关计划中，均把材料确定为优先发展的领域之一。我国也把先进材料技术作为国防科技关键技术之一并予以重点支持，奠定了相当的基础，提供了良好的发展机遇。

由此可见，新材料技术是武器装备发展的基础技术、先导技术和关键技术，是军事高技术的重要组成部分。

▶▶▶| 1.3.2　强国发展战略重点 ▶▶▶ ▶

关键战略材料领域发展重点及发展方向主要包括高端装备用特种合金、高性能纤维及其复合材料、新型能源材料、先进半导体材料及芯片制造和封装材料、稀土功能材料、电子陶瓷和人工晶体、先进结构功能一体化陶瓷和功能梯度材料等，如表1.5所示。

表1.5 关键战略材料领域发展重点及发展方向

发展重点	发展方向
高端装备用特种合金	先进变形、粉末、单晶高温合金、先进黑色耐热合金、先进黑色耐蚀合金、特种铝镁钛合金等
高性能纤维及其复合材料	碳纤维及其复合材料、有机纤维及其复合材料、陶瓷纤维及其复合材料等
新型能源材料	燃料电池材料及其他能源材料等
稀土功能材料	稀土磁性材料、稀土发光材料、稀土催化材料、稀土晶体材料、稀土储氢材料、高纯稀土金属及化合物等
电子陶瓷和人工晶体	电子陶瓷材料、人工晶体材料

武器装备工作环境的苛刻性，要求材料在极端条件下能够正常工作，因此这些材料一般需要具有多种特殊的性能特点。此类具有优异特性和功能，能满足高性能需求的材料，称为兵器高端材料。

材料在国防工业中占据着举足轻重的地位，是高端武器装备发展的先决要素，材料技术是决定武器装备性能与水平的重要因素。战略导弹、战术导弹和卫星的发展依赖于先进复合材料技术的发展，高效低成本树脂基弹箭复合材料研制成功及其在战略和战术弹箭上的应用，显著改进了武器装备战技指标，大大地增加了战略和战术导弹的射程；新型的复合装甲材料技术(即抗弹陶瓷和树脂基复合材料技术等)，使坦克的防护迎来了新的发展机遇，轻型反坦克导弹的增程，主要依赖于碳纤维/玻纤混杂增强环氧复合材料、有机硅耐烧蚀涂料和橡胶基复合材料防护层的成功研制与应用；工程塑料在枪械上的应用，使世界枪械研究徘徊不前的局面得以打破；电子技术的发展依赖于半导体材料的发展；四代战斗机的"4S"性能特点，十分依赖新材料技术的发展与应用，如表1.6所示。

表1.6 四代战斗机性能的发挥需要高性能材料作为基础

四代战斗机的"4S"性能特点	"4S"性能与应用材料的关系
Stealth(隐身)	隐身材料是飞行器隐身的重要技术路径，是装备隐身技术发展过程中的核心环节，也称为评价一个国家隐身技术先进性的主要指标
Super sonic cruise(超声速巡航能力)	长时间超声速巡航，会使飞机表面温度急剧升高并超过250 ℃，最高的局部温度甚至达到600 ℃，因此需要更加耐高温的特种钛合金等来替代传统的铝合金
Super maneuverability(超机动能力)	矢量推进是战斗机超机动能力的关键技术，因此高性能合金材料在推力矢量发动机的作用更加明显，如高性能钛合金、镍基合金的应用更多
Super information advantage (超级信息优势)	先进的航电系统是超级信息优势的关键，因此对于电子信息材料的应用具有较高的要求，比如相控阵雷达相关的元器件材料等

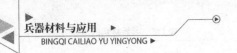

兵器材料正向着"轻量化、高性能化、多功能化、复合化、低成本化以及智能化"等方向发展，发展趋势是采用轻质、高强、高模材料，从而提高结构效率。高性能化是兵器新材料从始至终贯穿的要求，这种性能体现在多方面，既可以是力学强度、韧性方面，也可以是耐高温性能方面等。

武器装备不仅对可靠性有高要求，还需所用材料具有性能高于经济性的特点。新型号、新装备放量，对高性能材料需求明显增加。目前在新型武器装备的应用中，钛合金、高温合金以及复合材料(碳纤维等)等脱颖而出，市场空间不断增长。

近年来，在政策扶持下国防预算不断提升，数据显示，2020 年我国国防预算为 12 680 亿元。我国政府对军队建设以及高端装备更新的重视度较高，我国军费支出水平位居全球前列，其中装备费占军费的比例在逐年扩大，现阶段已达到 40% 以上。根据《中华人民共和国国民经济和社会发展第十四个五年规划和 2035 年远景目标纲要》发布，有两个重点：一个是军备列装换代加速；另一个是关键技术的研发突破。从军工新材料在近三年的业绩增速可以得出，新材料、信息化、航空 3 个细分领域增长最快。

▶▶▶ 1.3.3　发展与方向 ▶▶▶

1. 新材料市场需求

随着强军目标的逐步推进，国防装备迎来新一轮的更新换代浪潮，军工新材料的需求量逐步提升。军工新材料对制造工艺、研发实力、经验积淀要求很高，相关行业有着非常强的市场准入壁垒，产业链上市公司地位难以撼动。

根据应用场景、技术路线的不同，军工产业链使用的新型材料主要分为高温合金、钛合金、碳纤维三大类。其中，高温合金主要应用于航空航天发动机制造，钛合金则主要应用于军机的机体结构和发动机等部件。此前，高温合金核心公司抚顺特钢发布中报业绩预告，预计中报净利润同比增长 135.93%，超市场预期，侧面印证目前高温合金行业正处于景气度上行阶段。此外，碳纤维复合材料主要应用于导弹弹头、弹体健体、发动机壳体的结构部件和卫星主体结构承力。

目前来看，美国军机主力为三代战斗机，四代战斗机市场占比在不断提升，我国军机主力仍是二代战斗机，未来二代战斗机向三代、四代战斗机更替将是必然趋势，而新一代军机放量将为军工新材料市场带来广阔的发展空间。

2. 新材料市场行情

2022 年是军工高速增长的一年，军工板块应该有一波较好的行情。一方面基本面持续向好仍是板块向上的核心驱动，大订单落地和核心企业融资扩产体现了行业成长的高确定性，估值体系已具备切换至远期的基础；另一方面国企混改有望成为重要主题，电科集团或接力航空工业集团成为资本运作主力，同时政策引导下股权激励也有望提速。

预计 2022 年军工行业的景气度将向"十四五"的正常增速回归，进入"新常态"，应首先选择长赛道和高景气方向，优先推荐航空发动机、军队信息化、军工新材料 3 个细分产业方向。但军工行情的火爆必然引导整体军工板块的上浮。

回顾 2021 年军工行业的表现，最大的变化是行业核心投资逻辑的切换，已经从前期的以"主题投资"为主导转向以"基本面驱动"为主导。核心军工企业 2021 年前三季度实现

归母净利润 236.59 亿元，同比增长 48.89%，在中信一级行业指数中排名第 7，较 2019 年 Q1~Q3 增长 103.91%，排名第 5，核心军工企业持续释放业绩，表明行业景气度保持高位。

3. 军工新材料未来发展前景

军工新材料是现代精良武器的关键，在"十四五"期间，随着航空装备、船舶装备等升级换代，以及强军政策不断深入，高端军工新材料市场需求将进一步释放。在整个军工产业链中，上游基础材料、基础器件是最被资本看好的环节，因此该环节吸引了众多企业布局。在军工新材料方面，主要参与企业有宝钢股份、万泽股份、泰和新材、钢研高纳、长城特钢等。

"十四五"期间，随着军费支出水平提升，以及国家对武器装备更新的重视度提升，武器装备升级将是大势所趋，军工新材料作为新一代武器装备的物质基础，其市场需求也将不断释放。军工新材料行业存在一定的资金和技术壁垒，因此市场集中度较高，随着市场发展，头部优势企业发展空间更为广阔。

《新时代的中国国防》指出，国防和军队建设要同国家现代化进程相一致，全面推进军事理论现代化、军队组织形态现代化、军事人员现代化、武器装备现代化，力争到 2035 年基本实现国防和军队现代化，到本世纪中叶把人民军队全面建成世界一流军队。

1.4 兵器材料与产业

▶▶▶ 1.4.1 重点兵器材料与产业的联系 ▶▶ ▶

"十四五"军工材料迎来快速扩张，企业积极扩产，军工材料产能至少翻番增长。近年来，新型号武器装备的快速列装以及导弹"数量级"增量建设等，都对上游材料形成了强劲的需求。叠加"自主可控"增量以及新型号装备中高端高性能材料应用比例增加，上游材料呈现较为强烈的"供不应求"，同时也表现了相较于下游更高的业绩增加弹性。

1. 金属材料产业结构

1）钛合金

以武器装备为代表的高端行业需求，促使我国钛材产量连续第 6 年呈稳步快速增长的势头，钛材产量由 2015 年的 4.86 万吨上升到 2020 年的 9.70 万吨，增长几乎翻倍。

从全球军用市场需求结构来看，钛合金主要应用于航空工业、国防军工、电力工业、生物医疗以及其他工业，如图 1.32 所示。对比国内来看，钛制品需求结构存在明显差异，在拥有发达的航空航天和军工国防工业的北美和欧盟地区，尤其是美国，50% 以上的钛制品需求来自航空航天和军工国防领域。我国虽然是全球最大的钛金属生产国和消费国之一，但是我国钛制品需求大部分来自化工领域，应用主要为抗腐蚀材料，技术含量相对不高，而航空航天领域高端需求，虽然近两年占比有所提升，但仍只占 18.4%（1 万吨）左右，远不及国际平均水平，武器装备方面用钛合金占比更是少之又少。

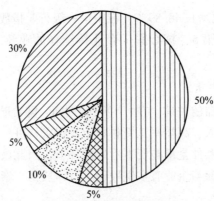

图1.32　全球钛合金市场需求结构

2）高温合金

高温合金可有多种分类方法：按主要元素可分为铁基、镍基和钴基3类高温合金；按制备工艺可分为变形（牌号GH）、铸造（等轴晶—牌号K、定向柱晶—牌号DZ和单晶—牌号DD）、粉末冶金（牌号FGH）和金属间化合物（牌号JG）4类高温合金；按强化方式可分为固溶强化、时效强化、氧化物弥散强化和晶界强化4类高温合金。

高温合金是整个特钢行业或者说整个军工材料领域盈利能力最强的品种之一。因其原材料成本高、制备工艺复杂等，售价普遍较高，一般在数万至百万元，常见品种预计平均价格在15万~30万元。

国产高温合金在合金纯净度、组织均匀度、加工工艺控制和产品合格率等方面与美国、俄罗斯等国的产品仍存在差距，这些差距使中国厂商主要集中在中低端产品的制造上，高端产品产能不足，仍然依赖进口。同时，目前中国高温合金生产企业产能有限，供给与需求之间存在较大缺口，武器装备用高温合金仍主要依赖进口。

3）铝合金

铝合金按加工方法可以分为形变铝合金和铸造铝合金两大类。铸造铝合金是在合金熔炼后直接浇铸成形，按化学成分可分为铝硅合金、铝铜合金、铝镁合金和铝锌合金。铝硅合金有良好铸造性能和耐磨性能，热胀系数小，在铸造铝合金中品种最多，用量最大，广泛用于结构件，如壳体、缸体、箱体和框架等；铝铜合金主要用于制作承受大的动、静载荷和形状不复杂的砂型铸件；铝镁合金在大气和海水中的抗腐蚀性能好，室温下有良好的综合力学性能和可切削性，可用于制作雷达底座、飞机的发动机机匣、螺旋桨、起落架等零件；铝锌合金常用于制作模型、型板及设备支架等。铸造铝合金的合金元素含量一般多于相应的形变铝合金的合金元素含量。

工业发达国家铝合金材料开发与应用的历史时间长，基础好，研究积累雄厚，铝合金材料体系系统性强，产业技术水平较高。尤其是美国、俄罗斯等工业强国较早开展了铝合金材料的研发工作，申请了大量的铝合金牌号，广泛应用于国防等领域，现已形成了一定程度的专利霸权。我国在"十三五"取得了巨大进步，但相当部分高端材料不能自给。"十三五"以来，我国铝材生产能力和技术水平取得了巨大进步，铝材产量居世界首位，我国自行研制的新型高强韧铸造铝合金、第三代铝锂合金、高性能铝合金型材的性能均达到国际先进水平。在《变形铝及铝合金化学成分》（GB/T 3190—2020）中，近10年我国共增加了 29 个国产铝合金牌号，在国防等领域，部分品种替代了进口产品。

轻量化是推进节能减排、碳中和、实现绿色发展的重要途径，而铝合金凭借其轻量化应用中的成本及物理化学性能优势，在这一过程中仍是重点发展的领域，尤其是高端铝合金，存在进口替代的空间，在保障我国材料安全的环境下，铝合金领域的发展政策国家也给予了大量的支持。图 1.33 展示了铝合金材料制造的产业链。

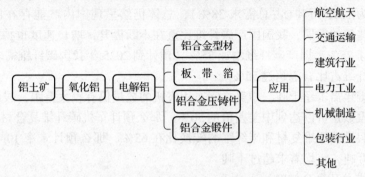

图 1.33 铝合金材料制造的产业链

2. 高性能纤维及复合材料产业结构

复合材料的完整定义是由不同材料(包括金属、无机非金属和有机高分子材料)互为基体或增强相，用物理和化学方法在宏观尺度上复合而成的新型材料。而纤维增强复合材料是目前高性能复合材料的重要结构，这种复合材料的增强材料主要是一些高性能纤维。

1)碳纤维及其复合材料

碳纤维是由有机纤维(黏胶基、沥青基、聚丙烯腈基纤维等)在高温环境下裂解炭化形成碳主链结构，含碳质量分数在 95% 以上的特种无机纤维，以其优异的物理化学性能被誉为"黑色黄金"。碳纤维一般不会直接使用，通常以碳纤维为增强相，与树脂、金属、陶瓷等为基体结合形成碳纤维复合材料。图 1.34 为聚丙烯腈(PAN)基碳纤维复合材料的产业链。

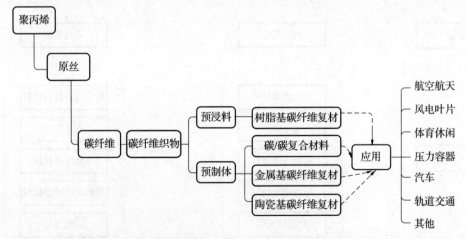

图 1.34 聚丙烯腈(PAN)基碳纤维复合材料的产业链

碳纤维产业生产制造流程长，工序多且复杂，资金、技术和生产壁垒都很高，所需设备也非常多，但从原丝到碳纤维过程中，最关键的是加热所需的氧化炉和炭化炉，设备的稳定性直接关系到生产链的运转能力和产品性能。碳纤维生产规模效应强，通常在碳纤维生产成本构成中，原丝占51%左右。碳纤维的强度显著依赖于原丝的微观形态结构及其致密性，质量过关的原丝是产业化的前提、稳定生产的基础。

在国内市场方面，2020年国内碳纤维市场总需求为4.89万吨，同比增长了29%，增速远超全球，约占全球46%的市场。但可以发现，进口量为3.04万吨(占总需求62%)，国产纤维供应为1.85万吨(占总需求38%)，总体仍然呈现国内产能存在巨大的供不应求。但随着近些年的发展，我国国产碳纤维比重在不断提升，增长速度也持续加速，国内碳纤维需求增速25%，国产碳纤维增速35%，预计到2025年我国碳纤维需求将达到14.9万吨，国产碳纤维占比有望超过55%。

军机碳纤维年需求超千吨，中美之间军用飞机的数量仍有较大差距，假设中国未来10年各类军机建设数量可以达到中美差值的50%，那么预计军机碳纤维复合材料需求可以达到2万吨，再假设碳纤维复材和碳纤维的转换比在65%，那么预计未来10年军机碳纤维需求量为1.3万吨，年均需求超过千吨。

2)芳纶纤维及其复合材料

芳纶纤维主要包括全芳香族聚酰胺纤维和杂环芳香族聚酰胺纤维两种，可分为邻位芳纶、对位芳纶(PPTA)和间位芳纶(PMTA)3种，其中实现工业化的产品主要有间位芳纶和对位芳纶两种。

间位芳纶广泛应用于国防、航空航天、高速列车和电工绝缘等领域，是一种关系国家安全的高科技新材料；对位芳纶可应用于航空航天工业，用于制造导弹的固体火箭发动机壳体和大型飞机的二次结构材料(如机舱门、窗、机翼有关部件等)，以及国防工业中的防弹衣、防弹头盔、防刺防割服、排爆服、高弹度降落伞、防弹车体、装甲板等。图1.35为间位芳纶和对位芳纶上下游产业链。

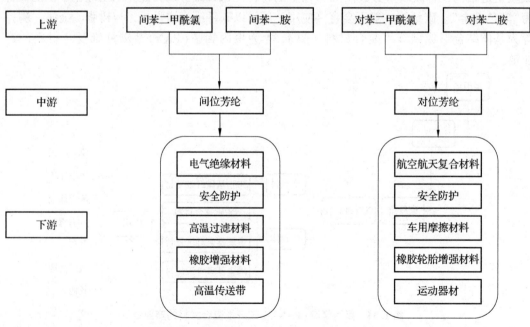

图1.35　间位芳纶和对位芳纶上下游产业链

目前全球芳纶产能在 14 万~15 万吨，其中 4 万多吨为间位芳纶，8 万~9 万吨为对位芳纶。目前全球芳纶纤维整体已出现供过于求局面，但其中对位芳纶的供求形势依旧偏紧。国内芳纶纤维消费旺盛，2020 年我国对位芳纶需求量约 1.3 万吨，同比增长 13.0%，近 5 年复合增速 12.2%。但是，我国对位芳纶产量仍不足 3 000 吨，进口量超过 1 万吨，自给率只有约 23%。

我国由于起步较晚，与发达国家还存在着很大的差距，目前芳纶纤维的使用大部分还依赖于进口，尤其是对位芳纶，技术难度和性能指标远高于间位芳纶。但随着我国对芳纶纤维的重视和投入，部分国产厂商在芳纶纤维市场也占有一席之地。

3) 超高分子量聚乙烯(UHMWPE)纤维

UHMWPE 纤维断裂延伸率高于碳纤维和芳纶，柔韧性好，在高应变率和低温条件下，力学性能仍然良好，抗冲击能力优于碳纤维、芳纶等，是一种非常理想的防弹、防刺安全防护材料。UHMWPE 纤维已逐步取代芳纶，成为个体防弹防护领域的首选纤维。

UHMWPE 纤维军事上可以制成防护衣料、头盔、防弹材料，如直升机、坦克和舰船的装甲防护板，雷达的防护外壳罩、导弹罩、防弹衣、防刺衣、盾牌等，其中以防弹头盔的应用最为引人注目。UHMWPE 纤维制作的防弹头盔在质量上要比传统材料轻 300~400 g，并且防弹效果优于传统材料。此外，国外用该纤维增强的树脂复合材料制成的防弹、防暴头盔已成为钢盔和芳纶增强的复合材料头盔的替代品。

随着 UHMWPE 纤维性能的不断提升，军事装备等下游领域的应用得到了进一步拓展，UHMWPE 纤维的需求在全球范围内稳定增长。2020 年，全球 UHMWPE 纤维理论需求量约为 9.8 万吨，产能达到 6.56 万吨，仍处于供不应求状态，2015—2020 五年的需求复合增速约 11%，维持这一增速，预计到 2025 年，全球 UHMWPE 纤维的需求量为 16.5 万吨，如图 1.36 所示。

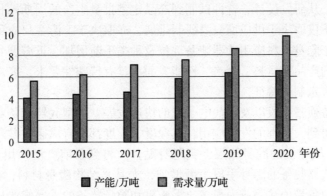

图 1.36 全球 UHMWPE 纤维行业产能及理论需求量

我国 UHMWPE 纤维整体处于供不应求状态，高端产能紧缺。欧美市场 UHMWPE 纤维下游应用领域中，防弹衣和武器装备占比约 70%，而中国市场 UHMWPE 纤维下游应用领域中，防弹衣和武器装备占比仅约 32%。在军事装备和安全生产领域，UHMWPE 纤维一直在向高强度、高模量、细旦化方向发展，纤度越低，制成的防弹制品和防切割手套等产品就越柔软、舒适，便于使用者穿戴，UHMWPE 纤维作为现代国防必不可少的战略物资，随着产业技术水平的持续提升，军事装备领域的需求日益增长，有望带动国内 UHM-WPE 纤维需求快速增长。图 1.37 为 UHMWPE 纤维产业链。

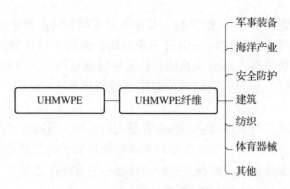

图 1.37　UHMWPE 纤维产业链

3. 其他功能材料产业结构

1) 隐身材料

隐身材料是具有隐身功能材料的一种统称，产业链上游主要是相关原材料，如靶材、粉体、树脂、纤维、合金及试剂等，中游为隐身材料的制备商，下游为具体的应用领域，主要还是国防军工的武器装备方面。

由于隐身材料的性能和质量，在相当大的程度上决定着武器装备关键构件的使用性能和服役周期，因此相关武器装备对隐身材料的性能、质量的要求非常高，目前国内仅有少数企业能够进行高性能、实战化隐身材料的研制生产。

隐身材料主要应用于各种先进武器装备，技术实现难度较大，某些特殊场合的应用还要满足更为苛刻的要求，如高温、高压或耐腐蚀等极端恶劣条件，且隐身材料研发周期长，具有定制化特征。近年来，隐身能力已成为衡量现代武器装备性能的重要指标之一。为保障型号装备特别是预研、在研装备的性能，下游客户一般要求隐身材料生产企业配合其进行同步研发，从研发设计、首件试制到产品定型批量生产的周期较长，而最终能否实现定型批量生产不仅取决于供应商自身研制进展，亦取决于下游客户应用装备的定型批量生产。此外，由于隐身材料应用武器装备部位及种类不断增加，下游型号众多、产品需求各异，每种型号的产品在材料、规格、性能方面均具有特殊性要求，客户的定制化需求较多，因此产品具有定制化特征。

随着武器装备侦察手段以及现代电子战的快速发展，新型武器装备对应的雷达、红外隐身等技术也将得到大范围的发展应用，其深度、广度都将有快速的提升。

最早的 F-22 战斗机的隐身涂层，到隐身贴片，再到目前广泛使用的结构隐身材料、隐身超材料等，武器装备的隐身手段不断增加，尤其是结构隐身材料，由于隐身-承载一体化的优异性能而备受关注，成为很多急需减重和隐身装备的重要候选材料，因此随着深入飞机的结构中，隐身材料的单机占比会不断提升，从最开始的隐身蒙皮，到目前的隐身雷达罩、卫星通信天线、鸭翼、腹鳍、进气道腔体、进气道格栅、高强度玻璃化座舱等，根据光启技术披露的公告，其隐身超材料产品总质量占整机机体结构质量近 10%。

在目前雷达、红外等侦察技术不断提升的环境下，隐身技术在武器装备的广泛应用已经不仅仅处于战术打击层面，已经成为现代战争规避侦察、提高作战效能的必要技术。因此，隐身材料从最早的战斗机、轰炸机的应用，到目前隐身导弹、隐身战舰、隐身无人机、隐身坦克等多种武器装备的应用，大幅拓宽了隐身材料的应用场景。

随着我国新装备定性批量生产，市场应用规模快速提升。从全球隐身材料的市场规模来看，据统计，2017 年全球隐身超材料在武器装备中的应用市场规模大约在 1.3 亿美元。到 2025 年，这一规模有望达到 11.7 亿美元左右，年均复合增长率在 30% 以上。到 2026 年，隐形涂料市场规模预计将超过 8.34 亿美元，其中航空航天和国防产品（如军用飞机、导弹和潜艇等）的消费将强劲推动对隐形涂料的需求。对我国来讲，新型武器装备的批量生产，将带动隐身材料需求应用的快速增长。

2）先进陶瓷材料

先进陶瓷材料按其性能及用途可分为两大类，即结构陶瓷和功能陶瓷。功能陶瓷在先进陶瓷中约占 70% 的市场份额，其余为结构陶瓷。

先进陶瓷材料按其化学成分又可分为氧化物陶瓷和非氧化物陶瓷。其中，氧化物陶瓷可分成氧化镁陶瓷、氧化铝陶瓷、氧化铍陶瓷、氧化锆陶瓷、氧化锡陶瓷、二氧化硅陶瓷、莫来石陶瓷等；非氧化物陶瓷可分成碳化物陶瓷、氮化物陶瓷、硅化物陶瓷、硼化物陶瓷等。按照参与陶瓷材料的化学合成相数量的不同，先进陶瓷材料还可以分成单相陶瓷和复合陶瓷，复合陶瓷其实就是一种陶瓷做基体或者做增强相的复合材料。按基体与增强相的不同，先进陶瓷材料又可分为陶瓷与金属的复合材料、陶瓷与有机高分子材料的复合材料、陶瓷与陶瓷的复合材料。陶瓷与金属的复合材料包括特种无机纤维或晶须增强金属材料、金属陶瓷、复合粉料等；陶瓷与有机高分子材料的复合材料包括特种无机纤维或晶须增强有机材料等；陶瓷与陶瓷的复合材料包括特种无机纤维、晶须、颗粒、板晶等增韧补强陶瓷材料等。图 1.38 为碳陶瓷刹车盘，用于飞机制动系统。

图 1.38　碳陶瓷刹车盘

电子陶瓷除了在民用领域被广泛应用，随着武器装备信息化的加速，如陶瓷电容器这类电子陶瓷在军工领域的需求也不断增大，尤其是片式多层瓷介电容器（MLCC，市场占有率超过 90%），而军用市场对电容器质量要求较高，中国军用陶瓷电容器市场规模常年保持 10% 以上的增长率。图 1.39 为军用陶瓷电容器的应用领域。

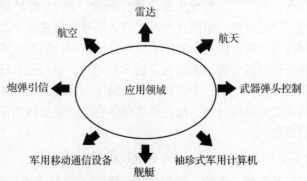

图 1.39　军用陶瓷电容器的应用领域

先进陶瓷产业链上游主要为各种陶瓷粉体原料供应商，如氧化铝、氧化锆、碳化硅、氮化铝、钛酸钡、氮化硼等原料供应商，以及设备制造商、各种陶瓷助剂供应商等；中游为各种先进陶瓷零部件的加工与制造；下游为先进陶瓷产品的各种应用，包括航空航天、电子信息、通信、生物医疗等。产业链中粉体制备是最核心的技术之一，高纯、超细、高性能陶瓷粉体制造技术是制约我国先进电子陶瓷产业发展的主要瓶颈。

陶瓷基复合材料作为结构材料，在保留陶瓷本身优点的同时，有效地解决了其脆性问题。陶瓷基复合材料的潜在应用领域广泛，包括宇航、国防、能源、汽车工业、环保、生物、化学工业等，在未来的国际竞争中将起关键的作用。美国和西欧各国侧重于航空和军事应用，日本则力求把它应用在工业上。

▶▶▶ 1.4.2 国内外兵器产业发展布局 ▶▶▶ ▶

1. 美式武器主要流向其利益相关国

美国制造的武器装备围绕其全球战略布局主要流向 3 个方向。首先是北约国家，为了遏制俄罗斯，保护自身在欧洲的利益，美国的先进武器会优先出口到北约盟国；其次是中东地区盟国，美国向中东地区的以色列、卡塔尔、沙特阿拉伯等国出口大量武器装备，在维护其中东地区石油利益同时，也助其通过盟国，实现遏制其敌对国伊朗的目的；最后是亚太地区，美国向日本、韩国、新加坡、中国台湾等国家和地区都出口了大量的先进武器装备，帮助其做到牵制、监视中国军队动向，阻挠中国和平崛起的战略目标。

2. 欧洲武器内部流通为主，新辟中东、印度市场

近些年，欧洲军事大国的武器出口主要在以下 3 个方向。首先是在欧盟、北约等国际机构的主导下，各型尖端武器装备在欧洲国家间的流动。其次是中东地区，中东地区的政局常年不稳，且该地区多数国家国防预算充足，是欧洲军工大国武器销售的重要客户。近年来，英国、法国对外军售巨额订单，都集中在中东地区。以卡塔尔为例，该国先是耗费 70 亿美元采购 24 架法国"阵风"战斗机，又花费 67 亿美元，采购 24 架英国"台风"战斗机。最后销往印度，印度限于本国军事装备研发能力不足，通过寻求海外购买弥补其缺陷，且印度购买力惊人，2016 年宣布先期采购 36 架"阵风"战斗机，合约总价约 88 亿欧元，一跃成为欧洲武器最大的单一买家。

3. 俄罗斯军工产品主要销往发展中国家

俄罗斯军工产品客户众多，主要集中在发展中国家。在 21 世纪初期，中国曾是俄制军工产品的进口大国，但近些年，中国自身军工产业不断发展进步，对俄制武器的需求不断降低，现很少出现订购大单。虽然中国的大订单持续减少，但军工产品性价比高的特性让俄罗斯在国际市场上拥有以发展中国家为主的大批用户，如印度、马来西亚、越南、委内瑞拉、埃及等。俄制武器另外的一个去向是东欧国家，这些国家因曾经是苏联的组成部分，军事装备有使用苏式武器的传统，故在苏联解体后，继承衣钵的俄罗斯，自然地成为东欧国家订购武器的首选。

4. 中国军工产品多流向周边国家，且不断拓展新市场

现阶段周边国家巴基斯坦、缅甸、孟加拉国、泰国等仍是中国武器的主要销往方向，但中国军工企业也凭借着逐渐提高的技术水平和实惠的价格开拓了其他市场。近些年的

"彩虹"系列无人机、"翼龙"无人机在中东地区热销，并获得良好口碑，中国和巴基斯坦联合研制的"枭龙"战斗机在出口巴基斯坦后，又收获缅甸的订单。中国军工产品的市场也变得越来越广，进步明显。但同时也要看到，在国际市场上，中国军工产品出售也面临着装备技术水平不够突出，以及同俄罗斯、日本、韩国等国家的激烈竞争等问题。

▶▶▶ 1.4.3 我国兵器产业发展态势及新材料发展需求 ▶▶ ▶

1. 我国兵器产业发展态势

《中共中央关于制定国民经济和社会发展第十四个五年规划和二〇三五年远景目标的建议》提出，二〇二七年实现建军百年奋斗目标，二〇三五年基本实现国防和军队现代化。

面对百年未有之大变局，在外部形势倒逼和内部基本面向好的内外双重促进下，在练兵备战和技术升级紧迫需求的双重牵引下，在当前我国国防实力与经济实力还不匹配的现实矛盾下，我国武器装备建设将迎来实质性的重大变化和历史性的发展机遇。

1）练兵备战的紧迫性

实战化训练导致耗损增加：兵器消耗量增加，消耗速度增加，如导弹、火炮弹药、靶机等。

备战需求带来武器装备快速提质和补量：

换：老旧型号装备退役，武器装备更新；

储：增加消耗性弹药及配件储备；

备战：立足真打实备，提质和补量。

"十三五"期间是我国重点型号装备研制、定型或者小批量试生产的过渡阶段，例如歼-20、运-20、直-20、055D型驱逐舰等复杂装备逐渐列装。

"十四五"期间，将以备战为重要目标，武器装备有望进入新型装备量产交付和武器弹药战储提升的发展阶段。

2）军改结束后增长的恢复性

受军改影响，"十三五"期间装备科研、采购计划制订受到较大冲击，军工行业内大量企业出现订单延后的情况。随着军改影响弱化，延迟订单逐步释放，整体来看，"十四五"期间武器装备行业景气度将持续提升。

根据全军武器装备采购信息网公开数据显示，自军改以来，招标采购次数、采购需求信息数量、用户规模的数据变化情况整体呈现前低后高的趋势。整体来看，装备采购需求降低的阵痛进一步消散，武器装备采购力度明显加大，对应材料行业会有所回暖。

3）信息化、现代化、智能化的必要性

科学技术塑造武器装备，继而提升作战效能，从而引发战争形态改变。人类战争形态在经历了徒手战争、冷兵器战争、热兵器战争和机械化战争形态后，已转向信息化战争形态。

近年来，随着人工智能等计算机技术在民用领域的快速成熟，其也将迅速渗透并应用于军工行业，军工行业逐步迎来智能化时代，战争形态同时也会发生更为深刻的变化。

加快机械化、信息化、智能化融合发展，加速战略性前沿性颠覆性技术发展，加速武器装备升级换代和智能化武器装备发展，我国"十四五"规划首提军事智能化，充分说明已意识到武器装备智能化的重要意义。军工行业借助信息化、现代化、智能化，将迅速弥补

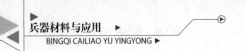

代际差,具备在部分领域实现反超甚至领跑的能力,同时打造"非线式、非接触、非对称"作战并打赢的能力。

在需求牵引和技术推动的双轮驱动下,跨越式武器装备包括新一代的航空装备、新一代的精确打击导弹、无人装备、新型海洋装备等,航空航天、导弹卫星、船舶兵器以及新材料和元器件等行业将深度受益。

近年来,我国以人工智能为首的技术在民用领域发展迅速,如果能够应用到军事领域,则可以迅速弥补我国武器装备与发达国家代际差,甚至实现反超。

4)自主可控的必然性

我国武器装备发展从最初主要依赖国外进口,到引进并吸收英、美等国的装备技术,再到如今通过自主研发、实现自主可控,我国武器装备制造逐步达到世界先进水平。但真正的核心部件国产化不足,对我国武器装备发展形成了较大制约。

从美国的发展路径来看,其军工产品经历了"军—民—军"的闭环,即军方创造新技术,到民用优化技术,降低成本,再反作用于军品。而我国武器装备以仿制起家,既缺少引领技术革命的创新性,也存在滞后性,导致在核心技术以及基础研究上存在不足,且随着我国工业化的发展,核心技术的缺失在外部环境不确定的背景下,暴露了极大的国家安全问题,因此自主可控在未来将持续围绕我国短板领域重点发展。

2. 武器装备新材料发展需求

"十四五"提出装备升级要求,军工新材料助推国防建设,《中共中央关于制定国民经济和社会发展第十四个五年规划和二〇三五年远景目标的建议》(后称《建议》)全文于2020年11月3日公布。《建议》提出要"加快机械化信息化智能化融合发展,全面加强练兵备战,提高捍卫国家主权、安全、发展利益的战略能力,确保二〇二七年实现建军百年奋斗目标"。其中,对武器装备现代化提出了升级换代,加速战略性前沿性颠覆性技术发展的要求。因此,军工新材料作为武器装备的物质基础,是决定武器装备性能和拓展武器功能的重要因素,在国家战略大方向的指引下,或有更大发展空间。

 参考文献

[1]张顺. 兵器百科全书[M]. 北京:蓝天出版社,2005.

[2]中国兵器工业集团第二一〇研究所. 先进材料领域科技发展报告[M]. 北京:国防工业出版社,2019.

[3]田华,张存信. 我国兵器新材料技术的发展方向与重点[J]. 四川兵工学报,2010(7):147-150.

[4]陈京生,易伟力. 武器装备用高新材料技术综述[J]. 国防技术基础,2003(5):3-6.

[5]郭俊杰. 兵器用材的发展[J]. 金属世界,2000(4):1.

[6]彭艳萍. 军用新材料的应用现状及发展趋势[J]. 材料导报,2000,14(2):13-18.

[7]马晓荣. 形形色色的军工新材料[J]. 中国军转民,2019(10):6.

[8]赵亮. 新材料技术在军工领域的应用[J]. 中国军转民,2020(6):3.

[9]胡安峰,谭昕龙. 兵器科学与技术发展的思考[J]. 中国战略新兴产业,2018(32):39.

[10]朱乾坤. 基于兵器科学与技术学科发展的思考[J]. 数字通信世界，2020(4)：2.

[11]邵文韬，阚奇. 装备材料标准的现状与思考[J]. 中国标准化，2020(S01)：4.

[12]李科. 国防科技工业涉及哪些金属材料和军工材料[J]. 中国军转民，2018(4)：47-51.

第 2 章
开放组合的优性能材料——金属材料

 ## 2.1 铝合金

▶▶▶ 2.1.1 铝合金的特性 ▶▶ ▶

铝合金一直是军事工业中应用最广泛的金属结构材料，具有密度低、强度高、加工性能好等特点，作为结构材料，因其加工性能优良，可制成各种截面的型材、管材、高筋板材等，以充分发挥材料的潜力，提高构件刚度和强度。

铝合金在力学、化学等方面均具备优良的性质：①力学方面，主要体现在密度低、强度较高、模量高等方面。铝与其他金属相比，质量较轻，因此适合应用于对轻质化要求较高的领域；②化学方面，由于铝合金在空气中表面可以生成一层致密的氧化物薄膜，具有保护自身防止深层氧化的作用，因此具有出色的耐腐蚀性质，化学性质十分稳定；③铝合金的塑性很好，可加工成各种型材，具有优良的导电性、导热性，因此在工业上使用十分广泛，使用量仅次于钢。目前，行业内已经出现的不同成分的铝合金有 250 多种。为了便于区分，根据合金成分的不同，我国采用国际通用的四位数字牌号法分类，以便生产现场标记、记忆和计算管理。在军事工业中应用的铝合金主要有铝锂合金、2XXX（Al-Cu-Mg）系和 7XXX（Al-Zn-Mg）系铝合金等。

2XXX（Al-Cu-Mg）系铝合金，具有高抗拉强度、高韧性和高疲劳强度，良好的耐热、加工及焊接性能，被广泛应用于空天、汽车及兵器工业等领域。国外在 2024-T351 铝合金厚板基础上，已开发出了具有不同强度、韧性、疲劳强度、耐腐蚀性能的 2324、2624 等机翼下翼面用高损伤容限铝合金，并实现装机应用。我国装备型号向轻量化、长寿命、高可靠、低成本方向发展，对机身蒙皮材料的断裂韧性、抗裂纹扩展能力和耐蚀性能具有较高的要求，迫切需要开展高损伤容限 2XXX 系铝合金的开发工作。未来，复合微合金化将是 2XXX 系高强铝合金一个重要发展方向。

7XXX（Al-Zn-Mg）系铝合金，具有较好的耐应力腐蚀性能，是铝合金中强度最高的一个系列，是国际上公认的航空主干材料。最近，国外开发了 7055 铝合金（Al-8Zn-2.05Mg-

2.3Cu-0.16Zr），其在 T77511 状态下屈服应力超过了 620 MPa，用于波音 777 飞机可减重 635 kg。目前我国航空用 7XXX 系铝合金缺乏系统的合金设计和制备加工技术，某些产品完全依靠进口，所以开发新型 7XXX 系铝合金具有重要意义。

铝合金应用成本较低，竞争优势明显。以铝锂合金为例，在铝合金中加入锂，既能降低密度，又能提高弹性模量（向铝金属中每添加 1% 的锂，铝合金的密度就下降约 3%，而其弹性模量则会上升约 6%），从而铝锂合金成为复合材料（碳纤维复合材料）强有力的竞争产品。据波音公司测试，采用铝锂合金制造波音飞机，其质量可以减轻 14.6%，燃料节省 5.4%，飞机制造成本可下降 2.1%，每架飞机每年的飞行费用可降低 2.2%。

由于铝锂合金的成本大约只是复合材料（碳纤维复合材料）的 10%，因而在应用上具有明显的优势。所以，铝合金是武器轻量化首选的轻质结构材料。在航空工业中，铝合金主要用于制造飞机的蒙皮、隔框、长梁和桁条等；在航天工业中，铝合金是运载火箭和宇宙飞行器结构件的重要材料；在兵器工业中，铝合金已成功地用于步兵战车（图 2.1）和装甲运输车，一些新型榴弹炮炮架也大量采用了新型铝合金材料。

图 2.1 铝合金在步兵战车上的应用

▶▶▶ 2.1.2 铝合金结构材料 ▶▶▶

1. 变形铝合金

为了减重，现在几乎所有的兵器都尽可能多地采用铝合金结构件。在坦克车辆方面，以英国"蝎"式坦克为例，其使用的变形铝合金除装甲车体外，还有平衡时连杆底座、刹车盘、转向节、履带松紧装置、诱导轮、负重轮、炮塔座圈、烟幕发射器、弹药架、贮藏舱、油箱、座椅、管路等。目前，各国的架桥坦克和渡河舟桥的桥体，采用铝合金焊接结构，与原结构相比，可使桥长由 18 m 左右增加到 22～27 m，载重量也增加到 50～60 t。在火炮方面，美国 M102 105 mm 榴弹炮最为典型，它的大架、摇架、前座板、左右耳轴托架、瞄准镜支架、牵引杆和平衡机外筒均是变形铝合金制成。加之其结构的变化，使此炮质量从其前身（M101 榴弹炮）的 3.7 t 降到 1.4 t，射程提高 35%～40%，可实现全炮空运空投。对尾翼稳定的各种大中径炮弹、战术导弹和火箭弹，为提高其飞行的稳定性，其尾部零件，如尾翼、尾杆、下弹体弹托、尾翼座等多采用铝合金。此外，各类弹的引信体也多数是采用铝合金。

2. 铸造铝合金

常规兵器中，铸造铝合金主要用于坦克柴油机发动机缸盖、缸体、上下曲轴箱、活塞、压气机叶轮、各种泵体、坦克左右传动箱，以及各种仪表和其他兵器的各种结构件等。为保证产品质量，坦克发动机用铸造铝合金，一般要严格控制杂质含量，并在工艺上采取相应措施，如用锶变质、真空或复合气体除气、高压釜或差压铸造等。近几年迅速发展起来的铝合金挤压铸造，由于其铸件的质量和机械性能接近锻件水平，又适于大批量生产，因而在军品中小型厚壁零件、气密性零件上有望取代部分锻件。

▶▶▶ 2.1.3 铝合金在兵器工业中的应用 ▶▶▶

1. 铝合金装甲车体材料

铝合金具有较低的密度，并具有良好的力学性能、抗弹性能、工艺性能以及丰富的资源，成为仅次于装甲钢的第二大类装甲材料，尤其在轻型装甲车辆上使用最多。装甲用铝合金材料有 5 种形式：①均质装甲；②复合装甲；③钢铝层状复合装甲；④金属、非金属复合装甲中陶瓷单元的缓冲和支撑件或背板材料；⑤间隙装甲中结构部件。

为了减轻质量和提高防护性能，国外铝合金装甲的使用从 20 世纪 50 年代就开始了，即由高韧可焊 Al-Mg 系铝合金装甲发展成中强可焊 Al-Zn-Mg 系铝合金装甲，再发展到铝合金间隙叠层装甲和铝合金装甲附加复合装甲。使用铝合金装甲的车辆也由装甲输送车，发展到轻型坦克、步兵战车和中型主战坦克。表 2.1 为各类铝合金装甲材料在 0°角下抵挡 7.62 mm 穿甲弹的性能。

表 2.1　各类铝合金装甲材料在 0°角下抵挡 7.62 mm 穿甲弹的性能

装甲类型	密度/(kg·m⁻³)	面密度/(kg·m⁻²)	质量系数
装甲钢(380HB)	7 830	114	1.00
高硬度装甲钢(550HB)	7 850	98	1.16
5083 铝合金	2 660	128	0.89
7039 铝合金	2 780	106	1.08
2519 铝合金	2 807	100	1.14
铝背板+装甲钢面板	—	137	2.63
氧化铝+5083 铝合金	3 125	50	2.28
氧化铝+7020 铝合金	3 200	42	2.75
碳化硼+6061 铝合金	2 564	35	3.26

我国 20 世纪 60 年代中期即开始铝合金装甲材料研究，新型 LC52 铝合金装甲材料已在部分战车上使用。铝合金装甲今后的发展方向，仍是研究抗弹性更好的均质材料和复合装甲材料。

我国开发的世界上速度最快的两栖装甲车，是用轻型材料制造的。铝合金是制造两栖装甲车的首选材料，因为它有最佳的性价比，两栖装甲车既要在陆地上跑，又要能在江河湖海中行，必须对各种水有很强的抗蚀性，同时在满足结构性能的前提下，还应具有尽可能低一些的密度，以减轻车的净质量，它的船型壳是用 5XXX 系铝合金板焊接的，装甲板也是用铝合金厚板加工的。

我国研发的四轮驱动的两栖装甲车(图2.2)在平静水中行驶的最高速度可达50 km/h，远远领先于美国最快两栖装甲车的9.7 km/h速度，它比后者快约4.2倍，处于世界领先水平。这种两栖装甲车车体呈V形，既可以显著降低水流阻力，又有助于抵御简易爆炸装置的袭击。它的车轮可伸缩，在车轮旁边装有小型喷水推进装置，可以助车辆一臂之力，更快到达目的地且保持最高速度。该车在未安装装甲或未携带武器的情况下自重为5.5 t，这是使用铝合金材料且设计精巧的原因。

图2.2　两栖装甲车

我国从20世纪60年代开始研制铝合金装甲材料，7A52是研发的第二代，已列入国家军用标准GJB1540—1992，并成功应用于战车部件、工程炮塔等。7A52铝合金铸锭经460 ℃×24 h均匀化处理后热轧，然后再进行固溶+时效处理，具有良好的强韧性配合及抗弹性能，但该合金存在应力腐蚀开裂敏感的缺点，不适合在腐蚀性气候条件下使用，为此我国自主开发了综合性能更好的Al-Cu系第三代铝合金装甲材料。表2.2总结了我国装甲车用铝合金的牌号及性能特点。我国目前装甲车辆的主、次承力部件，如负重轮、炮塔座圈、变速箱、传动箱箱体等用铝合金共计26种牌号，包括变形铝合金18种牌号、铸造铝合金8种牌号。变形铝合金包括硬铝和超硬铝6种牌号、锻造铝合金5种牌号、防锈铝合金6种牌号及特殊铝合金1种牌号。

表2.2　我国装甲车用铝合金的牌号及性能特点

分类	牌号	优点	缺点
硬铝和超硬铝	硬铝为Al-Cu-Mg合金，超硬铝为Al-Zn-Mg-Cu合金。 2A11、2A12、7A04、7A05、7A52、7050	①通过淬火+时效处理，可控制固溶度和化合物的弥散度，具有良好的力学与抗弹性能；②经过自然时效，能使强度得到恢复，弥补焊缝附近容易被击穿的缺点；③合金的淬火敏感性低	①由于添加元素Zn，强度高，导致静疲劳极限较低；②负荷状态下容易受腐蚀，缺口敏感性较大

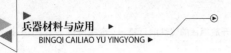

续表

分类	牌号	优点	缺点
锻造铝合金	主要有3类：Al-Mg-Si、Al-Mg-Si-Cu 和 Al-Cu-Mg-Fe-Ni。2A50、2A70、2A80、2A14、4A11	①Al-Mg-Si 耐蚀性优良，无应力腐蚀倾向，焊接性能好，且焊后耐蚀性不降低；②Al-Mg-Si-Cu 可时效强化，具有良好的强韧性配合；③Al-Cu-Mg-Fe-Ni 高温强度高	①耐蚀性较差，铜含量越高，耐蚀性越差；②部分牌号有应力腐蚀开裂和晶间腐蚀倾向
防锈铝合金	包括 Al-Mg、Al-Mn 合金。5A02、5A03、5A05、5A06、3A21、4A13	①优良的加工性能、耐蚀性能和焊接性能；②在 Al-Mg 合金中，添加少量 Mn、Ti、V、Zr 等，可以提高合金的强度，而不损害其耐蚀性；③添加合金元素少，易于熔炼和成形；无须复杂的热处理使其强化，特别适用制造承受轻负荷的深压延零件、焊接零件和耐蚀零件	①不能热处理强化，焊接软化降低了防护性能；②对小口径弹丸的防护性能不如装甲钢好；③部分牌号加工性能略差、焊接裂纹倾向大
特殊铝合金	5A56	用作铝合金装甲材料焊接的焊丝等	—
铸造铝合金	包括 Al-Si、Al-Cu、Al-Mg、Al-Zn 合金。ZAlSi7Mg、ZAlSi7MgA、ZAlSi9Mg、ZAlSi5Cu1Mg、ZAlSi7Mg1A、ZL702A、ZAlCu5Mn、ZAlCu5MnCdVA	①性能优良，耐蚀性较好，机械加工性能好；②具有良好的铸造性能、耐磨性能和耐蚀性能，强度明显高于防锈铝合金	①添加少量 Cu、Mg 合金元素后，耐蚀性能降低；②塑性低，不宜进行压力加工

2. 铝合金在舰艇上的应用

铝合金在舰艇上获得了广泛的应用，在建造航空母舰、巡洋舰、护卫舰、导弹驱逐舰、潜艇、快艇、炮艇、登陆艇时，应用铝合金的实例很多。铝合金在航空母舰上的应用部位从飞机起飞和降落的部分甲板、巨大的升降机、大量管道，覆盖到舷窗盖、吊灯架、门、舱室隔壁、舱室装饰、家具、厨房设备和部分辅机等。例如，美国"企业"号航空母舰的4个巨大的升降机是用铝镁合金焊接的；我国"辽宁"号航空母舰(图2.3)的铝材用量约为650 t，铝合金牌号多为5052与6063。

对于快艇艇体材料和高速船船体材料，一般要求在保证足够的强度和刚度的条件下，尽量减轻质量，并要求材料具有良好的耐海水腐蚀性能和可焊性。美国从300多吨的大型反潜水翼研究船、200多吨的炮艇及导弹水翼艇，到PTF级快艇、LCM8登陆艇等，大多采用5XXX系铝合金焊接结构，应用包括鱼雷快艇、巡逻艇、炮艇、水翼艇、登陆艇、气垫船、双体船、地效翼船等。

图 2.3 "辽宁"号航空母舰

我国正在研发一项全世界首创新技术，希望可以让潜艇在水下规避声呐探测，不被对方发现。研究发现，在潜艇外壳上安装一些特殊的铝合金环，潜艇就不会反射外来的探测声波。中国科学院和武汉华中科技大学的科学家发现，用有多圈蚀刻沟槽的金属环进行实验，声波会沿着环传播而不反射，而声呐探测器依靠物体反射的回波跟踪目标，这样声呐什么也听不到。就目前的技术来看，铝合金是制造这种环的最佳材料，它具有最佳的性价比，特别是 5XXX 系铝合金，镁含量中等。科学家的这项发现早期在世界权威科学期刊《自然·通讯》上发表，引起其他国家科学工作者的高度重视。我国科学家的研究证实，铝合金环上的沟槽可使声波沿固定方向传播。多个这样的环按技术规范覆置于潜艇外壳上，几乎可使声波向四面八方的任何方向分散传播，这样就能使声呐无法探测潜艇。

3. 铝合金地效飞行器

地效飞行器结合了船和飞机的优点，能以最低的燃料消耗在水面滑行，也可以在冰面、雪地、草地来来去去。它在成本(制造和服务)和载重方面优于飞机和直升机，速度快于水翼船，而在军事层面更有明显的优势，它不易被雷达发现，也没有触碰水雷的危险。地效飞行器并不是一种新式武器，早已有之，只不过近期造出的这种飞行器更先进、威力更强大、作用也更全面，因而受到军界的重视。俄罗斯在研发地效飞行器领域居世界领先地位，图 2.4 为 A-050"海鸥-2"型地效飞行器效果图。

地效飞行器用的材料是铝材，铝材零部件的净质量占飞行器总净质量的 65% 左右，其中有不少 5XXX 系铝合金材料，因为它们对海水有很强的抗腐蚀性能。A-050 型地效飞行器仍处于设计阶段，计划 2022 年起飞。"海鸥-2"型地效飞行器很有军用价值，可在上面安装反舰导弹。外形奇特的"海鸥-2"型地效飞行器，被称为"里海怪物"，飞起来像禽，走起来似兽，身形巨大，长 73 m，高 19 m；速度可达 500 km/h；全副武装可携带 6 个 ZM-80"白蛉子"重型反舰导弹发射箱，一次齐射就能摧毁美军航空母舰战斗群，其威力相当于导弹巡洋舰，但速度为导弹巡洋舰的 10 倍。

图 2.4　A-050"海鸥-2"型地效飞行器效果图

4. 铝合金在战斗机上的应用

中国新近研发的直-19E(图 2.5)是一款轻型武装直升机，2015 年 9 月 8 日首次在哈尔滨公开亮相，完全由中国航空工业集团自主研制，由哈尔滨飞机工业集团有限责任公司制造，它是一种出口型的窄机身两座专用型武装直升机。

直-19E 是直-19 武装直升机的改进版，后者长 12 m，高 4.01 m，最大起飞质量 4.5 t，巡航速度 245 km/h，最高速度 305 km/h，航程 800 km。直-19E 是一种轻型武装直升机，最大起飞质量大于 4 t，自身质量轻，在巡航速度和爬升率方面具有明显优势，能摧毁全球最强大坦克和其他地面目标，并且同样适用于为地面部队提供空中支持或防御其他低空飞行目标，具备卓越的作战性能。在直-19E 的结构用材中，虽然用了一些复合材料，但铝合金仍占主导地位，占 60% 以上，在其上挂载 4 枚空对地导弹，还有多管火箭发射器，可以在很短时间内把十几枚火箭弹投向敌军。

图 2.5　直-19E 武装直升机

5. 铝合金在空降战车上的应用

俄罗斯的空降战车 BMD-1，美国《国家利益》双月刊网站把它称为会"飞"的装甲车，是俄军的秘密武器，它是在苏联 1966 年引进的 BMP-1 步兵战车的基础上改进后制造出来的。

BMD-1 型战车的体积比引进的 BMP-1 型战车的体积小，质量也更轻，因为它的外壳是铝合金的，挂的装甲也应该是铝合金厚板，而它的武器一点也未减少，并且在车辆前部两侧还额外配备了 2 架机枪。BMD-1 型战车的质量仅为 8 t，它的前部长度明显比 BMP-1 型战车的前部长度短，公路较大速度为 80 km/h，比 BMP-1 型战车的速度快 25%。

2.2 镁合金

镁合金材料作为 21 世纪新型绿色环保结构材料，将在实现产品轻量化技术领域起到越来越重要的作用，西方工业发达国家已将镁合金材料作为重要的战略物资进行研究开发，对其相关材料和制造技术的研究严格保密。而我国是镁资源最丰富的国家，可利用的镁资源占世界贮量的 70%，是世界上原镁生产和出口量最大的国家。但是，我国镁产品和镁合金加工技术水平较低，属于典型的以牺牲资源和环境为代价的原料出口性产业。开展兵器用镁合金材料及镁合金零件的研发，争取形成具有自主知识产权的镁合金在兵器上应用的集成技术，既可加快和推动国防工业科技技术进步，使我国武器研制和生产达到国外同等先进技术水平；同时，也为镁合金在民品上的应用提供先进制造技术，拓宽镁合金的应用领域，实现军民品双向互动，带动镁合金产业发展，对将我国的镁资源优势转化为镁技术优势和产业优势都具有重大战略意义。

2.2.1 镁合金的特性

1. 镁合金的优点

1）质量轻

镁合金的比强度要高于铝合金和钢/铁，但略低于比强度最高的纤维增强塑料；其比刚度与铝合金和钢/铁相当，但却远远高于纤维增强塑料；比强度（强度/密度之比值）、比耐力（耐力/密度之比值）则比铝、铁都要高。在实用金属结构材料中，其比重最小（密度为铝的 2/3，钢的 1/4）。这一特性对于现代社会的手提类产品减轻质量、车辆减少能耗以及兵器装备的轻量化具有非常重要的意义。

2）高阻尼和良好的吸振、减振性能

镁合金具有极好的吸收能量的能力，可吸收振动和噪声，保证设备能安静工作。镁合金的阻尼比铝合金大数十倍，减振效果很显著，采用镁合金取代铝合金制作计算机硬盘的底座，可以大幅度减轻质量（约降低 70%），大大增加硬盘的稳定性，非常有利于计算机的硬盘向高速、大容量的方向发展。

3）良好的抗冲击和抗压缩能力

镁合金抗冲击能力是塑料的 20 倍，当镁合金铸件受到冲击时，在其表面产生的疤痕比铁和铝都要小得多。

4）良好的铸造性能

在保持良好的部件结构条件下，镁合金铸造制品的壁厚可以小于 0.6 mm，这是塑胶制品在相同强度条件下无法达到的，即使是铝合金制品，其壁厚也只能在 1.2～1.5 mm 才可与镁合金制品相媲美。

5）尺寸稳定性

在 100 ℃以下，镁合金可以长时间保持尺寸的稳定性。不需要退火和消除应力就具有尺寸稳定性是镁合金的一个很突出的特性，其体积收缩仅为 6%，是铸造金属中收缩量最低的一种。在负载情况下，镁合金还具有良好的蠕变强度，这种性能对制作发动机零件和小型发动机压铸件具有重要意义。

6）铸模生产率高

与铝合金相比，镁合金的单位热含量更低，这意味着它可在模具内更快速地凝固。一般地，镁合金的生产率比压铸铝合金高 40%～50%，最高可达压铸铝合金的 2 倍。

7）良好的机械加工性能

镁合金的切削阻力小，约为钢铁的 1/10，铝合金的 1/3，其切削速度大大高于其他金属；易进行切削加工而且加工成本低，加工能量仅为铝合金的 70%；不需要机械磨削和抛光，不使用切削液也能得到优良的表面光洁度，在一次切削后即可获得，并极少出现积屑瘤。

8）良好的耐蚀性

在大气中，镁合金具有很好的耐蚀性，比铁的耐蚀性好。如高纯镁合金 AZ91D 的耐蚀性比低碳钢要好得多，已超过压铸铝合金 A380。

9）高散热性

镁合金具有高散热性，很适合制作元件密集的电子产品。因为镁合金的导热能力是丙烯腈-丁二烯-苯乙烯共聚物（ABS）树脂的 350～400 倍，因此在制作电子产品外壳或零部件时，应综合考虑其结构及热传导特性，使其充分发挥散热功能，将 CPU 等电子零部件产生的热量及时排出。若仅从笔记本电脑等产品的散热性角度考虑，由于镁合金传热快、自身又不容易发烫，故采用镁合金制作笔记本电脑的外壳无疑是个最佳选择。

10）良好的电磁扰屏障

镁合金具有优于铝合金的磁屏蔽性能、更良好的阻隔电磁波功能，更适合于制作发出电磁干扰的电子产品，也可以用作计算机、手机等产品的外壳，以降低电磁波辐射对人体危害。

11）低热容量

镁合金的热容量比铝合金小，因此不容易粘在模具上，可延长模具寿命。

12）再生性

废旧镁合金铸件具有可回收再熔化利用的特性，并可作为 AZ91D、AM50、AM60 的二次材料进行再铸造。由于对压铸件需求的不断增长，可回收再利用的能力就显得非常重要。这种符合环保要求的特性，使镁合金比许多塑胶材料更具有吸引力。此外，镁合金还具有抗疲劳性、无毒性、无磁性和较低的裂纹倾向性、不易破裂性等特点，可适合于某些特定领域。

2. 镁合金的缺点

1）易燃性

镁元素与氧元素具有极大的亲和力，其在高温甚至还处于固态的情况下，易与空气中的氧气发生反应，所以镁合金必须在熔剂覆盖下，SO_2、CO_2 或 SF_6 保护气氛的保护下，或在真空条件下进行熔炼。

2）室温塑性差

镁晶体中的滑移仅发生在滑移面与拉力方向相倾斜的某些晶体内，因而滑移的过程将会受到极大的限制，而且在这种取向下孪生很难发生，所以晶体很快就会出现脆性断裂。

3）耐蚀性差

镁具有很高的化学活泼性，其平衡电位很低，与不同类金属接触时易发生电偶腐蚀，并充当阳极作用。

▶▶▶ 2.2.2　镁合金的分类及特点 ▶▶▶

1. 镁合金的分类

镁合金是以金属镁为基体，通过添加一些其他的元素而形成的合金。镁合金的分类依据有 3 种：合金化学成分、是否含锆和成形工艺。

按合金化学成分组元数目可分为二元、三元和多元合金体系，常见的镁合金体系一般都含有不止一种合金元素。但在实际中，为了分析方便，简化和突出合金中主合金元素的作用，可以把镁合金分为 Mg-Mn、Mg-Al、Mg-RE、Mg-Th、Mg-Li 和 Mg-Ag 等合金系列。

按合金中是否含锆，镁合金可划分为含锆和不含锆两大类。最常见的含锆镁合金为 Mg-Zn-Zr、Mg-RE-Zr、Mg-Th-Zr、Mg-Ag-Zr 系列；不含锆镁合金有 Mg-Zn、Mg-Mn 和 Mg-Al 系列。目前应用最多的是不含锆压铸镁合金 Mg-Al 系列，含锆和不含锆镁合金中均既包含变形镁合金，又包含铸造镁合金。锆在镁合金中的主要作用就是细化镁合金晶粒。

含锆镁合金具有优良的室温性能和高温性能。遗憾的是，锆不能用于所有的工业合金中，对于 Mg-Al 和 Mg-Mn 合金，由于冶炼时 Zr 与 Al 及 Mn 形成稳定的化合物，并沉入坩底部，无法起到细化晶粒的作用。

按成形工艺镁合金可分为两大类，即变形镁合金和铸造镁合金。变形镁合金是指可用挤压、轧制、锻造和冲压等塑性成形方法加工的镁合金，铸造镁合金是指适合采用铸造的方式进行制备和生产铸件直接使用的镁合金，变形镁合金和铸造镁合金在成分、组织和性能上存在很大的差异。目前，铸造镁合金比变形镁合金的应用要广泛，但与铸造工艺相比，镁合金热变形后合金的组织得到细化，铸造缺陷消除，产品的综合机械性能大大提高，比铸造镁合金材料具有更高的强度、更好的延展性及更多样化的力学性能。因此，变形镁合金具有更大的应用前景。

2. 主合金元素的作用

根据镁合金的强化效果，其合金元素可以分为 3 类。既提高强度又提高韧性的合金元素，按作用效果顺序如下：

①提高强度的元素依次为 Al、Zn、Ag、Ce、Ga、Ni、Cu、Th；

②提高韧性的元素依次为 Th、Ga、Zn、Ag、Ce、Ca、Al、Ni、Cu；

③增强韧性而强度变化不大的元素为 Cd、Ti、Li；

④明显增加强度、降低韧性的元素为 Sn、Pb、Bi、Sb。

1) Mg-Zn 系合金

纯粹的 Mg-Zn 二元合金在实际中几乎没有得到应用，因为该合金的铸造性差，合金组织粗大，容易出现偏析和热裂等铸造缺陷，对显微缩松非常敏感。但 Mg-Zn 合金有一个最为明显的优点，就是可以通过时效处理来提高合金的强度，所以该合金进一步的发展就是寻找新的合金添加元素，使合金晶粒细化，组织均匀化，少显微缩松。在 Mg-Zn 合金中加入 Cu 元素，会使合金的时效硬化明显增加，这是因为 Cu 元素能提高 Mg-Zn 合金的共晶温度，因而可使其在更高的温度下固溶处理，使更多的 Zn、Cu 溶于合金中，增加了合金随后的时效强化效果。Mg-Zn 合金中引入 Cu 元素的缺点是合金的耐蚀性降低。Zr 是对 Mg-Zn 合金最为有效的晶粒细化元素，在 Mg-Zn 合金中加入 Zr 元素会使粗大的晶粒得到细化。这类合金均属于时效强化合金，一般都在固溶+时效或者直接时效的状态下使用，具有较高的抗拉强度和屈服强度。然而，这类合金的不足之处是对显微缩松比较敏感，焊接性能差，解决的办法就是适当地加入 RE 元素，这样就能得到组织晶粒被细化，形成显微缩松的倾向明显降低，铸造性能得到改善的优质合金。

2) Mg-RE 系合金

稀土是我国的富有资源，也是镁合金中重要添加元素，稀土(RE)元素对镁合金的组织和性能均有极其重要的影响。在镁合金中，稀土能改善铸造性能，减少显微缩松和热裂倾向；改善合金焊接性能，提高焊缝强度，提高合金的耐蚀性能；提高合金的高温强度和抗蠕变性能。此外，稀土镁合金在医学上得到广泛应用。

RE 元素可降低镁在液态和固态下的氧化倾向，这是因为大部分的 Mg-RE 系，如 Mg-Nd、Mg-Ce、Mg-La 二元固相的富镁区都是相似的，它们都具有简单的共晶反应，因此在晶界处存在熔点较低的共晶体。这些网状的共晶体能够起到抑制显微缩松的作用，只是合金中的部分 Zn 会在晶界上形成 Mg-Zn-RE 相，减轻了一些合金固有的固溶强化效果，导致合金力学性能下降，但抗蠕变性能显著提高。Nd 的作用尤为显著，由于其最大固溶度为 3.6%，远大于 Ce 的固溶度 1.6%，以 $Mg_{12}Nd$ 高温稳定共晶相存在，所以与 Ce 不尽相同，它不仅能提高镁合金的高温强度，而且还能提高室温强度。比如，在铸造镁合金中，RE 元素是改善合金耐热性最有效、最具实用价值的。Nd 以固溶和金属间化合物的形式存在时，具有细化晶粒、抑制二次相析出，使不完全离异共晶转化为离异共晶的作用。Nd 通过固溶强化、析出强化和弥散强化增加了合金硬度和强度，并改善了塑性，加入 Nd 后合金的断裂机制从脆性解理断裂转变为准解理断裂。

Mg-Zn 合金有着明显的缺点：①一元合金难以晶粒细化，对显微缩松敏感，在实际应用中几乎没有得到应用；②合金的析出相主要是镁锌相，以长棒状和短棒状为主的镁锌相强化作用一般，导致材料的室温性能受到一定影响。在 Mg_4Zn 合金中加入 Nd 是基于如下想法：①加入 Nd 后，合金形成含有稀土元素 Nd 的三元相，改善二元相的形状和分布，可增加二元相的强化作用，改善合金的室温力学性能；②Nd 的主要作用是提高合金的室温强度和高温强度，与其他稀土元素相比强化效果最好，Nd 在镁中的溶解度随着温度降低而迅速下降，热处理强化效果较大；③加入 Nd 后，铸态合金晶粒细化，对改善力学性能有良好作用。

目前，稀土元素的价格比较昂贵，极大地限制了 Mg-RE 合金的应用和发展。但是我国拥有丰富的稀土资源，占世界探明稀土储量的 80%，稀土的应用与开发对合理利用我国稀土资源具有相当重要的意义。换句话说，稀土镁合金的耐热、耐蚀、高强、高性能，可以进一步增加镁合金材料的应用领域，同时也促进了合金的发展。所以，在我国开发含稀土的高品质镁合金具有独特的优势。

3）Mg-Zn-RE-Zr 系合金

在 Mg-Zn 合金中添加 RE 元素，可以改善合金的铸造性能，提高合金的抗蠕变性能，并能提高镁合金的强度。RE 元素在铸造镁合金中具有净化合金组织、除气、除渣等作用，还能提高合金的高温力学性能，改善镁合金的流动性。这是因为 RE 元素与镁合金结晶温度间隔小，形成了简单的低熔点共晶体，具有良好的流动性。合金的流动性增加，显微缩松、热裂倾向减少。在 Mg-Zn-RE 合金中，Zr 元素作为必需的元素，对净化合金的显微组织起到重要作用，Zr 能细化合金组织、净化晶粒晶界、填补组织缺陷等，并对合金的室温性能和抗蠕变性能有着良好的作用。

Mg-Zn-RE-Zr 系合金具有优良的铸造流动性、良好的室温力学性能和优异的高温抗蠕变性能，使其使用温度达 300 ℃以上。例如，由于 Zn、Nd 元素的同时加入，合金中形成了 Mg-Zn-Nd 三元相，使固溶体中的 Zn 含量大大降低，从而使合金显微缩松、热裂倾向大大改善，使合金具有优良的铸造性能。合金中添加的元素通过固溶强化、析出强化和弥散强化来提高合金的室温和高温力学性能，同时 Mg-Zn-Nd-Zr 系合金还可通过氢化处理来进一步改善合金的力学性能。研究发现，ZE41 合金在凝固过程中生成了一定数量的 Mg 和 Zn-RE 化合物的共晶体，经过热处理后，细小的 Zn-RE 高温相以网状分布在 Mg 晶界上，因此其在 150～200 ℃有很好的抗蠕变极限，尤其 100～300 ℃有很好的瞬时拉伸屈服极限，可广泛应用于飞机和汽车的发动机、齿轮箱壳体。

▶▶▶ 2.2.3　镁合金的制备方法 ▶▶▶

1. 压铸

压铸是镁合金最主要的成形工艺，世界镁合金铸件的 93% 是用压铸工艺生产的。镁合金有热室压铸和冷室压铸两种方式，压铸方式主要取决于铸件壁厚，热室压铸一般用于薄壁铸件。采用型腔抽真空的方法可以减少镁合金铸件的气孔，真空压铸就是在压铸过程中抽出型内气体，以消除或减少压铸件内的气孔和溶解气体，提高压铸件的力学性能和表面质量。充氧压铸是一种无孔压铸，该法在充型前将氧气或其他活性气体充入型腔以置换型内空气，充型时，活性气体与镁合金液反应生成弥散分布的金属氧化物，达到消除压铸件内气体和气孔的目的。用该法生产的压铸件可以进行热处理强化。

2. 半固态铸造

半固态铸造分为流变铸造和触变铸造，由投料筒经进料口进入料筒的固态镁合金颗粒，凭借螺杆旋转产生的剪切力及料筒加热器的加热，当材料加热到固液两相区、达到一定的固相含量时，由螺杆推动射入型腔成形。镁合金触变铸造的优点是：①非枝晶镁合金坯料无须完全熔化，节省能源；②充型时不易产生飞边，铸件尺寸精度高；③铸件致密，显微缩松少；④金属浆料温度低，铸型寿命长；⑤无须用 SF_6 作保护气体，环境污染小；⑥生产过程安全性高。

3. 挤压铸造

挤压铸造的充型压力比重力金属型铸造要高几个数量级，降低其对铸件成形的影响可以通过提高充型速度来实现，这样可以减少铸件中的显微缩松和气孔缺陷，提高铸件的致密度和力学性能，以此获得可以热处理的铸件。挤压铸造最重要的工艺参数是铸型温度、浇注温度和合金的过热度，合金本身的铸造性能却不十分重要，其他较重要的工艺参数为浇注金属液的体积、金属液洁净度、充型压力曲线、铸型涂料、挤压前金属液停留时间等。要获得无气孔的挤压铸件，凝固温度区间较大的 AZ91 镁合金所需要的充型压力比凝固温度区间较小的 AZ31 大。

4. 镁合金的其他铸造方法

低压铸造和差压铸造已经应用于生产镁合金汽车铸件，这两种方法可以保证平稳充型，避免镁合金液氧化和卷气，还可以在铸造过程中将加压系统与镁合金的气体保护有效地结合起来。镁合金的精密铸造和石膏型铸造也得到了一定应用。

▶▶▶ 2.2.4　镁合金在兵器及装备中的应用 ▶▶▶

武器装备质量的轻量化提高了武器射程和精度等各项战斗性能，目前发达国家制造的直升机、歼击机、坦克、装甲车、军用吉普车、枪械武器等大量应用了镁合金结构件，而且发展迅速。镁合金具有质量轻、比强度和比刚度好、减振性能好、电磁干扰强、屏蔽能力强等特点，能满足武器装备对减重、吸噪、减振、防辐射的要求。

1. 在火炮及弹药中的应用

法国 AMX-30 坦克为法国装甲部队的主要装备之一，是第二次世界大战后法国生产数量最多的坦克，AMX-30 坦克的 CN105F1 型 105 mm 线膛炮的身管热护套采用了镁合金。英国的大口径 120 mm BAT L6 Wombat 无后坐力反坦克炮采用了镁合金，大大减轻了质量，加上所配的 M8 0.5 in① 步枪，总重才 308 kg。图 2.6 为镁合金在 AMX-30 坦克上的应用。

图 2.6　镁合金在 AMX-30 坦克上的应用

2. 在轻武器中的应用

镁合金在枪械机匣、弹匣、枪托、提把、瞄准镜上有广泛的应用，能有效减轻战士的

---

① 1 in＝25.4 mm。

战斗负荷，进而使士兵的战斗效率增加。

美国制造的一种 Racegun(强装药，运用了先进技术的战斗用手枪)，其扳机等零件采用镁、钛合金，质量减轻 45%，击发时间减少 66%。美国研制中的新式单兵作战系统(OICW)，功能齐全，很多零件采用了轻合金，质量仅 8.172 kg，但军方仍希望进一步减重 1.8 kg 以上。图 2.7 为镁合金在轻武器中的应用。

图 2.7 镁合金在轻武器中的应用

俄罗斯生产的 POSP6×12 枪用变焦距观测镜壳体采用镁合金；法国 WK50 式反坦克枪榴弹应用了镁合金，全弹质量仅 800 g。

3. 在战车中的应用

目前 Al-Mg 合金主要应用在坦克/装甲车/侦察车的变速箱体、座椅骨架、车长镜、炮长镜、发动机过滤座、进出水管、空气分配器座等零部件上。

美军装备的 M274A1 型军用吉普车采用了镁合金车身及桥壳，大大减轻了质量，并具有良好的机动性及越野性能。有的改型还装备无后坐力炮，成了最袖珍的自行火炮。美国水陆两栖突击车 AAAV 采用 WE43A 镁合金制造动力传送舱。图 2.8 为镁合金在 M274 系列运输车上的应用。

图 2.8 镁合金在 M274 系列运输车上的应用

4. 在导弹上的应用

近年来，在导弹、火箭等结构件中，MB2、MB3、MB8 等系列镁合金有广泛的应用，主要用于战术防空导弹的支架舱段与副翼蒙皮、壁板、加强框、舵板、隔框等零部件中；而卫星上采用 ZM5 镁合金制作井字架与相机架，以及各种仪器支架和壳体等。图 2.9 为镁合金在导弹上的应用。

图 2.9　镁合金在导弹上的应用

5. 在战斗机上的应用

战斗机质量减轻 15%，可缩短滑跑距离 15%，增加航程 20%，提高有效载荷 30%。随着镁合金制备技术的发展，材料的比强度、比刚度、耐热强度、抗蠕变性能不断提高，其应用范围也扩展至军机的发动机零部件、螺旋桨、齿轮箱中。图 2.10 为镁合金在战斗机上的应用。

图 2.10　镁合金在战斗机上的应用

2.2.5　镁合金在兵器装备中的应用前景

1. 镁合金发展历史

镁合金最早应用于军事工业领域是在 1916 年，被用于制造 77 mm 导线。20 世纪 30 年代的应用有大炮车轮和小雷投掷器(铸造件)。20 世纪 40 年代的应用有 60 mm 迫击炮炮座(铸造件)、装填器杆(挤压件)、航空火箭发射器(挤压件)、机枪托架(铸造件)、空降部队用自行车框架部件(铸造件)、探照灯灯壳(铸造件)、地面导弹发射器(挤压件)、T-31型 20 mm 火炮(挤压件和铸造件)、SIG33 15 cm 枪托架(铸造件和锻造件)。20 世纪 50 年代，镁合金被用于制造控制系统雷达(多种方法制造)、M11 运输机机舱(花纹镁合金板)和齿轮箱(砂型铸造件)、M113 用 Mg-Li 合金壳体结构件(板材)、M274 战斗运输机机轮(铸造件)和底板炮手站台(挤压件)、M151 MUTT 车轮(铸造件)、M116 运输机舱顶拱部件和底板(挤压件和板材)、空降牵引机的车轮(铸造件)。20 世纪 60 年代，镁合金被用于生产迫击炮底座(锻造件)、法国 AMX-30 坦克车轮的变速箱(铸造件)、法国 AMX-10 坦克枪枪架(铸造件)、M102 105 mm 榴弹炮炮架架尾(板材)、民兵导弹牵引车(板材和挤压件)、野外保养隐蔽所和直升机部件(挤压件)。20 世纪 80 年代以后，为了实现武器轻量化，镁合金在军事领域的应用逐渐扩大。目前，为了减轻各种常规兵器的质量，提高机动性，便于运输，使用镁合金材料的零部件越来越多，发展潜力很大。

2. 未来镁合金发展趋势

质量是影响兵器装备战场快速反应能力的主要因素之一，所以，现代高技术战争对兵器装备的质量指标提出了极为苛刻的要求。发达国家无一不投入巨资，研究轻质结构材料以及与之配套的先进制造技术，以期减轻兵器装备质量，提高兵器装备的机动性，增加携弹量和野战辅助系统用量，提高兵器及士兵战场生存和作战能力。镁合金由于其一系列优点，成为兵器轻量化的理想材料。

从兵器零件的使用特点和性能要求分析，枪械武器、装甲车辆、导弹、火炮及弹药、光电仪器、兵器用计算机及通信器材中较大数量的铝合金零件和工程塑料件，根据目前镁合金材料的性能和使用特点，改用镁合金材料制造相关零件，在技术上是可行的。

采用镁合金及镁基复合材料替代武器装备的中、低强度要求的铝合金零件和部分黑色金属零件，实现武器装备轻量化，主要产品有：

①枪械武器：机匣、弹匣、枪托体、下机匣、提把、前护手、弹托板、瞄具座等。

②装甲车辆：坦克座椅骨架、机长镜、炮长镜、变速箱箱体、发动机滤座、进出水管、空气分配器座、机油泵壳体、水泵壳体、机油热交换器、机油滤清器壳体、气门室罩、呼吸器等。

③导弹：导弹舱体、舵体本体、仪表舱体、舵架、飞行翼片等。

④火炮及弹药：供弹箱、牵引器、脚踏板、炮长镜、轮毂、引信体、风帽、火药筒等。

⑤光电仪器：镜头壳体、红外成像仪壳体、底座等。

⑥兵器用计算机及通信器材：军用计算机、通信器材箱体、壳体、板类等零件。

3. 有关镁合金新材料研发

新型镁合金材料的研发，促进了兵器零部件的镁合金化。新开发的耐热、耐磨、超轻

Mg-Li 合金等新型镁合金及镁基复合材料，由于具有一系列特殊性能，加速了兵器零部件的镁合金化。美国利用 SiC 镁合金复合材料制造螺旋桨、导弹尾翼等，在海军卫星上已将镁合金复合材料用于支架、轴套、横梁、T 形架、支架、管件、直升机螺旋桨、导弹尾翼、内部加强的气缸、战车、卫星天线和航天战镜架等结构件，其综合性能优于铝基复合材料。此外，超轻 Mg-Li 合金用于洲际远程导弹和航天飞行器，其减重效果十分明显，对飞行器的速度、航程和载重等方面的提高产生了良好的作用。此外，近年来研究的高塑性稀土镁合金、高导热稀土镁合金及耐腐蚀镁合金，未来也有很大的可能被武器装备所利用，发挥其效能。

 ## 2.3　钛合金

继石器时代之后出现的青铜器时代、铁器时代，均以金属材料的应用为其时代的显著标志。虽然非金属材料的应用不断发展，但金属材料凭借其优良的性能，仍将有较为广泛的应用，并且前景光明。尤其是一些新型、高端金属材料，在军工领域有着难以替代的地位，并随着研究的不断发展，生产出性能更加优良的品种。钛合金是常用的兵器金属材料之一，相关学者对其进行了大量研究。

▶▶▶2.3.1　钛合金的优势 ▶▶▶

钛(Ti)位于元素周期表中ⅣB族，是一种银白色的金属，钛合金是以 Ti 为基础加入 Al、Sn、V、Mo、Nb 等其他元素组成的合金，由于其优秀的物理性能，被广泛用于航空航天、船舶、海洋工程、兵器、汽车、医疗、化工、冶金、体育休闲等高端工业制造中，有着"第三金属""空中金属""海洋金属"等美誉。钛的具体优势有以下3点。

①比强度高。钛密度为 4.5 g/cm^3，比钢轻43%，而机械强度却与钢相差不多，比铝高2倍，比镁高5倍，因此表现为较高的比强度(抗拉强度与材料表观密度之比)。图 2.11 为制作成形的钛合金管。

图 2.11　制作成形的钛合金管

②耐蚀性好。常温下，钛表面易生成一层极薄、致密的氧化物保护膜，可以抵抗强酸甚至王水的作用，表现为强抗腐蚀性。钛合金制成的潜艇，既能抗海水腐蚀，又能抗深层压力，其下潜深度比不锈钢潜艇增加80%。此外，钛无磁性，不会被水雷发现，具有很好的反监视、反监测作用。

③具有超导性。钛具有超导性，纯钛的超导临界温度为 0.38 ~ 0.4 K。常用的铌钛合金超导体是超导工业的"先导材料"，其成本远低于其他超导材料，同时还具有如屈服强度与钢材接近等优点，保证了铌钛超导合金的应用优势。

钛合金凭借其密度低、比强度高、耐蚀性好、导热率低等特点，在军工等领域中广泛应用。目前，我国钛行业结构性调整已初见成效，已由过去的中低端化工、冶金和制盐等行业需求，快速转向中高端军工、高端化工和海洋工程等行业发展，行业利润由中低端领域逐步快速向以军工为主要需求的高端领域转移。伴随"十四五"的到来，高端军用钛合金在下游需求旺盛的环境下，将供不应求。

根据现行国标发布的《钛及钛合金牌号和化学成分》（GB/T 3620.1—2016），钛及钛合金相关种类牌号有 100 个左右。根据基体组织不同，钛合金可以分为 α 钛合金、β 钛合金和 α+β 钛合金。α 钛合金组织稳定，耐磨性高于纯钛，抗氧化能力强；β 钛合金未热处理即具有较高的强度，淬火、时效后合金得到进一步强化，室温强度可达 1 372 ~ 1 666 MPa；α+β 钛合金具有良好的综合性能，组织稳定性好，有良好的韧性、塑性和高温变形性能，能较好地进行热压力加工，能通过淬火、时效使合金强化。中国分别以 TA、TB、TC 表示，3 种钛合金中常用的是 α 钛合金和 α+β 钛合金。α 钛合金的切削加工性很好，α+β 钛合金次之，β 钛合金较差。由于其种类繁多，物化特性也多有不同，因此多种牌号钛合金在军工装备中应用领域更为广泛。

2.3.2 钛合金的发展及竞争格局

1. 中游高端钛材研发及制造是产业链核心壁垒

钛合金产业链上游为钛金属冶炼行业，主要通过冶炼钛铁矿或金红石得到含钛量较高的海绵钛，经熔铸等工序得到钛锭、钛合金或钛粉；再通过加工处理，如轧制、铸造、锻造或粉末冶金后，获得钛加工材料。产业链下游企业通过购买钛合金零部件应用到各自领域当中。

1）提炼加工难度大，成本较高

钛元素虽然在地壳中含量高，但是由于活性大，提炼困难，因此需要经过多次氧化还原过程才能达到工业应用的品位。通常采用氯还原法提纯金属钛，采用多次真空电弧熔炼工艺，此外钛合金变形抗力较大，属于难变形材料，叠加钛合金材料制备工艺复杂、流程长等原因致使其成本高。钛原料需求升级，质量要求提升。我国钛工业经过几十年的发展，已从 20 世纪的以传统化工为主要需求的领域，逐渐转向以航空航天、船舶、海洋工程和高端化工装备为主要需求的领域，钛原料的需求也从原来的以工业级海绵钛（2 级）为主转向以军工级海绵钛（0 级）为主，对钛原料的批次稳定性和质量要求更高。

目前国内海绵钛生产原料主要依赖进口，随着军用级海绵钛需求的快速增长，军工行业对原料的稳定供应和品质提出了更高的要求。由于我国绝大多数海绵钛生产企业没有自己的钛矿砂资源，这也对高端钛产品长期稳定供应、产品质量和成本造成了很大的影响。

海绵钛作为钛产品的核心原料，在钛材生产成本中占比超 80%，是影响行业利润的重要因素，其价格波动主要受供求关系影响。2021 年年初至今，受"双控"等因素影响，海绵钛上游镁锭、四氯化钛等原材料价格持续上升，海绵钛价格也一路上涨。近两年海绵钛产能快速扩张，因此长期来看，海绵钛将由高端需求的持续提升与下游产能的不断扩张两种因素共同主导价格走势，在需求与供给共同提升的情况下，海绵钛价格也将逐步趋稳。图 2.12 为近些年海绵钛的价格走势。

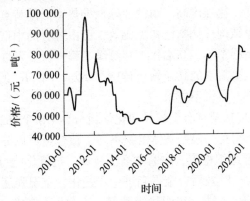

图 2.12　近些年海绵钛的价格走势

2）军用高端钛合金价值高于民用

目前军工装备是国内高端钛合金主要需求领域。我国高端需求用航空级海绵钛、3D打印用钛粉、航空紧固件用钛合金棒丝材、船舶用钛合金宽厚板坯等产品，由于在批次稳定性上还与国外有一定的差距，仍需进口，一部分关键核心技术没有完全自主可控。但通过国内企业的装备进步、技术创新，差距正逐步缩减，产品质量不断提高。

3）中高端领域的钛材需求量呈加速增长势头

2020 年，我国钛工业不论在产量、产能还是经济效益上都取得了突飞猛进的发展。其中，高端化工、航空航天、海洋工程、船舶和体育休闲等中高端领域的钛材需求量呈加速增长势头，年平均增长幅度在 20% 以上，医疗行业受疫情影响需求有所回落，低端的电力和制盐等行业也有一定的增长，但增幅不大，行业整体盈利能力进一步增强。在以军工为代表的高端行业需求拉动下，我国钛材产量连续第 6 年呈稳步快速增长的势头，钛材产量由 2015 年的 4.86 万吨上升到 2020 年的 9.70 万吨，增长几乎翻倍。

"十四五"军队加速建设，军用领域将进一步拉动钛合金行业景气度。2021 年开始，中国"十四五"规划和军队现代化建设正式进入加速期，有望进一步促进航空航天、军工装备等高端领域用钛的大幅提升。

2. 钛合金的竞争格局

军用高端钛合金与国外不直接竞争，但仍有一定差距。尽管近年来我国钛合金材料的研究工作已取得了显著的进展，但高端领域用钛合金产品的品质与国外相比还有很大的差距，如钛合金挤压型材、模锻件、大型钛合金宽厚板、大型钛合金铸件、航空紧固件用钛合金棒丝材等，急需我国钛行业提高产品品质，以充分满足国防军工对钛合金的发展需要。目前国外的主要厂商有日本东邦钛公司、美国钛金属公司、俄罗斯阿维斯玛镁钛联合企业等，由于各国对军工材料的出口均有严格的限制，因此目前国内高端钛合金军工市场方面基本上不会面临来自国外公司的竞争。但未来随着我国民用航空大飞机的落地批产，一方面打开了市场空间，另一方面也将在民用航空钛合金方面与国际钛合金龙头企业形成竞争。表 2.3 罗列了国际钛及钛合金生产的相关企业。

表 2.3 国际钛及钛合金生产的相关企业

国家	公司名称
美国	钛金属公司(Titannium Metals Corporation)
	RTI 国际金属公司(Rti International Metals, Inc.)
	阿勒格尼技术公司(Allegheny Technologies Inc.)
日本	日本东邦钛公司(Toho Titanium)
	新日铁住金株式会式(Nippon Steel & Sumitomo Metal Corporation)
俄罗斯	阿维斯玛镁钛联合企业(VSMPO-AVISMA)
澳大利亚	伊鲁卡资源有限公司(Iluka Resources Ltd.)
印度	喀拉拉邦矿产和金属有限公司(KMML)
乌克兰	扎波罗什钛镁联合企业(Zaporizhia Titanium-Magnesium Plant)
哈萨克斯坦	乌斯特卡明诺戈尔斯克钛镁联合企业

钛加工行业已形成以国有大型企业为龙头的格局。目前，我国钛加工行业通过近 10 年的结构调整和转型升级，已形成以宝钛股份、西部超导、西部材料和金天钛业等国有大型企业为代表的一线龙头企业，它们以各自多年行业技术积累和背景为依托，不论在产量还是利润水平，均取得了近 10 年来的最好水平。

各企业纷纷出台扩产计划。2020 年 3 家钛合金上市企业分别公告扩产计划，宝钛股份提出了在"十四五"末，钛材市场占有率居世界第一、钛材产量达到 5 万吨的目标计划；西部材料预计募投项目达产后，钛合金总体产能达 1 万吨；西部超导预计募投项目达产后，钛合金产能将超 1 万吨。综合来看，3 家企业到"十四五"末期，钛合金总产能将超 7 万吨，预计其中军品产能有望达到 3 万吨左右。

▶▶▶ **2.3.3 兵器装备钛合金构建的低成本制造** ▶▶▶

1. 钛合金精密成形技术

为降低钛合金构件制造成本，实现净成形或近净成形的精密成形技术，成为各国研究热点，其中精密铸造(熔模铸造、冲压石墨型铸造)、精密塑性成形、快速成形等技术研究应用较多。

1)精密铸造技术

(1)熔模铸造

熔模铸造是目前国外军工领域应用较多的一种精密成形技术。熔模铸造，又称失蜡铸造，是在可熔性蜡模的表面重复涂上多层耐火涂料，并经过撒砂、干燥和硬化后，再采用有机溶剂、热水、蒸气等加热手段将其中的蜡料去除而获得整体空腔的型壳，然后进行高温焙烧、浇注而获得零件的一种铸造方法。该技术的优点是加工精度高、表面粗糙度低、加工余量小(甚至可实现无余量铸造)，可获得形状复杂的薄壁铸件。

美国 M777 155 mm 轻型牵引榴弹炮是首个正式引入钛合金熔模铸造的陆基武器系统，也是成功应用钛合金熔模铸造技术的典型例证，如图 2.13 所示。采用熔模铸造技术后，

M777 钛合金结构件的细小零件数目从原来的 973 个减少到 419 个，需要焊接的部位从 2 458 处减少到 483 处，焊缝长度缩短 77%，大大减轻了结构变形，比传统制造时间缩短 25%～50%。M777 采用熔模铸造获得显著效益的典型部件有驻锄、鞍形支架、牵引架等。其中，驻锄最先由 120 个零件焊接而成，通过熔模铸造实现了整体铸造成形；鞍形支架由最初的 116 个零件焊接而成，通过熔模铸造实现了整体铸造成形。在 M777 项目中的一系列测试表明，熔模铸造钛合金部件的机械性能已经接近或达到锻件的水平，耐久性测试和炮射试验都表明钛合金熔模铸造结构件在严酷战场环境下具有良好的可靠性。

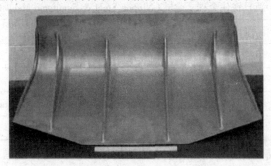

图 2.13　典型的熔模铸造钛合金结构件——M777 榴弹炮

美国陆军武器研发与工程中心与 CTC 公司、通用动力公司地面系统分部等开展合作，重新设计了"斯特赖克"轮式装甲车的机动火炮系统的炮舱，将原先由 40 个钢制零件焊接而成的炮舱，变为 2 个钛合金熔模铸造件焊接而成的焊接件，长度为 60 in(1.524 m)，如图 2.14 所示。改进设计并采用熔模铸造工艺使炮舱零件数量显著减少，质量从 486 lb (220 kg)降低到 350 lb(159 kg)，质量减轻了 28%。

图 2.14　"斯特赖克"轮式装甲车的机动火炮系统钛合金炮舱

(2)冲压石墨型铸造

钛合金冲压石墨型铸造(rammed graphite castings)已经成为替代军用钛合金板材和零部件传统制造方法的可行工艺。采用钛合金冲压石墨型铸造近净成形军用零部件，能够消除不必要的废料，无须多余尺寸的机加工，且具有优良的抗腐蚀能力、良好的结构完整性和强度，与锻造钛合金相似。与熔模铸造需要的工具相比，冲压石墨型铸造的铸模成本较低，尤其适合于大型铸件。钛合金冲压石墨型铸造可以采用木头或金属制得的标准单体铸模或模板铸模。一般来说，用于砂型铸造的铸模设备在进行改造后(加浇口、冒口)，就可以用于钛合金冲压石墨型铸造。钛合金冲压石墨型铸件已经用于诸多军用装备，如鱼雷弹射泵、大型海水泵，以及各种尺寸的球阀、闸阀和蝴蝶阀等军用零部件。图 2.15 为铸造的钛合金闭式叶轮、阀体和机罩。

(a)　　　　　　　　　　　　　　　(b)

图2.15　铸造的钛合金闭式叶轮、阀体和机罩

(a)闭式叶轮；(b)阀体和机罩

2)精密塑性成形技术

等温锻造是将模具和坯料都加热到坯料的最佳锻造温度，使坯料以低应变速率进行变形的一种锻造方法，可以显著改善坯料的塑性和流动能力，降低变形抗力。由于模具处于高温状态，金属流动充填好，适合于钛合金盘类、梁类、框类等薄壁高筋构件成形。采用等温锻造工艺能够生产锻后无须机加工的净形锻件，或仅需少量次加工的近净形锻件。钛合金等温锻造技术在国外枪、炮武器中已有多项成功应用，如美国采用等温锻造钛合金火炮炮口制退器、机枪支架体等。

旋压成形是一种无切屑的冷成形工艺，适用于无缝、薄壁、筒形件的近净成形或净成形，是火炮身管、药筒、药型罩、导弹发动机壳体等筒形件成形的重要技术手段。采用旋压工艺成形精确口径、同心轴壁厚的圆柱形零部件，能够提高材料的强度，消除或大幅减少二次成形加工，节省材料，将制造成本降至最低，且尺寸精度比热成形工艺好。美国国家先进金属加工技术中心采用旋压工艺生产 M777 榴弹炮的摇架钛合金管件(直径为 14.2 cm，长度为 183 cm)，降低了工艺成本，减少了材料浪费。

超塑成形/扩散焊接(SPF/DB)技术在减轻钛合金结构件质量、降低成本方面也具有显著的优点，该技术克服了钛合金冷加工工艺性差、成形困难等缺点，能够成形形状复杂的钛合金整体结构件，大幅节约材料，减少组装部件，降低批量生产成本，并且提高构件的使用寿命和整体性能。与铆接和焊接比较，可使成本降低 40% ~ 60%，质量减轻 30% ~ 50%。美国休斯公司、英国 BAE 系统公司等在超塑成形技术研究和应用方面居世界前列，目前钛合金超塑成形工艺已广泛用于导弹外壳、推进剂储箱、整流罩等，以及车辆车架、外壳、曲柄轴和连杆等的制造。

3)快速成形技术

金属零部件快速成形技术能有效缩短产品开发周期，节约大量加工成本，近几年发展迅速，由于其良好的生产和维修高强度金属制件的能力，因而成为国防领域最具价值的技术之一。其中发展最快的是钛合金快速成形，其在导弹等武器装备结构件成形中均有成功应用。

美国 Texas 大学针对单一金属粉末激光烧结进行研究，成功制造了用于 AIM9 导弹的 Ti-6Al-4V 金属零件，生产效率比传统的钛合金加工工艺提高了 80%。通用电气公司在发动机制造中采用激光快速成形技术加工 1.22 m 长钛合金零件，使每台发动机成本节省 2.5

万美元。美国材料与电化学研究（MER）公司与军方合作，研究采用等离子转移弧成形技术，实现钛装甲、火炮身管以及其他结构件的制造，具体工艺流程及装备如图 2.16 所示。工业界在钛合金快速成形技术和设备的研发方面也进行了诸多尝试，一些研究成果获得了军方的认可。Arcam AB 公司研制了拥有专利权的电子束熔融（EBM）系统，并在 EBM 系统的基础上开发了钛合金电子束熔融工艺，将 Ti-6Al-4V 粉末加热到 2 400 ℉（1 315.6 ℃），使钛合金粉末熔融后制成致密的零件，在 NASA、波音幻影工作室等获得成功应用。Solidica 公司与克莱姆森大学合作开发下一代快速原型和模具，扩展 3D 金属制造技术的应用，与陆军合作，针对同时具备增材制造与材料去除能力的混合加工系统——超声波固化系统进行应用开发。通过超声波固化系统，Solidica 公司已经制造出将具有无线射频识别（RFID）功能的传感器嵌入其中的钛合金零件。

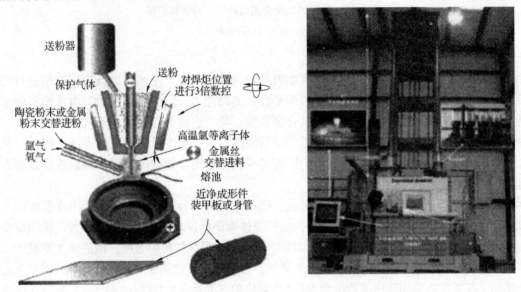

图 2.16　等离子转移弧成形技术工艺流程及装备

2. 钛合金先进焊接技术

焊接技术是目前大部分大型钛合金零部件和复杂形状异形件的重要成形工艺之一，随着钛合金在兵器装备中的应用越来越广泛，钛合金零件的焊接技术也越来越重要。以钛合金为代表的轻合金焊接技术受到美国陆军高度重视，专门启动"先进焊接技术部署计划"，研究先进焊接技术在钛合金等轻质材料中的应用，并对现有焊接工艺进行改进，提高焊接效率和质量，降低生产成本，以满足武器装备发展的需要。

考虑到 M777 榴弹炮钛合金结构件焊接比较困难、焊缝疲劳性能要求高，以及需符合全生命周期成本目标等问题，美国海军连接中心开展了 M777 炮座钛合金结构焊接工艺的研究，采用自动化的等离子弧焊接工艺对 M777 炮架的铸造和锻造钛合金组件进行焊接，焊缝能够满足疲劳性能和强度要求等。该中心还研究采用更高效的自动化熔化极脉冲气体保护电弧焊（GMAW-P）和激光焊代替传统的钨极气体保护焊工艺来焊接 M777 Ti-6Al-4V 稳定装置支臂（stabilizer arm），检测结果表明焊件能满足所有的质量要求和尺寸规格。

美国陆军武器研发与工程中心在新型钛合金战斗车辆零件焊接过程中，引入机器人工作单元，开发机器人 GMAW-P 工艺，完成的焊接部件无须进行机械加工和应力消除，极大地提高了焊接效率和质量，降低了成本。此外，该中心还研究采用机器人 GMAW-P 系统焊接钛合金机匣，并解决了一系列焊接上的问题，包括开发机器人焊接钛合金的焊接参数、改善保护气和辅气防护、提高送丝速度等。

除上述几种典型焊接工艺，国外开始研究搅拌摩擦焊工艺在钛合金武器零部件中的应用。爱迪生焊接研究所对能够作为搅拌摩擦焊焊接工具的候选材料进行研究，并开发出一种新型搅拌头——可变熔深搅拌头（variable penetration tool，VPT），在很大程度上减小甚至消除了工具的磨损和变形，显著提高了搅拌摩擦焊工艺的可靠性。美国陆军研究实验室与美国克莱姆森大学联合开展了典型钛合金 Ti-6Al-4V 搅拌摩擦焊工艺数值模拟与实验验证的研究工作，利用以前开发的搅拌摩擦焊热力有限元分析，同时结合 Ti-6Al-4V 基本的物理冶金数据，来预测搅拌摩擦焊焊缝的结构状态，研究表明模拟结果与实验结果具有相当的一致性，也进一步说明数值模拟方法可用于指导搅拌摩擦焊工艺参数选择，以及优化接头的结构性能。

3. 钛合金数控加工技术

数控加工（如车削、铣削、切割等）是钛合金零部件的重要制造工艺之一。然而，在钛合金构件数控加工过程中，钛合金的化学活性高，会导致刀具容易磨损，而其低热导率要求必须在较低的速度下进行钛及钛合金构件加工，导致生产效率不高。

目前，主要通过优化切削参数、选用特殊刀具、计算机模拟等手段对加工工艺进行优化，以及开发新型高精度加工设备进行钛合金构件的加工。

美国国家国防制造与加工中心（NCDMM）对远征战车钛合金锻造平衡肘（图 2.17）大直径孔加工工艺实施优化，采用了具有可调阻尼组件（消除在延伸深度的颤动）和 1 in 长切口的新型多齿螺纹铣刀（图 2.18），同时对切削参数进行优化，使加工时间从 3 h 缩短为 32 min，仅铣削螺纹一项就可节约成本 510 万美元。此外，NCDMM 针对 120 mm 迫击炮钛合金底座的加工工艺实施工艺优化，选择带有物理气相沉积涂层的高性能碳化物刀具来车削外形，并采用加固的带指示盘的钻头进行孔加工，车削速度提高 10 倍，钻削深度提高 40%，迫击炮钛合金底座的加工周期从 16 h 缩短到 105 min，仅加工周期这一项指标的缩短就能使每个底座的成本节省 855 美元。

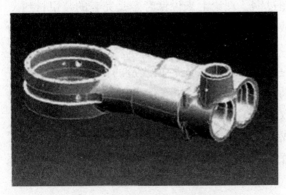

图 2.17　远征战车钛合金锻造平衡肘　　　图 2.18　具有可调阻尼组件的多齿螺纹铣刀

采用有限元分析来优化钛合金高速加工技术是国外的研究热点之一。美国空军研究实验室采用第三次浪潮系统公司的 AdvantEdge 有限元加工模型，对不同的加工工艺进行分析，如钻削、铣削以及车削等过程，提高加工速率和刀具性能。该软件和高速加工技术的成功应用，使钛合金零部件加工周期缩短了 30%。

新型加工设备为钛合金零部件的数控加工提供了新的可能。德国德玛吉公司研制的 ULTRASONIC 20 直线驱动超声波超净加工机床，可实现钛合金在内的多种材料加工，具有极高的重复精度和卓越的表面加工质量；美国美格公司开发出适用于钛合金构件加工的主轴中心冷却和刀具中心冷却系统，可显著提高冷却效率、切削速度，进而提高金属去除量；日本牧野公司推出适用于钛合金部件的 D500、D300 五轴立式加工中心，实现工件的高速、柔性加工；日本三井 Seiki 集团开展五轴加工中心加工能力和机床特性优化研究，提升新一代钛合金 Ti5553 等材料的切削效率，切削效率超过 400 cm³/min。

▶▶▶ 2.3.4 钛合金在兵器工业中的应用 ▶▶▶ ▶

1. 导弹

导弹武器系统为了减轻其发射质量、增加射程以及提高结构件使用温度，开始大量使用钛合金材料替代传统的结构钢、铝合金等材料。如新一代的巡航导弹飞行速度由过去的 0.8 Ma[①] 提高到 3.5 Ma 甚至更高，导弹的表面温度达到 300 ~ 650 ℃，传统铝合金材料制造的隔框、蒙皮、油箱等无法满足要求，必须使用钛合金材料制造这些导弹部件。此外，巡航导弹使用的涡喷发动机动力系统的结构部件也大量使用钛合金材料制造，包括压气机机匣、压气机盘、压气机叶片等。

2. 装甲车

目前，装甲车辆上的装甲主要是使用装甲钢，而一些轻型车辆，例如步兵战车、伞兵战车、装甲输送车，为了减轻质量，会使用铝合金装甲。铝合金装甲硬度低，比强度等方面远不如钢材，且不耐高温，在被破甲弹击中时还会局部燃烧产生有毒气体。但铝合金很轻，作为装甲的时候，在对穿甲弹弹丸防护力相同的前提下，厚度虽然大大超过钢，但质量却可以更轻。

钛合金在飞机、潜艇等方面都有应用，它的比强度甚至超过了钢，在比重稍高于铝的情况下，强度、韧性等性能和钢相似甚至超过钢，理论上来说钛合金是完美的装甲材料。

美国在 20 世纪 90 年代研究 M1A2 主战坦克减重增强防护，曾经计划将其炮塔的部分部件改为钛合金装甲，以增强防护力并减轻质量。

美军在陆基装甲装备中钛合金材料的应用较为成熟，先后在改造的 M1"艾布拉姆斯"主战坦克、M2"布雷德利"步兵战车以及"斯特赖克"轮式装甲车等装甲车辆上实现了钛合金的规模应用，取得了明显的减重和防护效果。

针对主战坦克，美军先后对 M1A2 主战坦克展开了两个阶段的升级改造。第 1 个阶段完成于 20 世纪 90 年代，通过使用钛合金替代顶部防护盖板、发动机盖板、瞄具和定位系

---

① 1 Ma = 1 225.08 km/h。

统防护罩等钢制结构件，获得 420 kg 的减重效果。第 2 阶段完成于 21 世纪初期，通过使用 Ti-6Al-4V 合金焊接而成的炮塔替代钢制炮塔，获得良好减重效果。图 2.19、图 2.20 和图 2.21 清晰地展示了钛合金在 M1A2 主战坦克上的应用情况。

图 2.19 钛合金在 M1A2 主战坦克上的应用情况

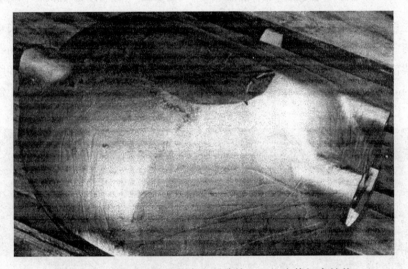

图 2.20 美国试验的用钛合金制造的 M1A2 主战坦克舱盖

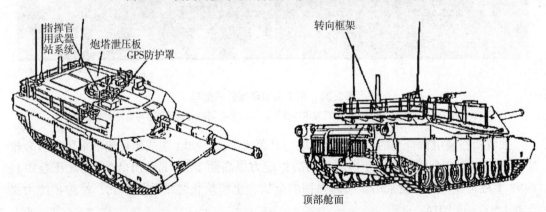

图 2.21 M1A2 主战坦克改进方案中改用钛合金的部位

针对装甲车辆，美军采用 Ti-6Al-4V 合金制造了 M2"布雷德利"步兵战车指挥舱盖（图 2.22），获得了良好的减重效果，还采用 Ti-6Al-4V 合金制造了"斯特赖克"轮式装甲车防护锻环(图2.23)。

图2.22 M2"布雷德利"步兵战车指挥舱盖　　**图2.23 "斯特赖克"轮式装甲车防护锻环**

BAE系统公司和GE公司各自推出了以低成本钛合金材料为基体装甲和关重结构件的原型车。图2.24(a)为BAE系统公司的油电混动轮式电动装甲原型车"Pegasus"，其车首和车体框架使用低成本钛合金焊接而成；图2.24(b)为GE公司的高机动性多用途轮式装甲(high mobility multipurpose wheeled vehicle)原型车，其车体由低成本ATI 425钛合金焊接而成。

（a）　　　　　　　　　　　　　　　　　（b）

图2.24 军工集团研制的原型车

（a）BAE系统公司的油电混动轮式电动装甲原型车；（b）GE公司的高机动性多用途轮式装甲原型车

俄罗斯在装甲钛合金的应用方面也取得显著成果，T-90A主战坦克炮塔采用钛合金框架及"碗形"无底金属结构，使炮塔正面防护能力提高到1 300 mm RHA（均质轧压装甲）；T-95主战坦克炮塔正面采用新型高强韧的全钛合金模块化装甲结构单元，使防护能力提高到1 500 mm RHA。

中国兵器装备集团在陆军武器上使用钛合金材料，也有较为丰富的经验，其研制的AH-4型155 mm超轻型榴弹炮，采用了包括钛合金炮架在内的大量钛合金大型零部件。这个事实也可以从侧面说明，中国兵器装备集团在钛合金大型零部件铸造、焊接、机加工方面已经有了深厚的功底。

中国新型装甲车的结构框架材料和部分装甲使用钛合金材料制造，这是从设计之初就决定大量使用钛合金制造基本结构的装甲车辆，目前是世界首创。

3. 火炮

钛及钛合金是制造火炮结构件的重要材料，自20世纪50年代以来，在一些举世闻名的火炮中有所应用。美国1950年制造的M28型120 mm"克罗克特"无后坐力炮的炮管、药室、喷管与发射活塞是用Ti-6Al-6V-2Sn-0.5Fe-0.5Cu合金锻造与挤压而成，全炮质量68 kg，比钢炮的104.4 kg轻了34.9%，拆分后5个人可轻松地背走。1961年，该火炮开始批量生产，装备步兵营、伞兵营、机械化步兵营、坦克营与空降师，具有体积小、质量轻、威力大、机动性高和易伪装等优点。Ti-6Al-6V-2Sn-0.5Fe-0.5Cu是一种α+β型合金，退火状态的力学性能：抗拉强度1 098 MPa，屈服强度1 030 MPa，延伸率13%，断面收缩率37%，布氏硬度34。

20世纪70年代，改用Ti-6Al-4V-2Sn钛合金制造炮管，用Ti-6Al-4V、Ti-7Al-4Mo与Ti-5Al-1.5Fe-1.4Cr-1.2Mo钛合金制造药室、喷管和发射活塞，全炮质量仅49 kg，4人可扛着跑步前进。T66型76 mm炮的尾架、炮架改用钛合金后，比钢的轻93.55 kg，仅142.9 kg。野炮的钛合金大架，比钢的轻42%。之后，美国用工业纯钛制造T227型81 mm迫击炮的座板，比钢板的轻50%，只有10.9 kg。该炮的炮塞也是钛合金的，用以连接炮管和座板，在土地上和碎石地上进行了数百发试射，均取得了良好的效果。T227型81 mm迫击炮改用钛座板后，质量下降到34 kg，射程上升到4 500 m，而钢制炮的质量42.25 kg，射程3 600 m，改用钛合金后，不但质量减轻20%，射程上升，而且机动性大为提高。

日本的155 mm迫击炮座板改用钛合金后，质量下降约50%，使用5 mm及8 mm的Ti-6Al-4V合金板材焊接，试验表明焊接质量良好，可完全满足作战需要。日本采用TA7合金整体冲压的100 mm迫击炮座板比钢制的轻10 kg，1981年设计定型，1983年生产列装。1984年列装的82 mm迫击炮的炮身、底座和支架改用钛合金，比钢制的轻16.6 kg。

2007年1月31日美国《陆军时报》称，155 mm的M777榴弹炮，是首种使用钛合金制造的地面作战系统，比淘汰的M198火炮约轻3 150 kg，质量下降近50%。火炮系统质量的下降，并未影响其射程和精度，且机动性大大提高。

4. "奋斗者"号载人潜艇

中国"奋斗者"号载人潜艇(图2.25)在马里亚纳海沟成功坐底，坐底深度10 909 m，挑战了全球海洋最深处，"奋斗者"号下潜的马里亚纳海沟10 000 m处，水压超过110 MPa，相当于2 000头非洲象踩在一个人的背上。

在如此大的压力下，耐压壳体材料的选用与潜水器的先进性和可靠性密切相关。可选用的材料有高强度钢、钛合金、高强度铝合金、复合材料、陶瓷材料、透明玻璃等。高强度钢的比强度高、价格适中，但其密度较大，造成整体质量偏大，影响大深度载人深潜器质量及浮力的控制。钛合金相对较轻(质量只有钢的60%)、强度高(可达到1 000 MPa以上)、低磁性、耐化学腐蚀，且表面易产生坚固的纯态氧化膜，具有较好的机械性能。

图2.25　中国"奋斗者"号载人潜艇用钛合金

　　"奋斗者"号载人潜艇耐压极大，由钛合金制造，通过先进的焊接技术连为一体，抗压能力很强，这是中国自己研发锻造的。除此之外，载人球舱是载人潜艇的最核心部件，其制造质量是潜航员生命安全的基本保障，也要由钛合金打造，随着载人潜艇下潜深度和球舱尺寸增大，研制难度成倍增加。这是一项涵盖高性能钛合金设计、超大厚度板材制备、半球整体冲压、大厚度钛合金电子束焊接等技术的跨领域系统性工程，载人舱要求质量轻、强度高、可焊接、耐腐蚀、抗疲劳、长寿命，而且可以在下潜和上浮的过程中，保持弹性变形，给潜航员提供安全的空间，可以说对材料的大规格制备能力和综合力学性能要求很高。

　　5. 头盔、防弹衣等

　　1959—1961年，美国用 Ti-6Al-4V、Ti-5Al-2.5Sn 钛合金旋压 M1 型标准头盔未获成功，后来改用 Ti-4Al-3Mn 钛合金与爆炸成形工艺获得成功，头盔质量只有 0.794～1.02 kg，在防弹效果方面，钛盔与钢盔相同，但钛盔比标准钢盔轻 0.45 kg。

　　美国用 25.4 mm 厚、由 10 层尼龙和 1 层 Ti-5Al-2.5Sn 钛合金薄板组成的板材制造防弹背心，其质量仅 3.86 kg，可以防炮弹、手榴弹、地雷碎片，但不能防 7.62 mm 的枪弹。

俄罗斯联盟 152 mm 双管自行炮的炮口制动器用钛合金制作，它有两支炮管，发射时交替使用，发射速度快、火力强，达每分钟 15～18 发。该炮机动灵活、越野能力强，还有很强的生存能力。

中国自 20 世纪 70 年代开始研究钛合金在兵器制造中的应用，成效显著。TC9 钛合金用于制造反坦克导弹舵机与架体，它是一种 Ti-0.2Pd 的 α 合金，在退火状态应用；TC4 是一种常用的性能优秀的 Ti-6Al-4V 合金，属于 α+β 型，在退火状态应用。用 TC4 钛合金制造的 85 式高射机枪制退器取得了非常好的效果，后来用精铸 ZTC4 合金取代 TC4 合金挤压棒材取得了更好的成效，材料利用率由 18% 上升到 94%，还节省了大量切削加工费，一举两得。钛制的轻型喷火器射程可达 70 m，是一种近距离轻武器，比钢制的轻 3 kg 以上，可用工业纯钛、Ti-3Al-2.5V 等合金制备。

钛合金在兵器工业中获得了广泛的应用，成为一种不可或缺的材料，兵器有了钛，如虎添翼，更显神通。钛合金武器不但质量轻、机动性好，而且威力上升，特别适合空降部队和突击部队使用，钛合金迫击炮座板比钢板轻 50% 以上，钛合金是制造迫击炮管、座板、枪管、炮架等的上乘材料，也是制备防护服和头盔的好材料。

钛及钛合金自 20 世纪 40 年代中期工业化生产以来，美国及苏联就开始关注和研究它们在兵器中的应用，美国沃特敦兵工厂对钛合金在兵器中的应用做了许多开拓性的工作，是全世界研究钛合金在武器领域应用最大与最先进的单位。1955 年美国兵器工业用钛 57 t，1961 年 281 t，1971 年 1 040 t，2020 年已达 2 100 t，因为是非战争时期，所以增长速度并不快。

 ## 2.4　钨合金

钨的熔点在金属中最高，其突出的优点是高熔点给材料带来良好的高温强度与耐蚀性，在军事工业特别是武器制造方面表现了优异的特性，在兵器工业中它主要用于制作各种穿甲弹的战斗部。钨合金以钨为基体，加入其他元素组成合金，具有高密度、高强度、高韧性、高热导率、高冲击韧性以及良好耐腐蚀性与射线吸收能力等优点，因此被广泛地应用于军事武器装备。

▶▶▶ 2.4.1　钨合金的发展史及性能用途 ▶▶▶ ▶

目前世界上开采的钨矿，约 50% 用于优质钢的冶炼，约 35% 用于生产硬质钢，约 10% 用于制钨丝，约 5% 用于其他用途。钨可以制造枪械、火箭推进器的喷嘴、切削金属的刀片、钻头、超硬模具、拉丝模等，其用途十分广泛，涉及矿山、冶金、机械、建筑、交通、电子、化工、轻工、纺织、军工、航天、科技等各个工业领域。

18 世纪 50 年代，化学家曾发现钨对钢性质有影响。然而，钨钢开始生产和广泛应用是在 19 世纪末和 20 世纪初。

1900 年，在巴黎世界博览会上，首次展出了高速钢，这种钢的出现标志着金属切割加工领域的重大技术进步。因此，钨的提取工业从此得到了迅猛发展，并成为最重要的合金元素。

1900 年，俄国发明家 А. Н. Ладыгин 首先建议在照明灯泡中应用钨。1909 年，Кулидж 发明基于粉末冶金法、采用压力加工的工艺方法，之后钨有了在电真空技术中的广泛应用。

1927—1928 年，以碳化钨为主要成分研制出硬质合金，这是钨的工业发展史中一个重要阶段。这些合金各方面的性质都超过了最好的工具钢，在现代技术中得到了广泛的使用。

钨以纯金属状态和合金系状态广泛应用于现代技术，合金系状态中最主要的是合金钢、碳化钨基硬质合金、热强合金、触头材料和高比重合金。

1. 合金钢

钨大部分用于生产特种钢，如图 2.26 和图 2.27 所示。广泛采用的高速钢含有 9% ~ 24%钨、3.8% ~4.6%铬、1% ~5%钒、4% ~7%钴、0.7% ~1.5%碳。高速钢的特点是在空气中、高强化回火温度(700 ~800 ℃)条件下能自动淬火，因此，直到 600 ~650 ℃它还保持高硬度和耐磨性。合金工具钢中的钨钢含有 0.8% ~1.2%钨，铬钨硅钢含有 2% ~2.7%钨，铬钨钢中含有 2% ~9%钨，铬钨锰钢中含有 0.5% ~1.6%钨。含钨钢用于制造各种工具，如钻头、铣刀、拉丝模、阴模和阳模等零件。钨磁钢是含有 5.2% ~6.2%钨、0.68% ~0.78%碳、0.3% ~ 0.5%铬的永磁体钢，钨钴磁钢是含有 11.5% ~14.5%钨、5.5% ~6.5%钼、11.5% ~12.5%钴的硬磁材料。它们具有高磁化强度和高矫顽力。

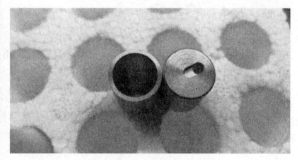

图 2.26　含钨特种钢　　　　　　　　　　图 2.27　钨镍铁合金

2. 碳化钨基硬质合金

碳化钨基硬质合金具有高硬度、耐磨性和难熔性，这种合金含有85% ~95%碳化钨和5% ~14%钴，钴是作为黏结剂金属，它使合金具有必要的强度。碳化钨基硬质合金是用粉末冶金法制造的，当加热到1 000 ~1 100 ℃时，它们仍具有高硬度和耐磨性，主要用于切削工具、矿山工具和拉丝模等，碳化钨基硬质合金刀具的切削速度远远地超过了最好的工具钢刀具的切削速度。图 2.28 和图 2.29 为碳化钨基硬质合金的相关加工制品。

图2.28 碳化钨基硬质合金耐磨件

图2.29 碳化钨基硬质合金球齿

3. 热强合金

最难熔的金属钨是许多热强合金的成分，如3%～15%钨、25%～35%铬、45%～65%钴、0.5%～0.75%碳组成的合金，该合金主要用于强耐磨的零件，如航空发动机的活门、压模热切刀的工作部件、涡轮机叶轮、挖掘设备、犁头的表面涂层等。图2.30为钨合金制成的热强材料。

在航空火箭技术中，以及要求高热强度的机器零件、发动机和一些仪器的其他部件中，钨和其他金属(如钽、铌、钼、铼)的合金用作热强材料。

图2.30 钨合金制成的热强材料

4. 触头材料和高比重合金

用粉末冶金方法制造的钨铜合金(10%～40%铜)和钨银合金，兼有铜和银的良好的导电性、导热性和钨的耐磨性。因此，它成为制造闸刀开关、断路器、点焊电极等工作部件非常有效的触头材料。成分为90%～95%钨、1%～6%镍、1%～4%铜的高比重合金，以及用铁代铜的合金，用于制造陀螺仪的转子，飞机、控制舵的平衡锤，放射性同位素的放射护罩和料筐等。

▶▶▶| 2.4.2　钨合金的制备技术 ▶▶▶ ▶

钨的熔点高达 3 410 ℃，制备方法以粉末冶金法为主，钨粉末的制备工艺如图 2.31 所示。

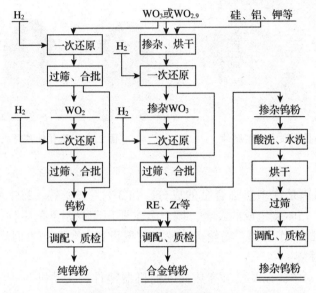

图 2.31　钨粉末的制备工艺

1. 粉末制备

合金粉末粒度对合金性能有较大的影响，细钨颗粒组织均匀弥散分布，力学性能更高。制粉方法主要包括机械合金化法、喷雾干燥法和热等离子体制粉等，目前研究最为广泛和深入的仍是机械合金化法。此外，其他超细钨粉制备方法也在不断涌现。例如，以甘氨酸为主要原料，以水为溶剂，用硝酸盐为氧化剂制备超细 W-Ni-Fe 粉末（图 2.32），此法制备的超细 95W 粉末粒径约为 150 nm。粉末具有良好的烧结性能，烧结密度达 99.3%，烧结后合金具有良好的力学性能。

图 2.32　超细 W-Ni-Fe 粉末

2. 烧结

烧结是决定钨合金材料微观结构与力学性能的关键工艺，烧结温度、烧结时间、烧结气氛等都会对钨合金材料性能产生影响。烧结过程分为密集致密化（第一阶段）和缓慢致密化（第二阶段）两个阶段，在第二阶段中金属材料的密度变化很小，并发生密集的晶粒生长。图 2.33 微观地介绍了钨合金/钢复合材料烧结过程。

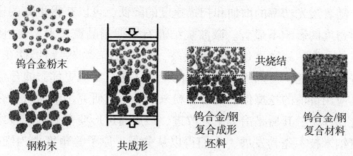

图 2.33 钨合金/钢复合材料烧结过程

1）放电等离子烧结（SPS）技术

SPS 技术近几年来发展迅速，具有烧结温度低、烧结时间短、生产效率高、产品致密度高等优势，是目前讨论较多的烧结技术。SPS 是利用放电等离子体进行烧结的，等离子体是物质在高温或特定激励下的一种物质状态，是除固态、液态和气态以外，物质的第四种状态。等离子体是电离气体，由大量正负带电粒子和中性粒子组成，并表现集体行为的一种准中性气体，并且等离子体是解离的高温导电气体，可提供反应活性高的状态。

SPS 装置主要包括以下几个部分：轴向压力装置；水冷冲头电极；真空腔体；气氛控制系统（真空、氩气）；直流脉冲电源及冷却水、位移测量、温度测量和安全等控制单元。SPS 设备基本结构如图 2.34（a）所示。SPS 与热压（HP）有相似之处，但是加热方式完全不同，它是一种利用通-断式直流脉冲电流直接电烧结的加压烧结法。通-断式直流脉冲电流的主要作用是产生放电等离子体、放电冲击压力、焦耳热和电场扩散作用。SPS 脉冲电流通过粉末颗粒如图 2.34（b）所示。

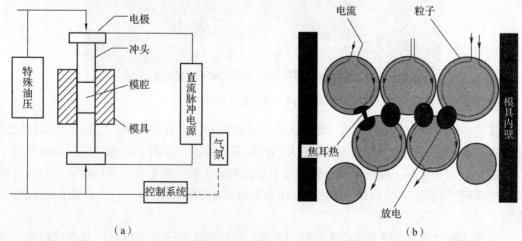

（a）
（b）

图 2.34 SPS 设备基本结构和 SPS 脉冲电流通过粉末颗粒

（a）SPS 设备基本结构；（b）SPS 脉冲电流通过粉末颗粒

在 SPS 过程中，电极通入直流脉冲电流时瞬间产生的放电等离子体，使烧结体内部各个颗粒自身均匀地产生焦耳热并使颗粒表面活化，其烧结过程可以看作是颗粒放电、导电加热和加压综合作用的结果。

2）激光烧结与微波烧结

激光烧结中激光功率、扫描速度、扫描宽度和扫描遍数对最终材料密度的影响较大。研究结果表明，随着激光功率的增加和扫描速度的降低，可以获得更高的密度，而扫描宽度和扫描遍数对密度的影响不显著。微波烧结能有效抑制晶粒长大，使组织分布更均匀，但存在一定数量的孔洞，致密度还未达到最高，说明目前微波烧结仍存在加热温度较低、保温时间不够等多种问题，可以通过进一步的工艺优化，实现更优秀的合金性能。

钨合金实际应用价值的挖掘促使钨合金粉末冶金工艺研究不断深入。合金制备从最早研究合金元素配比开始，其后是冶金工艺改进，最后通过形变等后处理技术强化材料。发展到现代，随着纳米技术蓬勃发展，人们得以从分子、原子等角度更为细微地观察材料、处理材料，细晶钨合金材料的各项性能相对传统合金有了明显改善，细晶化、纳米化是未来钨合金制备领域的重要方向。

▶▶▶ 2.4.3 钨合金在兵器工业中的应用 ▶▶ ▶

钨合金材料由于独特的性能特点，使其在各种战斗部材料中得到广泛应用，包括常规武器中的大口径动能穿甲弹弹芯、机枪脱壳穿甲弹弹芯、杆式动能穿甲弹弹芯，战术导弹的杀伤破片，枪弹和航炮弹用的弹头，聚能弹的药型罩（聚能弹的穿甲能力与药型罩材质的密度的平方成正比），子母弹及导弹的钨合金弹丸和钨合金小箭弹（图 2.35），以及鱼雷、舰艇、坦克等兵器的陀螺外缘转子体、配重等部件材料。

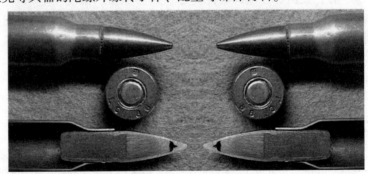

图 2.35　钨合金小箭弹

其实，早在第一次世界大战、第二次世界大战时期，钨合金军用产品就已经被广泛地应用于军事领域。目前，中国是全球最大的钨资源供给国，江西、湖南和广东等地供应了全球近 80% 的钨原料，赣南钨矿也曾为红军长征解决了重要的革命经费问题，但钨行业仍未完全摆脱"白菜价""低质量"的标签。作为不可再生的战略资源，对该行业的管理非常重要。

本节从钨合金基础研究和应用研究两方面，介绍国内外钨合金材料研究现状和应用进展，从防空反导战斗部、脱壳穿甲弹、火箭弹和炮弹、药型罩 4 种战斗部进行着重介绍钨合金材料的性能要求。

1. 防空反导战斗部

将高性能合金材料制成毁伤元并用于防空反导，是一种提高战斗部威力行之有效的方法。钨合金相对于传统钢材料密度更高，强度更大，存速能力更强，具有更好的侵彻威力和表面积利用率，能更好地满足破片杀伤战斗部的要求，因此将钨合金制成毁伤元并用于防空反导，是优化战斗部威力的一种高效且易实现的方法，具有广阔的应用前景。

目前各国的战斗部中，意大利 MK84 式 76 mm 预制破片弹、美国"哈姆"AGM-88 高速反辐射导弹 WDU-21B 战斗部与法国"西北风"ATAM 空空导弹战斗部等均装填大量钨球、钨环或钨立方体等代替钢合金，以提高其侵彻性能。

针对钨合金的杀伤战斗部应用，很多学者从钨破片的侵彻性能和装药匹配性两方面开展了大量研究。

1）侵彻性能

破片对各种靶板的侵彻性能是衡量破片战斗部杀伤威力的基本指标之一。目前这方面研究主要包括不同类型钨破片侵彻靶板的极限贯穿深度与贯穿速度等侵彻性能、不同类型靶板侵彻模式、侵彻过程中呈现的现象及规律等。

钨破片相对于钢破片具有更好的侵彻性能。对比相同形状的钨破片和钢破片，钨破片有更低的极限贯穿速度，且在相同的贯穿速度下，钨破片贯穿深度更深。不同工艺不同组分钨合金的侵彻能力也有所差异，研究发现，锻造态 97W 在侵彻过程中出现了绝热剪切破坏现象，导致自锐性，侵彻性能有明显优势。

此外，钨合金侵彻不同靶板目标的侵彻参数也是钨合金侵彻性能研究的重点。研究不同质量小钨球侵彻单兵防护装备的弹道极限，通过数值仿真研究钨破片对舰艇装甲薄弱处的毁伤效能，这些研究一方面有助于了解钨合金的弹道极限，为钨合金侵彻过程模型建立作基础，另一方面可以为防护装备的设计提供参考。也可通过有限元分析获得钨合金侵彻靶板时的速度变化和材料变形、损伤、破坏演化规律，从而分析密度、屈服强度等力学性能对侵彻过程速度和破坏过程的影响。

2）装药匹配性

除了侵彻性能外，装药匹配性也是钨合金材料用作破片战斗部毁伤元材料的重要考虑因素之一。在炸药爆炸驱动下，破片将承受 2~3 GPa 压力的冲击加速，在此力作用下，预制破片将发生塑性变形，甚至可能破碎而失去有效毁伤能力。这种破碎，一是与破片材料的韧性有关，二是与炸药的猛度、爆速有关。对于前者，要获得较高的侵彻能力，就需要有较高的破片硬度，但金属材料的硬度越高，则韧性就越差；对于后者，要获得较高的破片初速，就需要装药有较高的爆速，但爆速越高，破片就越易碎裂。这需要二者有良好的匹配性。

目前对钨合金装药匹配性的讨论，主要集中于钨合金在装药爆轰驱动下的速度获取情况与断裂、破碎等现象。为解决粉末冶金法制成的钨合金材料在爆轰加载下易严重变形、侵蚀甚至破碎的匹配性问题，一般可以选择含铝炸药，在提高炸药爆速的同时，一定程度上降低炸药爆压，在保证侵彻威力的前提下，避免装药爆轰产生过大的压力，造成钨破片破碎。

目前在钨合金侵彻过程的研究中，对钨合金的加载以低速、高速为主，2 000 m/s 以上的超高速报道较少，钨合金的加载需要适应破片杀伤战斗部越来越快的破片初速，且加载方式缺乏真实的炸药装药爆轰驱动数据，装药匹配性方面讨论较少。对钨合金破碎等现象的研究，应当结合钨合金在高应变率下的动态力学响应情况综合分析。

2. 脱壳穿甲弹

脱壳穿甲弹弹芯主要分为钨合金弹芯和贫铀合金弹芯，这两种弹芯材料均具有高密度、高强度特点，具有优秀的侵彻能力。中国和德国等国家在防务策略等综合因素的影响下，把主要研究力量集中在钨合金弹芯材料上；而美国和英国等较少考虑本土作战的国家选用贫铀合金作为现代穿甲弹的弹芯材料，本节主要针对钨合金弹芯进行介绍。

1) 普通穿甲钨合金

普通穿甲钨合金是一种以钨为基体，加入其他少量元素，通过粉末冶金工艺制成的合金材料，材料体系主要为 W-Ni-Fe 和 W-Ni-Cu。钨的含量直接影响合金的密度和硬度，在实际应用中，钨含量一般控制在 85% ~ 97%，其中 93W 的钨晶粒尺寸最佳，金相结构均匀分布，抗拉强度最大。合金中镍铁比对合金的金相结构与力学性能有较大影响，合理的镍铁比能够防止固相析出过程中各元素组分的不均匀性。通常情况下认为镍铁比为 7 : 3 时，合金达到最佳性能。研究发现，可以通过添加微量元素达到改善钨合金力学性能的效果，例如 Co、Mo 和 RE 等，可起到固溶强化和细化晶粒的作用。钨合金穿甲弹芯（图 2.36）代替了以往的钢制弹芯，使穿甲弹的侵彻能力大大提高。钨合金有更高的弹性模量，使之在飞行过程中发生的形变较小，从而具有更高的射击精度。

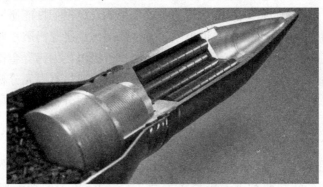

图 2.36　钨合金穿甲弹芯

2) 含能穿甲钨合金

随着战斗部技术发展与功能拓展，对穿甲弹弹芯材料要求不再只限于力学性能的提升，近年来有学者将钨合金和含能材料相结合，制成含能穿甲钨合金。研究发现，钨锆合金材料同时具备类似普通穿甲钨合金材料的动能侵彻能力和类似穿甲燃烧弹中燃烧剂的纵火能力，并且靶前化学能耗小，化学能量集中于靶后释放，并且释能反应主要阶段在激活后 1.0 ms 内完成。此外，利用氟聚物基含能钨合金材料制备的穿甲弹芯具有较高的强度，可以承受侵彻过载。含能钨合金除了对目标造成常规动能毁伤外，在侵彻模拟战斗部炸药装药或冲击有防护的燃柴油箱时，可以发生爆炸性化学反应，释放大量能量，化学能和动能冲击共同作用引爆炸药装药或燃油，可有效降低对弹靶临界引爆、引燃冲击速度的要求。含能钨合金穿甲弹可以对目标实现侵彻、引燃、引爆的多功能毁伤效果，实现一弹多能，有利于简化武器系统的弹药种类配置。中国 12.7 mm、14.5 mm 高射机枪和瑞士 M39 式、M61 式 20 mm 高射航炮配备了该类弹药。

3）易碎穿甲钨合金

易碎脱壳穿甲弹作为一类新型小口径防空弹药，具有穿甲弹纵向侵彻和爆破弹横向效应。易碎穿甲钨合金弹芯在穿过目标装甲后产生相当于自身质量 30%~40% 的碎块，在离心力作用下，形成锥形碎块束，对靶后造成大范围的横向效应。易碎穿甲钨合金弹芯在侵彻靶板的过程中主要发生剪切破坏，在穿透靶板瞬时，弹芯在远大于强度极限的拉应力作用下解体破碎，从而在靶后产生大量钨合金碎块。易碎穿甲钨合金在一定范围内，随着弹芯材料密度的增大，弹体变形能越大，弹体的破碎效果越好；随着弹芯材料抗拉强度的减小，弹体材料穿透有限厚靶后越容易被拉伸破坏，弹体破碎效果越好；但是在对有限厚靶的斜侵彻过程中，弹芯材料密度和抗拉强度越小，弹芯越容易折断，从而削弱弹芯的整体侵彻能力和抵抗发射过载能力。大量试验研究表明，对于小口径旋转稳定脱壳穿甲弹，易碎穿甲钨合金弹芯的抗拉强度在 600~700 MPa 为宜。中国 6 管 25 mm 高射炮曳光脱壳穿甲弹和瑞士厄利空 PMC324 式 30 mm 曳光脱壳穿甲弹的弹芯材料均为易碎穿甲钨合金。

4）PELE 弹芯

PELE 即横向效应增强型穿甲弹，是近几年出现的一种基于新型毁伤机理的新概念弹药。PELE 弹芯由钨合金外层壳体和装在壳体内部的低密度惰性材料组成，撞击目标时，弹芯内部装填物的压力急剧增加存储势能，壳体产生径向膨胀，弹芯穿透目标后势能释放，壳体碎裂产生大量破片。PELE 弹芯的毁伤效果类似于易碎穿甲钨合金弹芯，能够穿透一定厚度的防护装甲，并在装甲后产生榴弹效果的二次杀伤效应。PELE 弹芯的长径比对其横向效应具有一定影响。长径比较大，导致比动能较大，击穿多层薄靶板后的剩余速度较大（但是当长径比增加到一定程度后，侵彻多层薄靶板后的余速增量则不明显），充塞变形没有充分覆盖弹芯，横向效应仅发生在头部高压区；小长径比的 PELE 在侵彻有限厚度靶板时，弹芯发生横向效应的范围更大，但由于比动能较小，其整体侵彻能力会有所下降。尹建平等的研究结果表明，弹芯的长径比取 4:1~6:1 为宜，此时具有较强的穿甲能力和良好的横向效应。德国迪尔公司和 GEKE 公司在 12.7~30 mm 口径上研制了多种型号 PELE 弹芯。

5）梯度性能钨合金

梯度性能钨合金是一种将易碎钨合金与普通穿甲钨合金结合使用的材料。通常弹芯的前端部分具有易碎穿甲钨合金特性，而后端保留了普通穿甲钨合金的强度和韧性。通过调整坯料组分和烧结工艺，可将前端易碎段、后端普通段和中间过渡段钨合金烧结成一体。梯度性能钨合金既可用于旋转稳定脱壳穿甲弹，亦可用于尾翼稳定脱壳穿甲弹。对于大多数次口径旋转稳定脱壳穿甲弹，使弹芯发生旋转的力来自底托和尼龙弹托的摩擦力，并由弹芯整个圆柱段均匀承受；但是旋转稳定脱壳穿甲弹无法提供足够的摩擦力以满足弹芯稳定力矩的要求，同时为保证弹芯外形平整光滑，出现了以弹芯后端局部承受全部导转力的穿甲弹结构。易碎穿甲钨合金的韧性和强度不足，在该导转力加载瞬间发生崩裂，为适应这类穿甲弹结构而催生了梯度性能钨合金。此外，尾翼稳定脱壳穿甲弹弹芯的环形齿处在发射过程中承受强烈的拉伸载荷，同样会使易碎弹芯在膛内断裂；而杆式弹芯头部主要承受压应力，符合易碎弹芯抗压不抗拉的受力特点，该问题同样可通过使用梯度性能钨合金得以解决，使杆式弹芯具备二次毁伤效应。中国双管 35 mm 高炮脱壳穿甲弹即采用了梯度性能钨合金弹芯。

3. 火箭弹和炮弹

在火箭弹发射平台，美国、俄罗斯、以色列及塞尔维亚主要开展 400 mm、300 mm、227 mm 和 160 mm 口径制导火箭弹、无控火箭弹研制，中国也开展了 300 km、600 km 制导火箭弹、无控火箭弹研制。

国产"卫士"-2 火箭弹双用途子母弹战斗部、杀爆弹战斗部杀伤破片（含钢珠）数等有效杀伤半径大于 100 m 以上的战斗部广泛使用钨合金材料。随着钨资源的日益枯竭，提高钨球、钨柱的侵彻能力，降低单枚战斗部钨合金的用量是一项迫切需要解决的问题。

目前在炮弹发射平台，美国、以色列和伊朗等国家十分重视 155 mm 制导炮弹研究，中国也在进行基于北斗的 155 mm 制导炮弹研究，并在 152 mm 炮射导弹基础上开发了 155 mm 炮射导弹。美国海军启动了能用常规舰炮和电磁导轨炮发射的高超声速炮弹研究计划，并继续发展远程对陆攻击炮弹项目，成功完成炮弹的制导飞行测试；意大利则继续推进 127 mm、76 mm"火山"舰炮弹药的研制工作；中国在 155 mm 榴弹、125 mm 榴弹等采用钨破片毁伤 7 ~ 10 m 装甲车辆。

中国研制的主战坦克 125 II 型穿甲弹钨芯材料为 W-Ni-Fe，采用变密度压坯烧结工艺，平均性能达到抗拉强度 1 200 MPa，延伸率为 15% 以上，战技指标为 2 000 m 距离击穿 600 mm 厚均质钢装甲。目前钨合金广泛应用于主战坦克大长径比穿甲弹、中小口径防空穿甲弹和超高速动能穿甲弹用弹芯材料，这使各种穿甲弹具有更为强大的击穿威力。

作为国家战略储备资源，钨是新型战略武器研究的重要原材料之一，具有难以替代性。近年来，随着军工技术的飞速发展，武器装备也成为钨合金用量的消耗大户之一。

4. 药型罩

药型罩材料是药型罩产生聚能效应，生成高速射流的关键。根据侵彻流体动力学理论，金属射流侵彻深度正比于射流长度和材料密度的平方根，所以药型罩材料应具备高密度、高声速、良好塑性等特点。药型罩用钨材料成分包括 W、W-Ni-Fe 和 W-Ni-Cu 等。钨合金药型罩（图 2.37）优点是高射流头部速度和高密度，高速射流可使反应装甲效能降低；缺点是射流总长度较低，且对径向扰动敏感。目前钨及钨合金用于破甲药型罩的研究仍在继续。

图 2.37　钨合金药型罩

2.5　稀土材料

▶▶▶ 2.5.1　稀土材料的分类 ▶▶▶ ▶

中国稀土资源丰富，储量曾占世界之首，其次为美国、澳大利亚、独立国家联合体、加拿大、印度、马来西亚等国家或地区。但近些年国内稀土矿藏遭到过度开采，稀土储藏量急剧下降。稀土材料大致分为以下 7 类。

1. 稀土永磁材料

稀土永磁材料是将钐、钕混合稀土金属与钴、铁等过渡金属组成的合金，用粉末冶金方法压型烧结，经磁场充磁后制得的一种磁性材料。稀土永磁体(图 2.38)分钐钴(SmCo)永磁体和钕铁硼(NdFeB)永磁体。钐钴永磁体，尽管其磁性能优异，但含有储量稀少的稀土金属钐和稀缺、昂贵的战略金属钴，因此，它的发展受到了很大限制。

图 2.38　稀土永磁体

稀土永磁材料是现在已知的综合性能最高的一种永磁材料，它比 19 世纪使用的磁钢的磁性能高 100 多倍，比铁氧体、铝镍钴性能优越得多，比昂贵的铂钴合金的磁性能还高 1 倍。稀土永磁材料的使用，不仅促进了永磁器件向小型化发展，提高了产品的性能，而且促使某些特殊器件的产生，所以稀土永磁材料一出现，立即引起各国的极大重视，发展极为迅速。我国研制生产的各种稀土永磁材料的性能已接近或达到国际先进水平。

2. 稀土超磁致伸缩材料

磁性材料由于磁场的变化，其长度和体积都要发生微小的变化，这种现象称为磁致伸缩。其中，长度的变化称为线性磁致伸缩，体积的变化称为体积磁致伸缩。体积磁致伸缩比线性磁致伸缩要弱得多，一般提到磁致伸缩均指线性磁致伸缩。磁致伸缩效应是 1842 年由焦耳发现的，故又称焦耳效应。长期以来，作为磁致伸缩材料的主要是镍、铁等金属或合金，由于磁致伸缩值较小，功率密度不高，故应用面较窄，主要用于声呐、超声波发射等方面。

稀土超磁致伸缩材料是国外 20 世纪 80 年代末新开发的新型功能材料，主要是指稀土-铁系金属间化合物。这类材料具有比铁、镍等大得多的磁致伸缩值，其磁致伸缩系数比一般磁致伸缩材料高 102~103 倍，因此被称为大磁致伸缩材料或超磁致伸缩材料。此

外，这类材料机械响应快，功率密度高，在所有商品材料中，稀土超磁致伸缩材料是在物理作用下应变值最高、能量最大的材料。特别是铽镝铁磁致伸缩合金（Terfenol-D）的研制成功，更是开辟了磁致伸缩材料的新时代。Terfenol-D 是 20 世纪 70 年代才发现的新型材料，该合金中有一半成分为铽和镝，有时加入钬，其余为铁，该合金由美国艾奥瓦州阿姆斯实验室首先研制成功，当 Terfenol-D 置于一个磁场中时，其尺寸的变化比一般磁性材料变化大，这种变化可以使一些精密机械运动得以实现。铽镝铁开始主要用于声呐，目前已广泛应用于燃料喷射系统、液体阀门控制、微定位、机械制动器、太空望远镜的调节机构和飞机机翼调节器等领域。它具有比传统的磁致伸缩材料和压电陶瓷高几十倍的伸缩性能，所以可广泛用于声呐系统、大功率超大型超声器件、精密控制系统、各种阀门、驱动器等，是一种具有广阔发展前景的稀土功能材料。这种材料的发展使电-机械转换技术获得突破性进展，对尖端技术、军事技术的发展及传统产业的现代化产生了重要作用。

3. 稀土超导材料

某种材料在低于某一温度时，会出现电阻为零的现象，这就是超导现象，该温度即是临界温度。超导体是一种抗磁体，低于临界温度时，超导体排斥任何试图施加于它的磁场，这就是所谓的迈斯纳效应。在超导材料中添加稀土，可以使临界温度大大提高，一般可达 70 ~ 90 K，从而使超导材料在价廉易得的液氮中使用，这大大地推动了超导材料的研制和应用。

4. 稀土磁光材料

在磁场或磁矩作用下，物质的电磁特性，如磁导率、介电常数、磁化强度、磁畴结构、磁化方向等会发生变化，因而使通向该物质的光的传输特性也随之发生变化。光通向磁场或磁矩作用下的物质时，其传输特性的变化称为磁光效应。

磁光材料是指在紫外到红外波段，具有磁光效应的光信息功能材料。利用这类材料的磁光特性以及光、电、磁的相互作用和转换，可制成具有各种功能的光学器件，如光调制器、光隔离器、环行器、开关、偏转器、光信息处理机、显示器、存储器、激光陀螺偏频磁镜、磁强计、磁光传感器、印刷机等。

稀土元素由于 4f 电子层未填满，因而产生未抵消的磁矩，这是强磁性的来源，4f 电子的跃迁是光激发的起因，从而导致强磁光效应。单纯的稀土金属并不显现磁光效应，这是由于稀土金属至今尚未制备成光学材料。只有当稀土元素掺入光学玻璃、化合物晶体、合金薄膜等光学材料之中，才会显现稀土元素的强磁光效应。

5. 稀土磁制冷材料

磁性物质在磁场作用下有温度升高的现象，即磁热效应。随后许多科学家和工程师对具有磁热效应的材料、磁制冷技术及装置进行了大量的研究开发工作。到目前为止，20 K 以下的低温磁制冷装置在某些领域已实用化，而室温磁制冷技术还在继续研究攻关，目前尚未达到实用化的程度。

磁制冷材料是用于磁制冷系统的具有磁热效应的一类材料。磁制冷首先给磁体加磁场，使磁矩按磁场方向整齐排列，然后再撤去磁场，使磁矩的方向变得杂乱，这时磁体从周围吸收热量，通过热交换使周围环境的温度降低，达到制冷的目的。磁制冷材料是磁制冷机的核心部分，即一般称谓的制冷剂或制冷工质。

低温超导技术的广泛应用，迫切需要液氦冷却低温超导磁体，但液氦价格昂贵，因而希望有能把汽化的氦气再液化的小型高效率制冷机。如果把以往的气体压缩-膨胀式制冷机小型化，必须把压缩机变小，这样将使制冷效率大大降低。因此，为了满足液化氦气的需要，人们加速研制低温(4~20 K)磁制冷材料和装置，经过多年的努力，目前低温磁制冷技术已达到实用化。低温磁制冷所使用的磁制冷材料主要是稀土石榴石 $Gd_3Ga_5O_{12}$（GGG）和 $Dy_3Al_5O_{12}$（DAG）单晶，图 2.39 展示了 Gd 合金的制冷原理。使用 GGG 或 DAG 等材料做成的低温磁制冷机属于卡诺磁制冷循环型，起始制冷温度分别为 16 K 和 20 K。

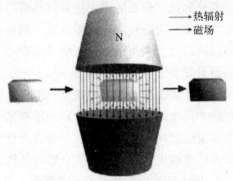

图 2.39　Gd 合金的制冷原理

6. 稀土激光材料

激光是一种新型光源，它具有很好的单色性、方向性和相干性，并且可以达到很高的亮度。与激光技术相应发展起来的各种晶体，如非线性晶体，能对激光束进行调频、调幅、调偏及调相，能修正传输过程中激光图像的畸变；而热电探测晶体，能灵敏地探测到红外光等，这些特性使激光很快应用于工、农、医和国防部门。

激光与稀土激光材料是同时诞生的，到目前为止，大约90%的激光材料都涉及稀土。在激光工作物质中，稀土已成为一族很重要的元素，这与它具有特殊的电子组态、众多可利用的能级和光谱特性有关。

稀土激光材料可分为固体、液体和气体三大类。但后两大类由于其性能、种类和用途等远不如固体材料，所以一般说稀土激光材料通常是指固体激光材料。固体激光材料分为晶体、玻璃和光纤激光材料，其中晶体激光材料又占主导地位。

稀土材料是激光系统的心脏，是激光技术的基础，由激光发展起来的光电子技术，不仅广泛用于军事，而且在国民经济许多领域，如光通信、医疗、材料加工(切割、焊接、打孔、热处理等)、信息存储、科研、检测和防伪等方面获得广泛应用，形成新产业。在军事上，稀土激光材料广泛应用于激光测距、制导、跟踪、雷达、激光武器和光电子对抗、遥测、精密定位及光通信等方面，可以提高和改变各军种和兵种的作战能力和方式，在战术进攻和防御中起重大作用。图 2.40 为稀土激光材料在制导导弹上的应用。

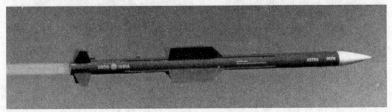

图 2.40　稀土激光材料在制导导弹上的应用

7. 稀土储氢材料

人们很早就发现，稀土金属与氢气反应生成稀土氢化物 REH_2，这种氢化物加热到 1 000 ℃以上才会分解，而在稀土金属中加入某些第二种金属形成合金后，在较低温度下也可吸放氢气，通常将这种合金称为储氢合金。在已开发的一系列储氢材料中，稀土储氢材料性能最佳，应用也最为广泛，其应用领域已扩大到能源、化工、电子、宇航、军事及民用各个方面。用于化学蓄热和化学热泵的稀土储氢材料可以将工厂的废热等低质热能回收、升温，从而开辟了人类有效利用各种能源的新途径。利用稀土储氢材料释放氢气时产生的压力，可以用作热驱动的动力，采用稀土储氢材料可以产生体积小、质量轻、输出功率大的效果，可用于制动器升降装置和温度传感器。

石油和煤炭是人类两大主要能源燃料，但它们储量有限，且使用过程中会产生环境污染等问题，因此解决能源短缺和环境污染成为当今研究的重点之一。氢是一种完全无污染的理想能源材料，具有单位质量热量高于汽油两倍以上的高能量密度，可从水中提取。氢能源开发应用的关键在于能否经济地生产和高密度安全制取及储运氢。

典型的储氢合金 $LaNi_5$ 是 1969 年荷兰菲利浦公司发现的，由此引发了人们对稀土储氢材料的研究。

▶▶▎2.5.2 稀土的重要性 ▶▶▶

稀土并不是土，是 17 种金属元素的总称，图 2.41 为 17 种稀土元素的元素符号。稀土中的"稀"指的是 17 种金属元素，稀土中的"土"，指的是未经过加工的天然矿物，看起来像石头，经过提取后更接近于土的粉末，因此而得名稀土。如果没有稀土，将不再有手机屏幕、电脑硬盘、光纤电缆、数码相机和大多数医疗成像设备等。

图 2.41 17 种稀土元素的元素符号

工业上，稀土是"维生素"。稀土在荧光、磁性、激光、光纤通信、储氢能源、超导等材料领域有着不可替代的作用。想替代稀土，除非有极其高超的技术，目前基本做不到。

军事上，稀土是"核心"。目前几乎所有高科技武器都有稀土的身影，且稀土材料常常位于高科技武器的核心部位。例如美国的"爱国者"防空导弹，正是在其制导系统中使用了约 3 kg 的钐钴永磁体和钕铁硼永磁体，将其用于电子束聚焦，才能精确拦截来袭导弹。M1 坦克的激光测距仪、F-22 战斗机的发动机及轻而坚固的机身等都有赖于稀土。一位前美军军官甚至称："海湾战争中那些匪夷所思的军事奇迹，以及美国在冷战之后，局部战争中所表现的对战争进程非对称性控制能力，从一定意义上说，是稀土成就了这一切。"

美国每建造一架 F-35 战斗机(图 2.42)，就需要用 417 kg 的稀土，而造一艘"弗吉尼亚"级的核潜艇要用到 4 t 的稀土。如果没有稀土，美国现役所有的高科技武器，要么生产不出来，要么性能会大幅下降，而美国稀土产品完全依赖进口，超过80%都来自中国。此外，没有稀土，我们将告别航天发射，全球炼油系统也会停转。数据显示，全球稀土总储量约为 1.2 亿吨，中国有 5 500 万吨，约占 45.8%。现在中国稀土的产量、出口量、消费量、储量都居世界第一，也是唯一能够提供全部 17 种稀土元素的国家。图 2.43 介绍了稀土元素消费结构，表 2.4 介绍了 17 种稀土元素的用途。

图 2.42　F-35 战斗机

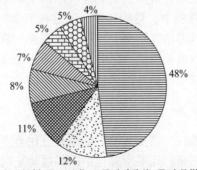

永磁材料　石油化工　玻璃陶瓷　液晶抛光
催化材料　储氢材料　荧光材料　农轻纺

图 2.43　稀土元素消费结构

表 2.4　17 种稀土元素的用途

序号	稀土元素	用途
1	镧	合金材料和农用薄膜
2	铈	汽车玻璃
3	镨	陶瓷颜料
4	钕	航空航天材料
5	钷	给卫星提供辅助能量
6	钐	原子能反应堆
7	铕	镜片和液晶显示屏
8	钆	医疗核磁共振成像
9	铽	飞机机翼调节器
10	镝	激光测距仪
11	镝	电影、印刷等照明光源
12	钬	光通信器件
13	铒	临床诊断和治疗肿瘤
14	镱	电脑记忆元件添加剂
15	镥	能源电池技术
16	钇	电线和飞机受力构件
17	钪	合金

从理论来讲，中国在稀土领域具有绝对的垄断地位，应能左右世界稀土价格，从稀土出口中获利甚多才对。可事实恰好相反，数据显示，2020 年中国累计出口稀土 3.5 万多吨，出口额是 23.8 亿元，均价仅为 33.57 元/(500 kg)。这单价是按照十几种稀土品种的均价算出来的，实际上，稀土品种价格会更低。所以，中国稀土没有卖出"稀"的价格，只卖出了"土"的价格，因为恶性竞争，竞相压价，使这种宝贵的资源被浪费了。

稀土的战略性地位，目前无论在军事上，还是在工业、农业上都难以被替代，这意味着至少在未来新技术革命之后的相当长一段时期内，稀土在高端生产活动中的重要地位都将难以撼动，其技术应用领域也将是各国抓住高端生产活动的"兵家必争之地"！

▶▶▶| 2.5.3　稀土之战 ▶▶▶

中国在稀土问题上的话语权，其实并没有纸面百分比看上去那么高。2009 年，中国开始着手控制稀土疯狂外流的局面，几乎所有在中国买过稀土的国家都不择手段地要把这些控制举措顶回去，由此引发"稀土之战"。

中国拥有世界上 1/3 的稀土储量，但却不能满足自身原材料的储备，单是"挖矿"没有多少技术含量。中国已发现矿产资源，特别是稀土资源很重要，其深加工产业才是创造价值的重要环节，应把重点放在稀土加工上，而不是开采上。以前国际上稀土材料的核心技术和知识产权都是由欧美等国家掌握的，这些国家肯定不会把核心技术倾囊相授。今天，中国拥有高端稀土产业和全球第一的资源储备，把握着高端制造业的命门，从欧美手中夺回了国际市场的主动权。

经过几十年的发展，中国建立了较完整的稀土产业链和工业体系，并发展成为世界稀土生产、出口和消费的第一大国，在世界上具有举足轻重的地位。然而，一直以来，中国不仅没有从宝贵的稀土资源中获得应有的利益，反而付出了沉重的环境和资源代价。由于资源和环境成本未计算在内，中国稀土产品出口价格一直较为低廉。通过整合，中国稀土集中度已经有所提高，这让稀土价格得到大幅回升，稀土卖成"白菜价"的时代也一去不复返。2009 年，中国开始限制稀土工业的发展和出口；2011 年，中国在稀土生产方面的专利已经超过了其他国家总和；2016 年，工业和信息化部加快了稀土产业内部升级的步伐，发布了《稀土行业发展规划（2016—2020 年）》，限定年产量不得超过 14 万吨；2018 年，中国跃升为世界最大的稀土进口国。但是，仍有些问题和挑战有待解决。

2020 年年底，当美国用芯片来压制华为时，中国终于可以把稀土作为筹码摆上桌面。根据新出台的《中华人民共和国出口管制法》，一些对中国国家利益有损害的外国企业会受限制出口的制约，货品列表中就包含稀土。这部法律生效之时，稀土价格直接飙升了 13 万。

2021 年，出台《稀土管理条例》，纵向来看，中国关于稀土产业的规范化和升级，其实一直都有自己的步调。而且，中国做的并不仅仅是控制原材料疯狂外流，确保稀土加工生产线留在国内也是另一重点。

在最新这一波关于稀土的博弈中，美国的反应并不太令人意外，它本来就是贸易战的始作俑者。其国内虽有大量稀土矿藏，但生产线早已随着产业空心化外流，同时国内环保压力巨大，因此重启生产线的可能性并不高。

为了分散风险，美国重启美日印澳"四方会谈"，把稀土问题也摆上了桌面讨论。此外，据称世界稀土矿藏量第二的蒙古国也在美国关注列表之内。蒙古国经济发展相对滞后，价格只会比中国更便宜。

日本本土虽然几乎没有稀土矿藏，却抓住了中国"白菜价"卖稀土的时机大肆囤积，储备了能用 100～300 年的稀土。但即使如此，它也仍然没有放松对稀土矿石的孜孜以求。

美日欧对中国稀土产业升级的举动强烈反对，一方面是因为中国矿藏数量大，另一方面也是因为"世界工厂"的光环。在规模效应之下，一旦中国布局合理、管理完善，激发出的生产潜力是非常惊人的。

能源和矿藏问题对每个国家来说，都是长远之计，稀土也不例外。围绕利益的博弈没有尽头，只要稀土"工业维生素"的地位不被取代，稀土之战也将永不休止。此外，如何高效和绿色提取稀土，提高稀土资源利用率和应用附加值，实现稀土元素的均衡应用等，是中国稀土科技和产业发展中亟待解决的问题。

▶▶▶ 2.5.4 稀土材料在兵器工业中的应用 ▶▶▶

稀土材料是影响未来世界经济社会发展和国家安全的核心元素之一。在军事、经济和生活上具有独特作用，每 3～5 年就会发现稀土的一种新用途，平均每 4 项高新技术发明中就有一项与稀土相关。

稀土是制造精密商业和军事电子装置、激光装置、光学器件、监视通信装置、磁体和电池的重要原材料。可以说，没有稀土，就没有武器装备相关电子元件，没有制导技术，没有核反应堆等。

在军事领域，稀土具有举足轻重的地位。美国在制造"福特"级核动力航空母舰（图

2.44)时，需要使用27.3 t稀土，生产一艘"阿利·伯克"级驱逐舰，需要2.36 t稀土；此外，每一枚"爱国者"防空导弹中，含有4 kg稀土。凡是我们能想到的高科技装备，例如激光武器、电磁武器、卫星、雷达等设备，都离不开稀土。

图2.44　稀土材料在"福特"级核动力航空母舰上的应用

1. 稀土材料在陆战坦克中的应用

现代陆海空部队的装备里少不了稀土，它可以作为陆军装甲用钢材料。

中国设计稀土合金用于武器装备的历史可以追溯至20世纪60年代，自那时起兵器工业就开始了稀土在装甲钢和炮钢上的应用研究，先后生产了601、603、623等稀土装甲钢，当时的稀土碳钢，使其制成的装甲钢比普通钢的抗击力要整整高70%，而且含有稀土元素的球磨铸铁制成的迫击炮炮弹杀伤力成倍提高，实现了战力上的本质飞跃。目前稀土钢炮管、稀土钢履等组件仍然在坦克、装甲车广泛装备使用。

在火控瞄准系统中，稀土元素也能展现它得天独厚的优势，先进的火控系统可以做到先敌发现和先敌开火。海湾战争中，美军M1A2主战坦克(图2.45)的测距距离高达4 000 m，而伊拉克最多只能达到2 000 m，而且美军的主战坦克上还特地装备了含镧元素的夜视仪，在沙尘漫天的战役中，美军坦克发挥了难以比拟的绝对压倒性优势。

图2.45　稀土材料在M1A2主战坦克上的应用

2. 稀土材料在空军武器上的应用

空军兵器装备领域中，稀土应用的范围和程度更广，它能使飞机具备更强的隔热性和散热性。此外，稀土金属特有的高强度和高耐用性，大大减轻了飞机自重，对于因超高声速巡航而引起对机身坚固性的高要求和对机载制导弹药系统精准打击要求，稀土材料都能做到。

优秀的战机发动机的研制基础就是高温合金，高温合金自身具有优异的高温强度、良好的抗氧化和抗热腐蚀性能、良好的疲劳性能和断裂韧性等综合性能。高温合金已成为打造性能卓越航空发动机的涡轮叶片、导向叶片、涡轮盘等高温部件的关键材料。图2.46所示的美制F-22战斗机装备的F-119第四代发动机使用的高温合金中，以稀土材料进行研制的涡轮盘高温合金、单晶高温合金的应用比例已经高达60%。此外，F-22战斗机机身(图2.47)由钛镁合金打造而成，为了避免在超声速状态下发生解体，使用稀土材料对其进行强化。中国在稀土前沿研究领域已取得较大突破，中国航空工业集团研制的稀土镁合金已用于直升机后减速机匣、歼击机翼肋及30 kW发电机的转子引线压板等重要零件。

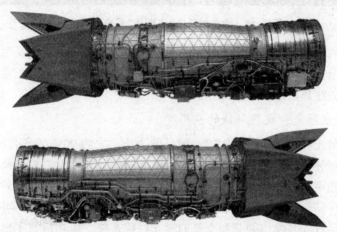

图2.46 稀土材料在美制F-22战斗机装备的F-119第四代发动机上的应用

图2.47 稀土材料在F-22战斗机机身上的应用

3. 稀土材料在海军武器上的应用

海军应用方面，稀土元素可以极大地强化潜艇常用的钛合金材料，从而可以制造出拥有极高航速和极大潜深的核潜艇，这种核潜艇一旦造出来，鱼雷一般追不上、够不着，而且据了解，图2.48所示的美国海军"宙斯盾"系统的核心部分SPY-1雷达系统就是采用了这种稀土元素制成的磁铁，极大地增强了它的灵敏度和探知范围。

图 2.48　稀土材料在"宙斯盾"系统上的应用

由此可见，稀土材料对陆海空方面军事装备的影响非常广泛且意义深远，因为它能令装备的使用水平上升不止一个档次，而且几乎都是在关键领域，这就是稀土材料技术能长期成为世界各国关注焦点的一个重要原因。

4. 稀土材料在激光、夜视领域的应用

激光与稀土激光材料是同时诞生的，到目前为止，大约 90% 的激光材料都涉及稀土。高功率激光材料可装备激光致盲武器和光电对抗武器等。光发射二极管泵浦的激光晶体制成的激光器输出光束质量好，非线性移频效率高，可把毫瓦级的激光移频到蓝光、绿光和红光区，用于光存储、显示、遥感、雷达和科研等，如图 2.49 所示。当前美军正大力发展激光武器，并且首先开发出舰载和空基的激光拦截系统，成功进行了地面、海基和空基的激光反导、防空试验，并且取得相当惊人的效果。同时，激光测距仪、激光雷达、激光通信等也广泛应用于海陆空力量，特别是激光测距仪，可以说是主战坦克的火炮能否精确命中的关键。如果没有稀土，激光器的大部分技术都将会倒退回 20 世纪 70 年代。

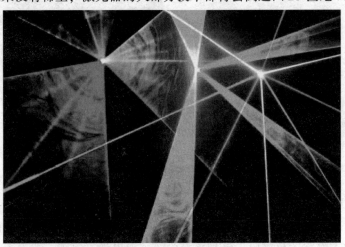

图 2.49　稀土材料在激光领域中的应用

在海湾战争和伊拉克战争中，强大的夜战能力成为美军最大的不对称优势，其中的关键技术就是热成像仪，如图 2.50 所示。美军至今已经发展第四代热成像技术，该技术成像画质很高，遥遥领先于全球，而其中最关键的元件——非制冷焦平面阵列传感器，其生产离不开稀土元素镧。

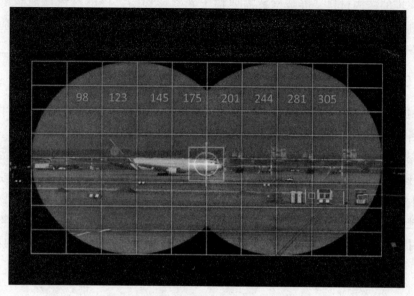

图 2.50　稀土材料在夜视领域中的应用

5. 稀土材料在雷达领域的应用

雷达中用于产生和放大电磁信号的真空管离不开稀土磁体，它可用于聚焦电子束，假如雷达失去了稀土材料的支撑，便如同眼睛失去了视网膜。美国"爱国者"防空导弹系统的雷达孔设置组均采用稀土磁体构成的导弹导引头型波管，如图 2.51 所示。

图 2.51　稀土材料在防空导弹上的应用

6. 稀土材料在电机和防护材料装备上的应用

各类装甲车、舰船、战斗机上均装备了稀土永磁电机，其包括在常规环境下作战采用的钕铁硼永磁电机和在深空、深海采用的钐钴永磁电机。

核反应堆的结构材料、屏蔽材料需要稀土元素钐和铕，核燃料稀释剂需要稀土元素钇，抑制剂需要稀土元素镝，没有这些稀土材料的配合，航空母舰与潜艇的反应堆均无法得到有效控制。

▶▶▶ 2.5.5 稀土材料的发展前景 ▶▶▶ ▶

稀土材料在导弹、智能武器、喷气式发动机和导航仪等重大军事高新领域中有着极高价值，是各国竞相争夺资源的焦点，故其战略意义十分深远。

稀土材料作为高科技武器装备的重要原材料，只要稍加使用就可以使产品性能得到提高。稀土材料如何应用，只有经过大量的试验，才有最科学的结论，中国有这个条件，其原材料、资金、技术、市场样样完备，充分合理利用这些条件，才能形成世界上最大的稀土加工工业，而其他国家即使有稀土矿，其冶炼加工也必须由中国来完成。近几年来，中国对稀土出口进行了调控，减少稀土对外出口，这大大提高了中国在国际上的话语权。

2.6 超高强度钢

超高强度钢是屈服强度和抗拉强度分别超过 1 200 MPa 和 1 400 MPa 的钢，它大量用于制造火箭的零部件和一些常规武器。由于钛合金和复合材料在飞机上应用的扩大，钢在飞机上的用量有所减少，但是飞机上的关键承力构件和武器装备的零部件仍采用超高强度钢制造。

▶▶▶ 2.6.1 超高强度钢的含义与分类 ▶▶▶ ▶

目前超高强度钢的分类有两种，第一种是按合金元素含量分类，第二种是按冶金特点分类。第一种分类可以分为低合金、中合金和高合金 3 种超高强度钢，以质量分数为 5.0% ~ 10.0% 的合金总含量为界限，低于 5.0% 的为低合金超高强度钢，高于 10.0% 的为高合金超高强度钢，居中的为中合金超高强度钢。第二种分类可以分为低合金超高强度钢、二次硬化超高强度钢和超高强度马氏体时效钢。本节按照第二种分类进行介绍。

1. 低合金超高强度钢

低合金超高强度钢是合金元素含量小于 5.0% 的低温回火马氏体组织钢，其高强度源自马氏体基体中的 C 浓度。1950 年，AISI4340 超高强度钢首次被美国研发成功，主要应用在飞机起落架上。该钢添加了 Mo、Ni、Cr 和 Si 等主要合金元素，通过淬火—低温回火工艺后，屈服强度高于 1 300 MPa。为了得到较高的强度、较好的塑性、韧性及焊接性，该类钢的 C 含量要控制在 0.30% ~ 0.50%。这是因为 C 含量过低，钢的塑性、韧性好，而强度低；C 含量过高，其强度升高，而塑性及韧性下降，同时焊接性与冷成形性变差。后期多数的改进型低合金超高强度钢因 C 含量较高，其淬火后抗拉强度均能高于 1 500 MPa，但塑性和韧性却比较差。随后，300M 钢问世，此钢是美国国际镍公司研发，通过在 AISI4340 钢中添加 1.5% ~2.0% 的 Si 元素和少量的 V 元素，在有效保证超高强度的情况下，同时提高了断裂韧性。这是因为 Si 元素能够提高钢的回火稳定性，抑制回火脆性；V 元素能形成稳定性高的细小碳化物，进一步提高钢的强度。近几年，通过调整 C、Cr、W 和 Cu 元素含量的低成本 Eglin 钢，能形成多类型纳米级强化相来抑制位错移动，从而提高了强度，此钢的屈服强度已大于 1 800 MPa。

中国对 AISI4340 钢进行改良，研发了抗穿甲弹防护系数超过 1.3 的新型超高强度 695（42CrNiMoV HBW514-578）装甲钢。表 2.5 是部分低合金超高强度钢的合金成分。

表 2.5　部分低合金超高强度钢的合金成分/%

钢号	C	Mn	Si	Ni	Cr	Mo	V
AISI4340	0.38 ~0.43	0.6 ~0.8	0.2 ~0.35	1.65 ~2.0	0.7 ~0.9	0.2 ~0.3	—
300M	0.41 ~0.46	0.65 ~0.9	1.45 ~1.80	1.60 ~2.0	0.65 ~0.95	0.30 ~0.45	0.07 ~0.09
Eglin	0.26 ~0.30	0.70 ~0.80	0.95 ~1.15	0.90 ~1.20	2.60 ~2.85	0.30 ~0.45	0.05 ~0.07

2. 二次硬化超高强度钢

二次硬化超高强度钢指的是在马氏体时效钢中添加了一些如 Cr、Ni、Mo、Co 等促进碳化物形成的元素，经淬火—高温回火（500 ~600 ℃）处理，析出弥散、细小第二相碳化物后，出现硬度升高或硬度下降减缓的合金钢。20 世纪 60 年代中叶，美国钢铁公司成功研发了应用于深海潜水艇的耐高压低温、韧性高、强度高的 HY180 钢（屈服强度高达 1 200 MPa）。其主要通过添加适量的 Ti 和 Co 元素，增加 Cr、Mo 元素含量，获得弥散、细小的第二相碳化物来强化马氏体基体；同时，增加 Ni 含量（10% 以上），降低钢的脆性转变温度，从而提高钢的韧性；降低 C 含量，保证钢的焊接性。深入研究 HY180 钢，经过调整一些元素的含量（增加 Co 和 C 含量），并经过 830 ℃ 的油淬热处理，又在 510 ℃ 进行时效处理后，成功研发出了应用于航空界的具有超强韧性（断裂韧性高达 140 MPa·m$^{1/2}$）、超高强度（屈服强度高达 1 517 MPa）、焊接性能和加工性能均优的 AF1410 钢。经过不断探索，美国 Carpenter 技术公司成功研发了强度更高、抗疲劳性更强、抗应力腐蚀开裂能力更大的 Aer-Met100 钢，这种钢屈服强度高达 1 724 MPa，断裂韧性高达 115 MPa·m$^{1/2}$，是新型战机起落架结构件的首选材料。后来结合 AerMet100 钢的优势，该公司开发了抗拉强度高达 2 172 MPa 的 AerMet310 钢，但其相对韧性较低。AF1410 钢、AerMet100 钢的强化主要是通过增加 C 和 Co 元素含量，来增加更多细小第二相碳化物的形核位置和析出数量，从而保证超高的强度。因为 Ni 和 Co 元素含量大，该系列钢合金成本高，且在成形生产时易产生偏析等缺陷，所以后期发展受到了限制。2014 年，较低成本的 Ferrium M54 钢被研发，其屈服强度高达 1 965 MPa，断裂韧性高达 110 MPa·m$^{1/2}$。Ferrium M54 钢通过降低 Co 含量来降低合金成本，并添加适量的 V、Ti 和 W 元素，其中 V 可形成富 V 的碳化物，增加强化作用；Ti 可形成富 Ti 的碳化物，抑制高温奥氏体的粗化；W 可促进细晶强化来增加强度。

近年来，中国在该类钢的研究上有很大的突破，最具代表的是 G99 钢和 G50 钢。G99 钢的屈服强度高达 1 520 MPa 以上，断裂韧性高达 124 MPa·m$^{1/2}$ 以上，与上述美国的

AF1410 钢相当,在航空界的应用前景广阔。为了降低成本,中国又自行研发了用于航天的专利钢——G50 钢。G50 钢是一种经济成本较低,且具有超高强度(屈服强度高达 1 380 MPa 以上)和超高韧性(断裂韧性高达 105 MPa·m$^{1/2}$ 以上)的钢。该钢不含 Co 元素,添加了少量的 Ni、Si 元素(用于固溶强化和推迟低温回火脆性)和 Nb 元素(用于细化晶粒)。表 2.6 是常温下部分二次硬化超高强度钢的力学性能。

表 2.6　常温下部分二次硬化超高强度钢的力学性能

钢种	抗拉强度 σ_b/MPa	屈服强度 $\sigma_{0.2}$/MPa	延伸率 δ/%	断面收缩率 ψ/%	断裂韧性 K_{IC}/(MPa·m$^{1/2}$)
HY180	1 355	1 200	16	75	203
AF1410	1 655	1 517	15	68	140
AerMet100	1 965	1 724	14	65	115
AerMet310	2 172	1 896	14	60	71
G99	≥1 715	≥1 520	≥10	≥45	≥124
G50	≥1 660	≥1 380	≥10	≥45	≥105

3. 超高强度马氏体时效钢

超高强度马氏体时效钢是指经时效处理后,在超低碳马氏体基体上析出多样化纳米级弥散分布的金属间化合物,通过 Orowan 机制形成硬化现象的超高强度钢。美国国际镍公司于 1961—1962 年,首次发现可以大幅度提升马氏体硬化强度,其方法是向铁镍马氏体合金中添加 Mo、Ti 和 Co 元素。这是因为 Mo 和 Ti 元素可通过与 Ni 形成纳米级弥散分布的化合物进行强化;Co 元素主要是通过影响钢中高密度位错的亚结构,来促进纳米级钼金属间化合物的均匀形核及弥散析出,还可通过提高马氏体转变点等来提高强度和保证塑性和韧性。经验证得出,18Ni(200)钢与 18Ni(250)钢的屈服强度分别高于 1 400 MPa 和 1 700 MPa,这两种钢首次用在火箭发动机壳体上。随后还得到了屈服强度达 2 000 MPa 的 18Ni(300)钢,从此引起了人们对超高强度马氏体时效钢的研发热潮。屈服强度高达 2 340 MPa 的 18Ni(350)超高强度马氏体时效钢被成功研发,随后,继续研发出屈服强度为 2 800 MPa 和 3 500 MPa 的 18Ni(400)钢和 18Ni(500)钢,但这两种钢并未真正实际应用,这是因为生产这两种钢的工艺相当复杂,且它们的韧性很低。在此期间,德国、苏联、日本也开始了对超高强度马氏体时效钢的研发。日本首先从浓缩铀离心机开始对该系列钢进行研究。过渡金属 Co 元素是比较紧缺的资源,由于 18Ni 系的超高强度马氏体时效钢中需要添加 8% ~12% 的 Co 元素,导致其经济成本太高,其后续发展受到了极大的影响。因此,无钴超高强度马氏体时效钢成为研究热点。美国国际镍公司首先成功研发了不含 Co 元素的 18Ni 超高强度马氏体时效钢,而后与其他公司合作,成功研发了 T250 无钴超高强度马氏体时效钢,随后又相继研发了与含钴 18Ni 超高强度马氏体时效钢性能等同的 T200 钢和 T300 钢。同期,日本成功研发了 14Ni-3Cr-3Mo-1.5T 的无钴超高强度马氏体时效钢,韩国也成功研发了无钴超高强度马氏体时效钢 W250 钢。这些钢除综合性能良好外,更大的优势在于其生产成本降低了 1/5 ~1/3。

中国试从无钴超高强度马氏体时效钢中添加 Cu 元素开始研制超高强度马氏体时效钢，但研究发现，此钢力学性能较差，特别是塑性和韧性均很低。经过努力，成功研制出用于固体发动机壳体的 T250 钢(屈服强度为 1 750 MPa)和性能与 18Ni(300)含钴超高强度马氏体时效钢接近的 T350 钢(屈服强度为 2 150 MPa)。

上述的超高强度马氏体时效钢主要通过金属元素析出大量半共格第二相来阻碍高密度位错运动，从而提高钢的强度，但此方法已不能再进一步提高超高强度马氏体时效钢的强度。2017 年，以最小晶格错配度实现高密度共格纳米第二相析出强化的 Fe-18Ni-3Al-4Mo-0.8Nb-0.08C-0.01B 新型无钴超高强度马氏体时效钢问世，其抗拉强度为 2 200 MPa，延伸率为 8.2%。此钢将昂贵的 Co 和 Ti 元素用 Al 元素来替换，有效地降低了合金成本，开拓了超高强度马氏体时效钢的研究思路，扩大了该类钢的工程应用范围。表 2.7 是国际上典型超高强度马氏体时效钢的化学成分和力学性能。

表 2.7 国际上典型超高强度马氏体时效钢的化学成分和力学性能

材料排号	化学成分/%						力学性能			
	Ni	Co	Mo	Ti	Al	其他	屈服强度 $\sigma_{0.2}$/MPa	延伸率 δ/%	断面收缩率 ψ/%	断裂韧性 K_{IC}/(MPa·m$^{1/2}$)
18Ni(250)	18.5	7.5	4.8	0.4	0.1	—	1 760	11	58	135
18Ni(300)	18.5	9	4.8	0.6	0.1	—	2 000	11	57	100
18Ni(350)	18.5	12	4.8	1.4	0.1	—	2 340	7.3	52	61
T250	18.5	—	3	1.4	0.1	—	1 750	10.5	56.1	100~123
W250	18.9	—	1.2		0.1	4.2W	1 780	9		100
14Ni-3Cr-3Mo-1.5Ti	14.3	—	3.2	1.52		2.9Cr	1 750	13.5	65	130

▶▶▶ 2.6.2 超高强度钢的热处理工艺 ▶▶▶

研究表明，要使钢的抗拉强度高于 1 500 MPa，延伸率大于 10%，钢的显微组织只有呈位错条状马氏体组织可能达到此要求，且需采用淬火的热处理工艺实现。目前，超高强度钢的热处理工艺有 3 种，分别是传统的淬火—回火工艺、新研发的淬火—碳分配工艺及改进型的淬火—碳分配—回火工艺。

1. 淬火—回火工艺

淬火—回火工艺是指将钢件加热至奥氏体相区或奥氏体与铁素体两相区以上某一温度并保温一定时间，快速浸入淬冷介质中冷却，形成强度及硬度都高的马氏体组织及残余的奥氏体组织，随后将钢件再次加热到某一温度保温，并在油中或空气中冷却而获得稳定的回火组织的工艺。经过淬火—回火的热处理工艺，得到的混合组织有马氏体和回火稳定组织，从而使钢件具备良好的综合性能。G50 超高强度钢通过此工艺，得到较好的强度及韧性。

2. 淬火—碳分配工艺

研究发现，淬火钢中的残余奥氏体可以保证钢的韧性和塑性，所有淬火—碳分配工

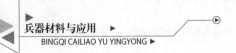

艺，将钢加热到完全奥氏体化温度(也可在奥氏体与铁素体两相区)区间保温一段时间，淬火到马氏体相变开始温度(Ms)和相变结束温度(Mf)之间的一定温度，形成一定比例的马氏体和残余奥氏体，随后升温至淬火温度(一步法)或至 Ms 以上一定温度(两步法)进行保温，此过程应用阻碍碳化物析出元素(Si、Al 或 P)，使马氏体中的 C 元素充分向残余奥氏体扩散分配，再冷却到室温，此过程由于残余奥氏体的富碳而稳定性增加，故冷却时不发生马氏体转变，在室温下能够稳定存在。与淬火—回火工艺相比，这种工艺既能保证钢足够的强度，又能提高其塑性和韧性，从而使钢具有较优的强韧比。

3. 淬火—碳分配—回火工艺

由于淬火—碳分配工艺忽视了非渗碳体碳化物析出强化的应用，过度关注淬火后马氏体中过饱和 C 元素向残余奥氏体分配，使分配温度比较随意，所以在淬火—碳分配工艺基础上提出了添加形成碳化物元素(Mo、Nb、Ni 等)的淬火—碳分配—回火的热处理工艺。该工艺为了保证能得到细小的奥氏体晶粒，将钢加热到较低的奥氏体化温度并保温一定时间，然后进行淬火，淬火温度为 Ms 与 Mf 之间的一定温度，这是为了获得一定比例的板条马氏体和一定厚度的片状残余奥氏体，此间会有过渡碳化物从马氏体中沉淀析出。为了能让残余奥氏体在室温下也保存下来，本工艺在淬火后升温到 Ms 以上一定温度并保温，让马氏体中的 C 元素能有足够的能力扩散到残余奥氏体中并富集，保证残余奥氏体室温下也能稳定存在而不发生分解，此间也会有碳化物析出。最后进行水冷工艺。对比淬火—碳分配工艺和淬火—碳分配—回火工艺这两种钢的热处理工艺，后者充分利用了非渗碳体合金碳化物在马氏体上沉淀强化作用，钢强度得到有效提高，同时利用能保存到室温而不发生分解的富碳残余奥氏体，保证了钢的强塑性和韧性，使钢具有更优的综合性能。如王晓东等研究的中碳钢 Fe-0.485C-1.195Mn-1.185Si-0.98Ni-0.21Nb，经淬火—碳分配—回火工艺后，其抗拉强度为 2 000 MPa，延伸率为 10%。

▶▶▶ | 2.6.3　超高强度钢的强韧机理 ▶▶ ▶

1. 超高强度钢的韧性特点

一般情况下，超高强度钢随着强度的提升，其韧性逐渐降低。图 2.52 为典型超高强度钢的断裂韧性–屈服强度关系。该图着重体现了低合金超高强度钢、二次硬化超高强度钢和超高强度马氏体时效钢的断裂韧性随着屈服强度的提高而不断降低。在相同屈服强度的情况下，低合金超高强度钢的断裂韧性最差，通常在 110 MPa·m$^{1/2}$ 以下，二次硬化超高强度钢和超高强度马氏体时效钢的断裂韧性普遍超过 100 MPa·m$^{1/2}$。屈服强度在 2 000 MPa 以下的超高强度钢中，二次硬化超高强度钢具有更为优异的强韧性匹配。随着屈服强度升高到 2 000 MPa 以上，超高强度马氏体时效钢的强韧性匹配更佳。几十年来，超高强度钢的其中一项研究重点是在不降低断裂韧性和抗应力腐蚀开裂能力的情况下，最大限度地提高材料屈服强度。目前已经开发出的超高强度钢的屈服强度达到 2 000 MPa，断裂韧性超过 100 MPa·m$^{1/2}$。

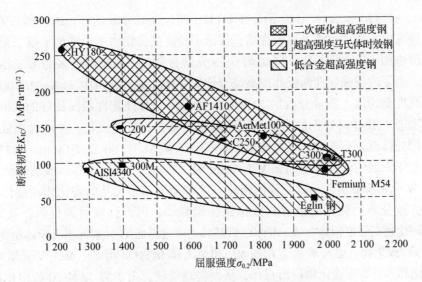

图 2.52　典型超高强度钢的断裂韧性-屈服强度关系

2. 超高强度钢的强韧机理

超高强度钢良好的综合服役性能主要包括超高强度、优异的低温韧性、良好的断裂韧性、抗疲劳性能以及易焊接性等。为了提高这些综合性能，国内外研究人员针对超高强度钢的影响因素及强韧机理进行了广泛研究。

超高强度钢的典型组织包括板条/片状马氏体、亚稳态残留奥氏体和纳米尺寸第二相。板条马氏体自身强化机制有大角度晶界强化和位错密度强化，而片状马氏体自身也有较高的硬度；亚稳态残留奥氏体通过在变形过程中发生马氏体相变产生相变诱导塑性（TRIP）效应，来提高材料的加工硬化率和韧性；纳米尺寸第二相通过合金化，并在热处理过程中析出弥散、细小金属间化合物及碳化物等，从而阻碍位错运动来提高钢的屈服强度。几十年来，在所有强化效果中，第二相强化对屈服强度的增强效果最为显著。第二相粒子对屈服强度的贡献可用以下公式表示：

$$\Delta\sigma_{\mathrm{P}} \approx Gbf^{0.5}/d \tag{2.1}$$

从式（2.1）中可以看出，第二相粒子的直径 d 越小，体积分数 f 越高，则第二相粒子对屈服强度的贡献 $\Delta\sigma_{\mathrm{P}}$ 越大。目前用于提高强度的第二相粒子主要包括碳化物 MC 和 M_2C、金属间化合物 Ni_3Ti 和 NiAl 以及元素富集相 ε-Cu 相等，通过热力学、动力学以及合金成分优化调控第二相的尺寸分布、体积分数以及与基体组织匹配关系。典型的低合金超高强度钢 AISI4340 和 300M 钢的屈服强度达到 1 300 MPa 以上，这两种钢的主要强化方式是通过高 C 含量（≥0.40%）来保证马氏体基体的高强度，并调控 Si、Cr、Mo 和 V 等元素优化固溶强化和析出强化使强度进一步提高，从而实现了超高强度。尽管 AISI4340 和 300M 钢得到了成功的应用，但是因其焊接性差、冲击韧性和断裂韧性低等导致综合性能不足，为了解决这些问题，发展研制了 HY180、AF1410 和 AerMet100 二次硬化超高强度钢。HY180 钢的主要强化方式是第二相析出强化，一方面通过采用较低的 C 含量，保证了钢板的易焊接性，另一方面通过适当添加 Co 和 Ti 元素，并提高 Cr 和 Mo 等元素含量，形成细小弥散分布的第二相（Ni_3Mo、Ni_3Ti、NbC 等）碳化物进行强化，获得的屈服强度达

1 200 MPa。AF1410 和 AerMet100 钢是在 HY180 钢合金成分基础上，通过提高 C 和 Co 元素含量，使高温奥氏体重结晶温度提高，保留了较高的位错密度，增加了第二相碳化物形核位置并促进细小碳化物析出，同时调节 Cr 元素含量进一步析出更多的第二相碳化物来提高强度。为了改善强韧性匹配并提高综合性能，HY180、AF1410 和 AerMet100 3 种二次硬化超高强度钢均加入质量分数约 10% Ni 元素。另一种强韧性匹配良好的 C200、C300、T300 超高强度马氏体时效钢的主要强化机制也是第二相析出强化，经过时效处理后，在高密度位错处弥散分布着纳米级沉淀析出相 Ni_3Mo 和 Ni_3Ti，并通过 Orowan 机制起到强化作用。近些年发展的低合金超高强度钢 Eglin 钢，通过添加 Cu 元素形成纳米级共格析出相，添加 W 元素抑制第二相碳化物的粗化，使多类型细小尺寸的碳化物在基体中弥散分布，细小弥散分布的碳化物能够有效抑制位错移动，因此强度得到提高。又如 Ferrium M54 二次硬化超高强度钢是在 AerMet100 钢基础上通过添加 Ti 元素抑制奥氏体粗化，添加 V 元素形成 VC 碳化物，加入 W 元素抑制 MC 和 M_2C 碳化物（M 指 Cr、Mo、V 元素）粗化，促进细晶强化和多种类型碳化物析出强化，从而提高强度。图 2.53 为 Mo_2C 析出相在 Ferrium M54 钢中的分布，绿色为 Ni 原子，紫色为 Mo_2C 析出相。

50 nm

图 2.53　Mo_2C 析出相在 Ferrium M54 钢中的分布（书后附彩插）

在金属材料中，通过弥散分布的第二相析出物阻碍位错运动来提高屈服强度，是最常见且有效的强化方法之一。根据第二相粒子与滑移位错的交互作用产生强化效果，典型的强化机制有两种：①Orowan 机制，滑移位错以弹性应变能与位错交互作用，绕过第二相粒子，并形成环绕粒子的位错环；②切过机制，滑移位错以抵抗力的方式切割通过第二相粒子。在钢铁材料中常见的第二相粒子是以 Orowan 机制进行强化，但是第二相粒子结构和点阵常数与基体存在较大差异，导致形核势垒较高，影响第二相的高密度析出。此外，半共格（semi-coherent）第二相粒子的不均匀分布会产生较大的共格应力，虽然可以显著阻碍位错运动来提高强度，但是如果有裂纹在界面附近萌生，就会造成金属材料强度高而韧性低的特点。研究发现，成分为 Fe-18Ni-3Al-4Mo-0.8Nb-0.08C-0.01B 的超高强度马氏体时效钢，高密度弥散分布的完全共格析出物的晶体结构与周围基体的晶格几乎一致，表现为非常低的晶格错配，因此降低了形核势垒，从而使析出相以非常高密度（大于 1 024 kg/m³）的纳米尺寸(2.7 nm)状态稳定析出。高密度纳米级共格析出相所产生的共格应力较低，可以抑制裂纹的潜在萌生。同时，采用适当含量的 Al 元素代替 Co 和 Ti 元素，设计了以新型 Ni(Al、Fe)为析出强化相的超高强度钢。这种钢通过固溶(950 ℃×15 min)和时效(500 ℃×3 h)处理，获得的最高屈服强度近 2 000 MPa，而且具有良好的塑性，延伸率约为 8.2%。此类钢的强化机制是基于极低晶格错配，实现了在高密度位错上析出尺寸细小、密度高的完全共格第二相粒子，当材料变形时，滑移位错以切过方式穿过粒子产生强化作用，此时共格析出物与滑移位错的交互作用，避免了因界面附近位错的高度集中而造成的裂纹萌生，从而获得了优异的强塑性匹配。

▶▶▶ 2.6.4　超高强度钢在兵器工业中的应用 ▶ ▶ ▶

1. 航空母舰用超高强度钢

航空母舰作为世界上最具有战斗力的舰艇，不但可以极大地提升国家的整体海军实力，而且标志着一个国家的最高工业水平。航空母舰的建造是一项非常考验国家工业实力的任务，对航空母舰而言，能不能获得建造所需要的高强度特种钢决定了它最终的命运。作为"海上霸主"的航空母舰，不仅对制造工艺有要求，对原材料也有限制，航空母舰甲板(图 2.54)就是个典型的例子。要想建造合适的甲板，必须使用高强度钢板，这是因为提高航空母舰的机动性，增加航速，需要减轻船体质量，降低重心，使船体更加平稳，同时要有足够的防弹能力，因此需要高强度高韧性的钢板进行保障。因为要同时满足如此多的苛刻要求，所以航空母舰用甲板钢的品质要求超过了任何一种军用舰船的钢材品质要求。

图 2.54　航空母舰甲板

第二次世界大战时期，使用质量很大的钢板会导致航空母舰重心发生偏移，为了避免这个问题，当时的航空母舰甲板都是用木板制造的。随着舰载战斗机的质量越来越重，木材甲板已经无法满足各种要求，这主要体现在尾焰高温和拦阻索问题上，这些问题影响舰载战斗机在有限跑道内完成起降。舰载战斗机冲击力过强，甲板必须将木材更换为钢板，以 F-14 舰载战斗机为例，空载质量即将突破 20 t，下降时速度超过了 70 m/s，如果质量不过关，甲板完全承受不住这样的冲击力。

甲板不采用水泥筑浇的方法，是出于对质量的考虑，在现有条件下，要最大程度保证甲板质量轻，否则会对航空母舰行驶造成巨大影响。相比而言，高强度钢材非常合适，既能满足甲板质量要求，又能满足耐高温要求。舰载战斗机在起飞和降落时，尾部火焰的温度非常高，如果钢板不耐高温，甲板很快就会被烧穿。日本"出云"号计划搭载 F-35B，其耐热问题一直没有得以解决。

真正能制造航空母舰所需高强度特种钢的国家，曾经只有美、法、日、俄四国，因此，印度等国家为了制造航空母舰，不得不高价从这些国家购买特种钢。在中国改进"瓦良格"航空母舰时，由于其他四国对特种钢材的限制出口，中国不得不自力更生。

作为裸露在航空母舰表面的一部分，甲板钢在抗腐蚀、防盐水方面的性能是必须要具备的。如果甲板钢在这方面的性能不过关，航空母舰抗打击能力就会大幅度降低，同时由于甲板最主要的任务就是承载舰载战斗机的起降压力以及发动机尾焰高温，因此屈服强度是甲板钢的重要指标。甲板钢的屈服强度最低标准是 500 MPa，在这方面最优异的是俄罗斯甲板钢，其屈服强度达到了 1 000 MPa 左右，其余美国等国家甲板钢的屈服强度普遍都在 700 MPa 以上。中国鞍钢集团制造的世界最宽的轧机，拥有世界顶级的轧制能力。高达 10 万吨的下压轧制力，可以轧制宽度 5.5 m 的钢板，轧制长度可达 40 m 以上，是当之无愧的"轧机之王"。利用这个世界上最宽的轧机，中国鞍钢集团将生产的甲板钢的屈服强度达到了 690 MPa。

2. 潜艇用超高强度钢

历史上，中国的潜艇长期因为钢材强度不够，不得不把潜艇外壳造成双壳体。现在中国造出了 2 200 MPa 的国产超级钢，用该钢材制造的潜艇，性能能够比肩美、俄的潜艇，如图 2.55 所示。

图 2.55 超高强度钢在潜艇上的应用

潜艇制造外壳的流程一共有四步。第一步是开工投料，这一步就是做出大量高强度的钢板，以做未来的潜艇船壳。第二步是船体分段装配，这一步是用专门的卷板机将这些钢材卷成一圈，然后焊接圈的缝隙。第三步是船体主段装配，第二步完成后，会有很多圈，将几个圈焊接在一起，就能得到一个长度较大的圆柱体，这个焊接出来的圆柱体被称为耐压船体主段，它是整个潜艇中承受海水压强最主要的部分。第四步是船台总段装配，在卷板机将钢板卷成圈后，将这些圈焊接成潜艇整个外壳，即先焊接几个主段，也就是第三步，然后再将几个主段焊接到一起，形成潜艇的基本外形骨架。

3. 飞机用超高强度钢

国际上较常见的钢材标准有 SAE、AISI、JIS、DIN 等。飞机用钢材主要包括高强度结构钢和不锈钢，其中高强度结构钢主要有 4130、4140、4340、300M、HY-TUF 等，主要用于前、后起落架。

4130 钢具有较好的淬透性和综合力学性能，切削加工和焊接性能较好，低温冲击韧性良好，应用于飞机的品种较多，有薄板、厚板、棒材和管材，适合制作衬套、轴、紧固件等。

4140 钢具有较好的淬透性和综合力学性能，切削加工和焊接性能较好，低温冲击韧性良好，主要用于机身、起落架、吊挂等部位，以及部分紧固件。

4340 钢是一种中碳低合金超高强度钢，是低合金超高强度钢的典型代表。它具有很好的淬透性、配合良好的强度和韧性，有较高的疲劳强度和低缺口敏感性，低温冲击韧性较高，无明显的回火脆性。在飞机上使用的主要品种是棒材，可用来制造主起减振器外筒、活塞杆、衬套和前起落架收放作动筒筒体等零件，是承力仅次于 300M 钢的材料。美国从 20 世纪 40 年代中期开始研究 4340 钢，通过降低回火温度，使钢的抗拉强度达到 1 600～1 900 MPa，1955 年 4340 钢开始用于 F-104 战斗机起落架。

300M 钢为中碳低合金超高强度钢，具有高淬透性、抗回火能力、超高强度，兼有优良的横向塑性、断裂韧度、抗疲劳性能、抗应力腐蚀性能，适宜制造飞机起落架、机体零件、接头和轴等结构零件，是飞机的关键承力件，使用量较大。300M 钢在 1966 年后作为美国军用战斗机和主要民航飞机的起落架材料而被广泛应用，F-15、F-16、DC-10、MD-11 等军用战斗机都采用了 300M 钢，此外波音 747 等民航飞机的起落架及波音 767 飞机机翼的襟滑轨、缝翼管道等也采用 300M 钢制造。

HY-TUF 钢也是一种低合金超高强度钢，主要用于前起落架外筒、活塞杆及发动机吊挂的前安装架、前支梁等零件。

2.6.5　超高强度钢的未来发展方向及特性

当今全球经济飞速发展，众多领域都在积极引入超高强度钢，其需求量日益增大。尤其是军事领域，因行业的特殊性，对超高强度钢在强度、塑韧性、抗疲劳性、抗蚀性、低成本等方面都有更高的要求，这是今后研发新型超高强度钢的重点和难点。本节从以 5 个方面来探索超高强度钢的发展方向。

1. 高通量材料集成技术的智慧化服务

传统钢铁材料以"实际需求—经验设计—实验论证"的试错方式进行研发，从设计到使用整个过程周期长，材料浪费大，成本很高，已不能满足超高强度钢的发展需求。随着"材料基因组计划"的提出，高通量材料集成技术因精度高、周期短的优势，已成为钢铁材料研发的新技术，Ferrium M54 钢就是通过高通量材料集成技术进行设计的新型低成本超高强度钢。今后，若在可视化数据采集及应用等方面进一步突破，高通量材料集成技术将会实现智慧设计、智慧生产与智慧服务，这将缩短研发应用周期、节约材料、降低综合成本，大幅提高超高强度钢的综合性能。

2. 复合材料的可设计性

单一的钢铁材料存在弹性模量低、强韧比差等缺陷。将钢铁材料与不同材料复合得到

的新型钢铁材料综合性能好、生产成本低，是今后钢铁复合材料开发的热点，Fe-18Ni-3Al-4Mo-0.8Nb-0.08C-0.01B 就是以金属第二相颗粒弥散强化复合的新型无钴超高强度马氏体时效钢。

3. 热处理工艺的改善

热处理工艺一直是钢铁材料成形后改善其组织和性能的重要方法。近年来，在新型淬火—碳分配工艺上改进的淬火—碳分配—回火工艺，通过析出非渗碳体合金碳化物的分布及对残余奥氏体的影响，有效地提高了钢强度和塑韧性。进一步改善淬火温度、保温时间及回火温度等工艺的合理配合，将更有利于今后超高强度钢的强韧性提升。

4. 激光增材制造技术的应用

通过添加稀有昂贵金属来提升钢铁材料性能的方法，一方面合金成本昂贵，另一方面在钢件成形加工时合金元素会造成成分不均匀和偏析现象，从而造成材料的大量浪费。近几年迅速发展的激光增材制造技术，是一种可以实现钢结构件的精密成形和高性能的装备制造技术，钢件在整个生产制作过程中不需要模具，不仅大大地节约了材料，有效地缩短了生产周期，而且极大地降低了生产成本。该技术在今后超高强度钢研发方面具有极大的应用前景。

5. 绿色化可持续发展

面对地球能源的不断减少和全球气候的变暖，从能源绿色可持续发展和环境保护的角度出发，资源省、功能强、寿命长、环境好的绿色化钢铁材料成为超高强度钢生产工艺技术研究开发的新热点。

2.7 高温合金

▶▶ 2.7.1 高温合金的概念和特点 ▶▶▶

高温合金是以金属 Ni、Fe、Co 元素为基体，能在 600 ℃以上的高温下承受一定应力长期工作，并具有优异抗氧化、抗腐蚀能力的一类先进结构材料。

高温合金的最大特点不是绝对熔点很高，而是在高温下仍然具有良好的特性。尽管有熔点高达 2 000 ℃以上的纯金属材料，如 W(3 390 ℃)、Ta(2 996 ℃)、Mo(2 610 ℃)和 Nb(2 468 ℃)等，可是温度远低于其熔点后，其力学强度就迅速下降，高温氧化、腐蚀严重，因而，极少用纯金属直接作为超耐热材料。相比普通金属，高温合金在复杂工作环境下具有优异性能：①高温强度；②抗氧化性；③抗热腐蚀；④抗疲劳性；⑤断裂韧性高；⑥内部组织稳定，使用可靠。虽然性能优异，但高温合金制备难度较大。正如某些研究学者所述："高温合金结合并利用了现代物理冶金学和冶金工艺的所有资源，显示了人类为实现极富挑战性的目标而做出的卓越成就。"

▶▶ 2.7.2 高温合金的分类 ▶▶▶

高温合金具有耐高温、高强度、耐腐蚀、抗疲劳等特点，在军事领域广泛应用，是动力装置向更高性能发展的重要物质基础。

高温合金可有多种分类方法：按主要元素可分为 Fe 基、Ni 基和 Co 基 3 类高温合金；按制备工艺可分为变形(牌号 GH)、铸造(等轴晶—牌号 K、定向凝固柱晶—牌号 DZ 和单晶—牌号 DD)、粉末冶金(牌号 FGH)和金属间化合物(牌号 JG)4 类高温合金；按强化方式可分为固溶强化、时效强化、氧化物弥散强化(ODS)和晶界强化 4 类高温合金。

1. 元素分高温合金

相较于 Fe 基和 Co 基，Ni 基高温合金应用范围最广，占比达 80%，主要得益于其高温时强度更高的特点；Fe 基高温合金则是从不锈钢发展起来的，优势在于有较好的中温力学性能和良好的热加工塑性，合金成分比较简单，成本较低；Co 基高温合金在高温强度、抗热腐蚀和抗氧化能力方面具有一定优势，但 Co 是一种重要战略资源，世界上大多数国家缺 Co，以致 Co 基合金的发展受到限制。Co 基更适合作为高温静止零件的材料，Ni 基则更适合作为高温转动零件的材料。

2. 制备工艺分高温合金

1)变形高温合金

变形高温合金是指可以进行热、冷变形加工，工作温度为-253～1 320 ℃，具有良好的力学性能和综合的强度、韧性指标，具有较高的抗氧化、抗腐蚀性能的一类合金。按其热处理工艺可分为固溶强化高温合金和时效强化高温合金。

2)铸造高温合金

铸造高温合金是指可以或只能用铸造方法成形零件的一类高温合金，其主要特点有以下两点。

①具有更宽的成分范围。由于可不必兼顾其变形加工性能，合金的设计可以集中考虑优化使用性能。

②由于铸造方法具有的特殊优点，使它具有更广阔的应用领域。根据铸造高温合金的使用温度，可以分为以下 3 类。

第一类：在-253～650 ℃使用的等轴晶铸造高温合金，这类合金在很大的温度范围内具有良好的综合性能，特别是在低温下能保持强度和塑性均不下降。如在航空、航天发动机上用量较大的 K4169 合金，其 650 ℃抗拉强度为 1 000 MPa、屈服强度为 850 MPa、延伸率为 15%；650 ℃、620 MPa 应力下的持久寿命为 200 h。该合金已用于制作航空发动机中的扩压器机匣及航天发动机中各种泵用复杂结构件等。

第二类：在 650～950 ℃使用的等轴晶铸造高温合金，这类合金在高温下有较高的力学性能及抗热腐蚀性能。例如 K419 合金，950 ℃时，抗拉强度大于 700 MPa、延伸率大于 6%；950 ℃、200 h 的持久强度极限大于 230 MPa。这类合金适于用作航空发动机涡轮叶片、导向叶片及整铸涡轮。

第三类：在 950～1 100 ℃使用的定向凝固柱晶和单晶铸造高温合金，这类合金在此温度范围内具有优良的综合性能和抗氧化、抗热腐蚀性能。例如 DD402 单晶合金，1 100 ℃、130 MPa 的应力下持久寿命大于 100 h。这是国内使用温度最高的涡轮叶片材料，适用于制作新型高性能发动机的一级涡轮叶片。

随着精密铸造工艺技术的不断提高，新的特殊工艺也不断出现。细晶铸造技术、定向凝固技术、复杂薄壁结构件的计算机辅助(CA)技术等都使铸造高温合金水平大大提高，应用范围不断提高。

3)粉末冶金高温合金

粉末冶金高温合金是指采用雾化高温合金粉末，经热等静压成形或热等静压后，再经锻造成形的生产工艺制造出高温合金粉末的产品。采用粉末冶金工艺，由于粉末颗粒细小，冷却速度快，因此成分均匀，无宏观偏析，而且晶粒细小，热加工性能好，金属利用率高，成本低，尤其是合金的屈服强度和疲劳性能有较大的提高。

FGH95粉末冶金高温合金，是当前在650℃工作条件下强度水平最高的一种盘件粉末冶金高温合金。

4)金属间化合物高温合金

金属间化合物高温合金是近期研究开发的一类有重要应用前景、轻比重高温材料，尤其在Ti-Al、Ni-Al和Fe-Al系材料的制备加工技术、韧化和强化、力学性能以及应用研究方面，取得了令人瞩目的成就。

Ti_3Al基合金(TAC-1)、TiAl基合金(TAC-2)以及Ti_2AlNb基合金具有低密度(3.8 ~ 5.8 g/cm^3)、高温高强度、高钢度以及优异的抗氧化、抗蠕变等优点，可以使结构件减重35% ~ 50%。Ni_3Al基合金MX-246具有很好的耐腐蚀、耐磨损和耐气蚀性能，具有极好的应用前景。Fe_3Al基合金具有良好的抗氧化、耐腐蚀性能，在中温(小于600℃)条件下有较高强度，且成本低，是一种可以取代部分不锈钢的新材料。

3. 强化方式分高温合金

1)固溶强化高温合金

使用温度为900 ~ 1 300℃，最高抗氧化温度达1 320℃。例如GH128合金，室温抗拉强度为850 MPa、屈服强度为350 MPa；1 000℃抗拉强度为140 MPa、延伸率为85%；1 000℃、30 MPa应力的持久寿命为200 h、延伸率为40%。固溶强化高温合金一般用于制作航空、航天发动机燃烧室、机匣等部件。

2)时效强化高温合金

使用温度为-253 ~ 950℃，一般用于制作航空、航天发动机的涡轮盘与叶片等结构件。制作涡轮盘的合金工作温度为-253 ~ 700℃，要求具有良好的高低温强度和抗疲劳性能。例如GH4169合金，在650℃的最高屈服强度达1 000 MPa，制作叶片的合金温度可达950℃；GH220合金，950℃的抗拉强度为490 MPa，940℃、200 MPa的持久寿命大于40 h。

3)氧化物弥散强化(ODS)高温合金

氧化物弥散强化(ODS)高温合金是采用独特的机械合金化(MA)工艺，超细(小于50 nm)且高温下超稳定的氧化物弥散强化相均匀地分散于合金基体中，而形成的一种特殊的高温合金。其合金强度在接近合金本身熔点的条件下仍可维持，具有优良的高温抗蠕变性能、优越的高温抗氧化性能、抗碳和硫腐蚀性能。

目前已实现商业化生产的主要有3种ODS高温合金：

①MA956合金，在氧化气氛下使用温度可达1 350℃，居高温合金抗氧化、抗碳和硫腐蚀性能之首位，可用于制作航空发动机燃烧室内衬；

②MA754合金，在氧化气氛下使用温度可达1 250℃并保持相当高的高温强度、耐中碱玻璃腐蚀，现已用于制作航空发动机导向器篦齿环和导向叶片；

③MA6000合金，1 100℃抗拉强度为222 MPa、屈服强度为192 MPa；1 100℃、1 000 h

持久强度为 127 MPa，居高温合金之首位，可用于航空发动机叶片。

4）晶界强化高温合金

晶界强化的本质在于晶界对位错运动的阻碍作用，晶粒越细小，晶界越多，阻碍作用也越大，强化的效果越好。晶粒越细小，晶界越多，晶界可以把塑性变形限定在一定范围内，使塑性变形均匀化，因此细化晶粒可以提高钢的塑性。晶界又是裂纹扩展的阻碍，所以晶粒细化可以改善钢的韧性，晶界强化是唯一能在提高钢强度的同时，不损害其韧性的方法。在高温形变条件下，晶界表现为薄弱环节，呈沿晶断裂特征，晶界区原子排列不规则，且存在各种晶体缺陷（如位错、空位等）；在低温形变条件下，晶界基本不参与形变，可以阻碍晶内位错运动，起强化作用。但随着温度的升高，晶界强度迅速下降，在某一温度区间内，晶界强度与晶内强度大致相当，当温度继续升高，晶界强度就比晶内强度低，该温度即是等强温度。等强温度与应变速率有关，应变速率愈慢，等强温度愈低。由于高温合金多在等强温度区或更高温度下使用，所以晶界强化是高温合金的基本问题。

▶▶▶ 2.7.3　国内外高温合金的发展现状 ▶▶▶

高温合金诞生于 20 世纪初期的美国，被用作车站的防腐支架。它的产业链上游为金属冶炼行业，主要通过冶炼金属矿石得到金属原材料，因为原材料成本高、制备工艺复杂等，售价普遍较高，售价一般在数万至百万元。通过对金属原材料进行加工处理（如轧制、铸造或粉末冶金）后，获得变形高温合金、铸造高温合金或粉末冶金高温合金，它是整个特钢行业或者说整个军工材料领域盈利能力最强的品种之一。产业链下游企业通过购买高温合金零部件应用到各自领域的机械设备当中。由于高温合金多数非标准化产品，产品类型随着下游需求不同而异，所以高温合金产业链相对较短，属于以技术为核心的产业。

高温合金从第二次世界大战开始，研制进入了高速发展时期并大量应用。由于高温合金初期主要为军事服务，到 20 世纪 50 年代，英、美、苏联等军事强国各自形成了自己的高温合金体系及相应的高温合金行业。相比其他军事强国，中国高温合金起步较晚，在技术水平与生产规模方面，与美国、俄罗斯等国家仍有较大差距。尤其是近些年中国加大研制高性能航空航天发动机力度，致使高温合金材料在供应上无法满足应用需求，而这些涉及航空航天、国防等领域的高温合金产品，发达国家作为战略军事物资，从不出口，进一步加剧了中国军用高温合金的缺口，同时也制约了中国高性能航空航天发动机的发展。

中国国产高温合金在合金纯净度、组织均匀度、加工工艺控制和产品合格率等方面与美国、俄罗斯等国的产品仍存在差距，这些差距使中国厂商主要集中在中低端产品的制造上，高端产品产能不足，仍然依赖进口。同时，目前中国高温合金生产企业产能有限，供给与需求之间存在较大缺口，燃气轮机与核电等高端民用领域的高温合金仍主要依赖进口。

高温合金是钢铁材料金字塔的顶端材料。目前，受到世界航空制造业分布的影响，全球的高温合金主要消费地集中在欧美等航空制造业比较发达的国家或地区，特别是在航空制造业最为发达的美国；中国及其他各地高温合金的消费量较小。据统计，世界高温合金消费市场中，美国是主要的高温合金消费市场，占比 48%；其次为欧洲，占比 25%；亚洲地区消费占比则为 22% 左右，其他地区为 5%。

1. 国外行业格局

全球范围内能够生产航空航天用高温合金的企业不超过 50 家，主要集中在美国、俄

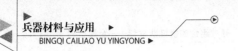

罗斯、英国、法国、德国、日本和中国。美国在高温合金研发以及应用方面一直处于世界领先地位，年产量约为 5 万吨，其中近 50% 用于民用工业。美国有很多独立的高温合金公司，能够生产航空发动机所用高温合金的公司有通用电气公司、普拉特·惠特尼集团公司，还有其他的生产特钢和高温合金的公司，如汉因斯–斯泰特公司、佳能–穆斯克贡公司、因科国际公司等。这些公司都先后发展了自己的高温合金牌号。

欧盟国家中，英、德、法是世界上主要的高温合金生产和研发的代表。英国是世界上最早研究和开发高温合金的国家之一，铸造合金技术世界领先，代表性的是 Mond Nickel Company 的 Nimocast 合金，后来该国的飞机发动机制造商罗尔斯·罗伊斯控股公司又研制了定向凝固和单晶合金 SRR99、SRR2000 和 SRR2060 等，这些合金主要用在航空发动机制造方面。

日本在镍基单晶高温合金、镍基超塑性高温合金和氧化物弥散强化高温合金方面取得较大的成功。近年来，日本致力于开发新型的耐高温合金，并成功开发出在 1 200 ℃ 高温下依然能保持足够强度的新合金。日本主要的高温合金生产企业是 IHI、JFE、新日铁和神户制钢公司。

2. 国内行业格局

经过 60 多年发展，中国已经形成了比较先进，具有一定规模的生产基地。国内从事高温合金的厂家主要分为以下 4 类。

①特钢生产厂：东北特殊钢铁集团抚顺特殊钢股份公司(简称抚顺特钢)、宝山钢铁股份有限公司特钢事业部(简称宝钢特钢)和攀钢集团四川长城特殊钢有限责任公司(简称攀长钢)。

②研究单位：钢铁研究总院、北京航空材料研究院、中国科学院金属研究所、东北大学、北京科技大学等。

③发动机公司精密铸件厂：中航工业旗下各航空发动机公司的精密铸造厂，包括黎明、西航、黎阳、南方、贵航等。

④锻件热加工厂：西南铝业(集团)有限责任公司、第二重型机械集团万航模锻厂、中航重机股份有限公司陕西宏远航空锻造有限公司和贵州安大航空锻造有限责任公司。

随着国产化越来越迫切，国产企业发展势头迅猛，开始承担航空发动机、燃气轮机等高端装备用高温合金的研制和生产任务。中国高温合金的研发起步于 20 世纪 50 年代，经过 60 多年发展，现在已形成自己的高温合金体系，并形成一定规模拥有较先进技术装备的生产基地。

▶▶▶ 2.7.4 高温合金在兵器工业中的应用 ▶▶▶

高温合金通常的工作温度超过 600 ℃，在高温下的强度、延展性、抗蠕变性能以及抗腐蚀能力都很强。对于高温合金零部件，增材制造技术不仅能够缩短生产时间，降低生产成本，还能优先考虑功能设计，非常适用于制备航空发动机及燃气轮机喷嘴、叶片、燃烧室等热端部件，以及航天飞行器、火箭发动机等复杂零部件。近年来，高温合金增材制造技术发展迅速，已在航空航天领域实现了多项应用。

1. 航空发动机采用镍基合金增材制造零部件

赛峰集团制造的 eAPU60 微型涡轮发动机采用了增材制造的镍基合金喷嘴，是 AW189

型直升机的辅助动力装置的核心部件之一。

eAPU60 涡轮喷嘴(图 2.56)采用激光选区熔化 3D 打印工艺制造,利用镍基合金 Hastelloy X 代替传统使用的铬镍铁合金铸件。传统的涡轮喷嘴由 8 个组件组成,通过 3D 打印允许将其切割成仅仅 4 个部件,使喷嘴比原来轻了 35%。采用 3D 打印技术制造涡轮喷嘴缩短了开发时间,3D 打印组件可以在几天内就完成制造。

图 2.56 eAPU60 涡轮喷嘴

2. 巡航导弹等高超声速武器使用高温合金增材制造燃烧室

超燃冲压发动机是高超声速武器的源动力之一,其整个结构在工作过程中会处于非常高的温度状态,当飞行速度为 6 倍声速时,燃烧室温度达 2 700 K 左右,进口处的温度甚至也达到 1 500 K。

如此高的温度普遍使用主动冷却系统,即再生冷却结构,其水力直径约 2 mm,比火箭发动机的冷却通道尺寸更小。2016 年,美国 ATK 公司采用激光粉末床熔融技术,实现了燃烧室的一次性整体成形,不仅大幅降低了设计与制备难度,而且有效提高了燃烧室的整体性能,而高温合金就是制造燃烧室的主要材料。

高温合金增材制造作为目前的研究热点与前沿方向,主要围绕钛合金、镍基高温合金、钴铬高温合金等材料开展大量技术与应用研究。该应用方向主要开展的关键技术研究包括开发模型、性能预测、高温合金增材制造标准化等。未来,高温合金增材制造将成熟用于航空发动机、军用发动机、燃气轮机等装备,其主要在燃气式、涡轮叶片、涡轮盘等核心部件的制造中使用,有望大幅降低武器装备的生产成本,缩短生产周期。

3. 军用飞机用高温合金

高温合金用量占比高,且直接影响发动机性能。在世界先进航空发动机研制中,高温合金材料用量已占到发动机总量的 40% ~ 60%。高温合金的性能极大程度上影响发动机性能,根据实验测算,涡轮进口温度每提高 100 ℃,航空发动机的推重比能够提高 10% 左右,国外现役最先进第四代一级发动机的涡轮进口平均温度已经达到了 1 600 ℃ 左右,预计未来新一代战斗机发动机的涡轮进口温度有望达到 1 800 ℃ 左右。据报道,自 20 世纪 60 年代中期至 80 年代中期,涡轮进口温度平均每年提高 15 ℃,其中材料所做出的贡献在 7 ℃ 左右。

战略机型列装并批产,军用飞机产业链向上,相关订单将大幅增长,直接利好高温合金订单。同时,随着中国航空发动机集团的成立,飞发分离模式确立,将进一步推动国产发动机研发及占比的提高,高温合金的空间将进一步放大。

4. 军用舰艇燃气轮机用高温合金

目前中国舰艇多采用蒸汽轮机，未来燃气轮机将成为主流。燃气轮机技术与航空发动机技术相通，此前受制于航空发动机技术滞后，燃气轮机技术发展较为缓慢，飞发分离后，随着航空发动机技术的进步，燃气轮机研发及制造将提速。

中国已经成功研制出 QC185 与 QC280 两档系列的舰用燃气轮机。QC185 于 2004 年在珠海航展上出现，以"太行"涡扇发动机核心机为基础改进，输出功率 17 MW。QC280 于 2008 年用于亚丁湾护航的 169 舰，QC280 代表中国海军舰艇动力摆脱对外技术依赖。

若后期国产燃气轮机技术突破，国有燃气轮机在舰艇动力装备中比例将大幅提升。原有舰艇存在燃气轮机替代蒸汽轮机的需求，新增舰艇将直接装备燃气轮机，根据美国《防务新闻》周刊的预测，未来 20 年中国将新增 172 艘舰艇。一艘舰艇装备 4 台 30 MW 级燃气轮机（QC280 燃气轮机为 30 MW 级），每 100 MW 燃气轮机需用高温合金约 57 t，因此单艘舰艇燃气轮机所需高温合金至少为 68.4 t。

军用燃气轮机占世界船用燃气轮机市场绝大多数份额。在军用领域，有 75% 以上的海军主力舰艇采用燃气轮机动力；在民用市场，燃气轮机主要应用于高速客船中。

中国海军目前船用燃气轮机装舰率较低。已服役主力舰艇中仅有 10 艘驱逐舰装备船用燃气轮机，分别是 2 艘 052 型驱逐舰（装备 LM2500）、2 艘 052B 型驱逐舰、6 艘 052C 型驱逐舰（装备 UGT25000 及 QC280）。其动力配置方式均为柴燃交替动力（CODOG），每舰配备 2 台燃气轮机和 2 台柴油机。

随着中国多型船用燃气轮机相继研制成功，中短期内燃气轮机普及有望提速。燃气轮机普及将以 30 MW 级船用燃气轮机为核心，辅以 4 MW 级小功率船用燃气轮机。其中，30 MW 级燃气轮机主要用于大型的驱逐舰、护卫舰等；4 MW 级燃气轮机主要用于气垫登陆艇和导弹快艇。

参考 LM2500 燃气轮机质量，假设国产燃气轮机重 20 t，高温合金占比 30%，成材率 20%，单台国产燃气轮机用高温合金 30 t。

未来 15 年，预计海军将形成以 3 个近海防御舰队+若干支航空母舰编队+若干只两栖攻击/登陆编队为主体的作战体系。考虑到燃气轮机应用情况，常规/核动力航空母舰、两栖攻击/船坞登陆舰将其作为主要动力源的可能性较小，应用燃气轮机的新型舰艇很可能主要配备在航空母舰编队和两栖攻击/登陆编队中，且以驱逐舰和护卫舰为主，近海防御舰队则仅配备新型隐身导弹艇。

按照未来 15 年将建设 5 个航空母舰编队（2 常规+3 核动力）、3 个两栖攻击/登陆编队和 3 个近海防御舰队规模的假设，再考虑到燃气轮机的更新与维护，预计未来 15 年 30 MW 级燃气轮机需求 600 台，4 MW 级燃气轮机需求 1 476 台。通过测算，未来 15 年燃气轮机高温合金需求达 6.23 万吨，平均每年 4 153 t。

2.8 金属基复合材料

►►►2.8.1 金属基复合材料的分类与性能 ►►►

复合材料是将两种或者两种以上不同性能的材料进行混合，形成一种更高性能的材料。最早被开发的复合材料是玻璃纤维，随后出现碳纤维、芳纶纤维、石墨纤维等各种高强度的复合材料，许多复合材料不仅具有优良的性能，而且制造工艺简单，具有很强的实用性。从目前技术发展与材料组成情况看，复合材料可以分为以下几种。

1. 按照基体类型分类

常用的金属基复合材料可分为黑色金属基（如钢铁）复合材料和有色金属基（如铝、镁、钛、镍等）复合材料两大类。

1）黑色金属基复合材料

常见的黑色金属基复合材料是钢铁基复合材料。作为最常用的功能材料，钢铁因其熔点高、密度大、比强度小、制造工艺困难等，导致基于钢铁材料的复合材料研究并不广泛。然而，现代工业的高速发展迫切需要在恶劣条件下可正常工作的结构件，因此，改进和提高钢铁基体的性能具有重要价值。复合材料采用高比刚度、比强度的增强颗粒与铁基体相结合的方法，可以降低基体材料的密度，提高其硬度、耐磨度、弹性模量等物理性能。钢铁基复合材料现主要用于切削工具和耐磨部件等工业领域。根据复合情况不同，钢铁基复合材料可分为表面复合材料和整体复合材料。对于整体复合材料，常见的制备方法有粉末冶金法、原位反应复合法、外加增强相颗粒法；对于表面复合材料，常见的制备方法有铸渗法、铸造烧结法等。钢铁基复合材料多采用颗粒增强形式，其中碳化钛、碳化钨、碳化硅、碳化钒颗粒是最为常见的增强相。

2）有色金属基复合材料

常见的有色金属基复合材料包括铝基、镁基、钛基、镍基复合材料。由于有色金属具有熔点低、硬度小的特点，故有色金属基复合材料比黑色金属基复合材料应用更为广泛。目前，在航天、航空和汽车工业等领域中，各种高比模量、高比强度的有色金属基复合材料轻型结构件正在被广泛应用。铝基复合材料具有铝合金密度小、导热好等特性，同时还具有更高的强度和刚度，而其较多的制备方法和易于进行塑性加工的特点，也在一定程度上降低了铝基复合材料的制造成本。相对于铝基复合材料，镁基复合材料质量更轻，故可用于航天、空间站等对构件质量性能有严格要求的高技术领域。相对于铝基复合材料 350 ℃ 的极限工作温度，钛基复合材料拥有更为优异的耐热性能，但由于其生产制备成本较高，目前还只应用于航空航天领域，钛基复合材料也是下一代航空发动机的候选材料之一。镍基复合材料是另一种常见的有色金属基复合材料，其优异的高温强度、抗热疲劳、抗氧化和抗热腐蚀性能使其在国内外得到迅速发展，成为制造舰船、航空以及工业燃气涡轮发动机中重要受热部件的重要材料。有色金属基复合材料中，常见的增强相有碳化硅、氧化铈、氧化铝等。

2. 按照增强相形态分类

目前，金属基复合材料的增强相类型已有许多种。其中，常见的增强相有氧化铝纤维、硼纤维、石墨（碳）纤维、碳化硅纤维、碳化硅晶须；颗粒型的增强相有碳化硅颗粒、碳化硼颗粒、碳化钛颗粒等；丝状的增强相有钨、铍、硼、钢等。对以上增强相按照其在复合材料中的形态进行分类，可分为连续纤维增强金属基复合材料、非连续纤维增强金属基复合材料、混杂增强金属基复合材料 3 种。

1）连续纤维增强金属基复合材料

连续纤维增强金属基复合材料是利用金属细线和无机纤维等增强金属合成的质量轻且

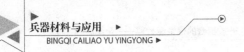

强度高的材料，纤维直径 3～150 μm(晶须直径小于 1 μm)，纵横比(长度/直径)在 102 以上。连续纤维增强金属基复合材料相对于其他增强类型的复合材料，具有更为明显的增强效果和各向异性，这种复合材料由于制造工艺复杂，制造成本较高，主要应用于尖端科技领域。目前，已成功应用于金属基复合材料的连续长纤维有石墨(碳)纤维、硼纤维、碳化硅纤维、氧化铝纤维和不锈钢丝等。

2)非连续纤维增强金属基复合材料

由于连续纤维增强金属基复合材料的成本较高，其并不适用于较多考虑成本的普通工业生产。因此，生产成本更低，以颗粒、晶须、短纤维等为增强相的非连续纤维增强金属基复合材料成了研究的重点，近些年来发展较为迅速。非连续纤维增强金属基复合材料不仅有较高的比刚度、比强度、高疲劳强度、高耐磨性、高蠕变抗力、低热膨胀率等性能，而且还具有各向同性。因此，可通过选择改变增强相的种类形态或采用传统工艺进行冷、热加工来调整材料的性能，满足设计要求。非连续纤维增强金属基复合材料的良好特性，使其在许多结构领域成为传统金属材料的有力竞争对手，其在航空航天、汽车工业及民用工业的开发应用中受到了广泛关注。其中，应用最为广泛的为颗粒增强金属基复合材料。

3)混杂增强金属基复合材料

单一增强形式组合形成的复合材料称为混杂增强金属基复合材料。根据参与组合的不同增强相进行分类，通常可分为颗粒-短纤维(或晶须)、连续纤维-颗粒、连续纤维-连续纤维 3 种。相对于其他单一增强相的复合材料，混杂增强相可以在一定程度上提高材料的强度，改善材料的力学性能。例如：在短纤维或者晶须预制件中混入颗粒，可以解决其增强相的黏结、团聚现象，提高材料性能。除以上几种常见的增强相外，越来越多的材料作为增强相来制备金属基复合材料，包括石墨烯、碳纳米管这些纳米级别的高新材料，其中石墨烯金属基复合材料取得突破性进展，发展潜力巨大。

►►| 2.8.2　金属基复合材料的制备工艺 ►► ►

金属基复合材料的制备工艺复杂、技术难度较大，制备技术研究是决定该类材料迅速发展和广泛应用的关键因素。因此，研究开发实用有效的制备方法一直是金属基复合材料的重要方向之一。目前，虽然已经研制不少复合工艺，但都存在一些问题。按照制备过程中基体的相态，将其工艺分为液相复合工艺、固相复合工艺和液-固两相复合工艺。

1. 液相复合工艺

1)搅拌复合工艺

搅拌复合工艺又称搅拌铸造法，是通过机械搅拌装置使颗粒增强相与液态金属基体混合，然后通过常压铸造、真空常压铸造或压力铸造制成复合材料锭子或零件的工艺，该工艺可分为漩涡工艺和 Duralcan 工艺。Surappa 和 Rohtgi 最早采用搅拌复合工艺制备复合材料，通过机械搅拌在熔体中产生涡流引入颗粒，而搅拌复合工艺取得最重要的突破来自 Skibo 和 Schuster 开发的 Duralcan 工艺。

搅拌复合工艺最大的优点在于采用常规的熔炼设备，成本低廉，可以制备精密复杂零件，但仍存在一些问题有待解决，如铸造缺陷(气体、夹杂物的混入)，颗粒分布不均匀，此外，复合需要较长时间和较高温度，基体金属与颗粒之间易发生界面反应，颗粒的增加会使金属熔体的黏度增大，使颗粒再混入变形区，增强相的体积分数一般不超过25%。

2）浸渗复合工艺

浸渗复合工艺包括高压、气压、无压浸渗3种，该制备技术已用于制造Toyoto发动机活塞。液态金属浸渗法是一种制备大体积分数复合材料的好方法，但是存在预制块的变形、微观结构不均匀、晶粒尺寸粗大和界面反应等缺点。

3）喷射共沉积复合工艺

喷射共沉积复合工艺克服了粉末冶金法含氧量大、搅拌复合界面反应严重的缺点，其最大的工艺特点在于快速冷却过程粒子不易偏析，同时界面反应也得到有效的抑制。由于冲击破碎效应，微米原子的射入可制成亚微米级的增强颗粒，获得更好的综合性能，尤其是高温性能。但其工艺设备复杂，控制过程难度大，增强相的尺寸一般是细微颗粒，大颗粒和不连续纤维等容易堵塞喷口。

4）熔体原位复合工艺

熔体原位复合工艺生成的增强相一般为陶瓷相，也可以是金属间化合物，形式多为颗粒、晶须等，该工艺包括放热弥散法、接触反应法、直接氧化或淡化法、气-液反应法及反应喷射沉积法。用该制备技术可使增强相表面与基体间的界面洁净、无杂质污染，界面是原位匹配、结合良好的，且增强相在基体中易于实现均匀分布，增强相尺寸也较小。

2. 固相复合工艺

1）粉末冶金法

粉末冶金法采用热压或热静压的方法使材料扩散复合，从而制成复合材料锭块。该技术对基体合金和增强相的限制少，增强相体积分数易调节控制，这点也是铸造法难以比拟的，且经二次加工增强相分布均匀，基体晶粒细小，性能稳定。

2）扩散结合工艺

扩散结合工艺是在低于基体合金熔点的适当温度下施加高压，通过与基体发生的塑性变形、蠕变以及扩散，将基体与基体、基体与增强相紧密结合，从而得到完全压实的金属基复合材料的方法。该方法能有效抑制复合材料的界面反应，解决润湿性问题，是连续纤维增强金属基复合材料的主要制备方法，但仅能生产平板状或低曲率板等形状简单的构件。

3. 液-固两相复合工艺

1）流变铸造法

流变铸造法对处于液-固两相区的熔体施加强烈搅拌形成低黏度的半固态浆液，同时引入陶瓷颗粒，利用半固态浆液的触变特性分散增强相，阻止陶瓷颗粒的下沉或漂浮，保证陶瓷颗粒弥散分布于金属熔体中，但该方法存在搅拌工艺所有的问题，仅适用于凝固区间较宽的金属，也存在界面反应、颗粒偏析等问题。

2）液-固两相热压复合工艺

液-固两相热压复合工艺具有流变性，可进行流变铸造。半固态浆液具有触变性，可将流变铸造锭重新加热到所要求的固相组分的软化度，将其送到压铸机中压铸，由于压铸时浇口处的剪切作用，可恢复其流变性而充满铸型，称作触变铸造。颗粒或短纤维增强材料加入强烈搅拌的半固态浆液中，半固态浆液中球状碎晶粒子对添加粒子的分散和捕捉作用，既防止了添加粒子的上浮、下沉和凝聚，又使添加粒子在浆液中均匀分散，改善了润湿性，促进界面结合。

▶▶▶| 2.8.3 金属基复合材料在兵器工业中的应用 ▶▶▶ ▶

1. 铝、镁、钛基金属复合材料

金属基复合材料是以金属或合金为基体，含有增强相成分的复合材料。金属基复合材料弥补了树脂基复合材料耐热性差(一般不超过 300 ℃)、难以满足材料导电和导热性能的不足，以其高比强度、高比模量、良好的高温性能、低热膨胀系数、良好的导电导热性和尺寸稳定性在兵器工业中得到广泛应用。金属基体主要有铝、镁、铜、钛、超耐热合金和难熔合金等多种金属材料，增强相一般可分为纤维、颗粒和晶须 3 类，增强材料可以是纤维状、颗粒状和晶须状的碳化硅、硼、氧化铝及碳纤维。金属基复合材料不仅具有与其他非金属基复合材料相同的高强度、高模量，还具有耐高温、耐高压、抗辐射等优势，所以在许多高端设备中应用广泛。

在兵器工业领域，金属基复合材料可用于大口径尾翼稳定脱壳穿甲弹弹托、反直升机/反坦克多用途导弹固体发动机壳体、潜艇壳体等零部件，以此来减轻战斗部质量，提高作战能力。常规兵器中应用纤维增强金属基复合材料，在国内外都是近十年才开始的。纤维价格的降低和挤压铸造、真空吸铸、真空压渗等复合工艺的出现，使复合材料有可能用于批量大的常规兵器中。复合材料性能优异，因此一开始就受到各国的极大重视，其中颗粒增强铝基复合材料已进入型号验证。

碳纤维增强铝、镁基复合材料在具有高比强度的同时，还有接近于零的热膨胀系数和良好的尺寸稳定性，成功地用于制造人造卫星支架、L 频带平面天线、空间望远镜、人造卫星抛物面天线等；碳化硅颗粒增强铝基复合材料具有良好的高温性能和抗磨损的特点，可用于制造火箭、导弹构件，红外及激光制导系统构件，精密航空电子器件等；碳化硅纤维增强钛基复合材料具有良好的耐高温和抗氧化性能，是高推重比发动机的理想结构材料，世界上第一个在航空上应用的钛基复合材料零件就是 F-119 发动机矢量喷管驱动器活塞。由于钛基复合材料价格仍很昂贵，今后其用量的拓展主要取决于成本的降低程度。硼纤维增强金属基复合材料已用于制造 F-114、F-115 和幻影 2000(图 2.57)等军用飞机部件。

图 2.57 幻影 2000

1）颗粒及短纤维增强铝基复合材料

向铝合金中添加 SiC、石墨等颗粒及短纤维的主要目的是增加材料的耐磨性、耐热性和硬度等，可用于坦克装甲、火箭、导弹构件，红外及激光制导系统构件，精密航空电子器件等，目前最成功的例子是活塞和履带板。短纤维增强铝基复合材料活塞，是用短纤维制成高孔隙度的预制件，用挤压铸造法将铝液渗入其中，以制成局部增强的复合材料活塞。此活塞与传统的镶圈活塞相比，耐磨性相当，活塞顶的工作温度可提高 100 ℃，且活塞总质量和膨胀系数都明显降低，因此是新一代主战坦克发动机活塞的理想材料。SiC 晶须和颗粒增强铝基复合材料的制备除以上方法外，也可用半固态流变铸造法生产复合材料铸锭，再进行轧制挤压或铸造等压力加工，以制成管、棒、型材或锻件。Al/SiC 复合材料有优良的机械性能，其耐磨性接近于钢。据称，美国 Alcan 公司生产了近千吨材料，并应用于导弹、导航零件；美国 AVCO 公司用 SiC 晶须/铝复合材料制成装甲车辆履带板、刹车片、离心泵叶片等。

颗粒增强铝基复合材料（图 2.58）已用于 F-16 战斗机腹鳍，其代替铝合金，刚度和寿命大幅度提高。颗粒增强铝基复合材料腹鳍的采用，可以大幅度降低检修次数，全寿命节约检修费用达 2 600 万美元，并使飞机的机动性得到提高。此外，F-16 上部机身有 26 个可活动的燃油检查口盖，其寿命只有 2 000 h，并且每年都要检查 2、3 次，采用碳化硅颗粒增强铝基复合材料后，刚度提高 40%，承载能力提高 28%，预计平均翻修寿命可高于 8 000 h，寿命提高幅度达 17 倍。颗粒增强铝基复合材料耐磨性极好，可作为火箭的飞行翼、箭头、箭体、结构材料，也可作为飞机发动机中的耐热耐磨部件。

图 2.58　颗粒增强铝基复合材料

2）长纤维增强铝基复合材料

用作增强相的长纤维主要有碳、石墨、碳化硅、氧化铝和硼等。由于其强度高达 2 000 ~ 4 000 MPa，杨氏模量达 150 ~ 450 GPa，用其增强铝合金，按照复合材料的混合定律，其对材料的强化效果是非常明显的。因此，各先进国家投入了大量研究工作，试制了发动机中的连杆、活塞、战术发动机壳体、制导舵板、战斗部支撑架、军用作战桥梁的拉力弦、架桥坦克桥体和长杆式穿甲弹弹托等。随着其价格和技术问题的不断解决，此类材料的应用将会是非常广阔的。

3）潜水器用金属基复合材料

深海潜水器耐压壳体是潜水器的主要组成部分，其性能、结构形式对于潜水器性能有

决定性的影响，它必须满足潜水器质量、抗压、抗腐蚀等要求，保障潜水人员与设备的安全，所以保证耐压壳体的强度与稳定性是其设计的重点，而如何选择强度高、抗腐蚀性能强的材料则成为提升耐压壳体质量的关键。在一定水深压力下，耐压壳体必须能够不因外力而产生结构性的损坏，因此在相关研究中需要从耐压壳体材料的比强度、比刚度、可设计性、可装配性、可生产性、经济性和质量排水比等方面进行评价。目前常用的耐压壳体材料包括钢、铝、钛、玻璃等。钢的屈服强度与比强度较高，所以在浅海耐压壳体的制造中应用较为广泛；而在深海，则需要具备更优质抗压能力的钛合金材料，钛合金材料强度、密度都具优势，所以是最佳的耐压壳体材料，但钛合金材料的可焊接性不具备优势。

深海潜水器所用的耐压壳体由于对抗压要求、防腐蚀要求较高，因此必须对材料进行周密选择和严格检测，以确保耐压壳体满足深海研究的要求。对耐压壳体特点和设计要求以及金属基复合材料的特性进行研究，研究表明，金属基复合材料能很好地满足深海用耐压壳体的性能要求。

（1）钛基复合材料

钛基体是一种物理性能优异、化学性稳定的合金材料，在耐压壳体设计与制造中具有很多的优势，尤其是在抗腐蚀方面，钛合金与其他材料相比更有优势，因此被认为是最好的深海耐腐蚀材料。钛基复合材料主要分为颗粒增强钛基复合材料和连续纤维增强钛基复合材料两大类。颗粒增强钛基复合材料的增强材料主要有 TiC、TiB 和 TiAl 等，增强后钛材料的硬度、刚度都得到很好提升。连续纤维增强钛基复合材料的增强纤维主要有 SiC、TiC 以及耐高温金属纤维，增强后的钛合金抗拉强度和弹性模量有较大提高。因此，使用钛基复合材料制造耐压壳体，其加强肋一般用其他密度较低的金属制造，这样能够有效降低耐压壳体的质量。

（2）铝基复合材料

铝及其合成金属很多都适用于制造金属基复合材料，铝基复合材料的增强材料既可以是连续纤维，也可以是不规则形状的颗粒增强相。连续纤维包括长纤维与短纤维，长纤维增强相又有硼纤维、碳纤维等，可以增强铝金属强度与耐磨性，但是塑性有所降低。颗粒增强相主要有 SiC 颗粒、Al_2O_3 颗粒、B_4C 颗粒等。在复杂的海水环境中，碳纤维增强铝基复合材料抗腐蚀效果更好，尤其是添加了 Sc 的 Al-Mg-Zr-Sc，具有更好的耐海水腐蚀性。

（3）铜基复合材料

铜基复合材料可以分为颗粒增强与纤维增强两种，具有较强的抗腐蚀性与耐磨性。例如在铜合金中加入 TiB_2 后，铜合金的刚度、硬度都得到明显提升。然而，从实际情况看，铜基复合材料目前制备与应用较少，在未来工作中需要进一步的研究。

除了以上几种常见金属基复合材料能够应用于船舶、深海潜水器等设备耐压壳的制造中，碳纤维复合材料在耐压壳体制造中也有着较多的应用。碳纤维复合材料在耐压壳体选材中的应用主要是考虑高强度玻璃钢，其可以满足耐压壳体强度的要求与弹性模量，当然与深海潜水器所需要的耐高压壳体还存在一定差距。一般情况下，耐压壳体所承受的压力主要根据静水压柱进行确定，然后根据所受压力来选择玻璃钢的厚度。此外，海水对耐压壳体的腐蚀主要分为两种：一是海水的化学腐蚀；二是海水的电化学腐蚀。日本新研制的碳纤维复合材料中加入 Cr、Ni、Mo、C 等成分，其抗腐蚀性接近钛合金，而且制造成本低，力学性能优异。

2. 装甲防护用 B_4C/Al 复合材料

面向未来陆战场对抗，装甲车辆要求具有高机动性、强防御性特点，因此对装甲防护提出了既要降低密度又要提高抗侵彻能力的苛刻要求。相比合金化方法，材料复合技术可以兼具高硬度、高强度、高冲击韧性、低密度等综合性能，是目前唯一可行的技术方案。

哈尔滨工业大学通过多尺度和梯度结构设计，发挥陶瓷密度低、抗侵彻能力高和金属高韧性的特性，制备了高抗侵彻能力梯度 B_4C/Al 复合材料，图2.59为梯度 B_4C/Al 复合材料弹击后靶板及钢背板。实验表明，相比于现役金属装甲，在相同抗弹能力下，该复合材料面密度降低50%以上，可以抗多次打击，解决了传统陶瓷装甲破碎严重而不能抵抗多次冲击的问题，为提升装甲车辆的作战机动性和快速反应能力提供了全新的材料技术方案。

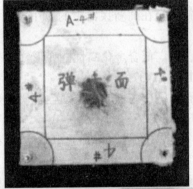

图2.59　梯度 B_4C/Al 复合材料弹击后靶板及钢背板

参考文献

[1] 潘复生，张丁非. 铝合金及应用[M]. 北京：化学工业出版社，2006.

[2] 林钢，林慧国，赵玉涛. 铝合金应用手册[M]. 北京：机械工业出版社，2006.

[3] 陈振华. 镁合金[M]. 北京：化学工业出版社，2004.

[4] 常毅传，李骏骋，谢伟滨. 镁合金生产技术与应用[M]. 北京：冶金工业出版社，2018.

[5]陈振华. 钛与钛合金[M]. 北京：化学工业出版社，2005.

[6]刘光华. 稀土材料与应用技术[M]. 北京：化学工业出版社，2005.

[7]郑子樵，李红英. 稀土功能材料[M]. 北京：化学工业出版社，2003.

[8]黄乾尧，李汉康. 高温合金[M]. 北京：冶金工业出版社，2000.

[9]郭建亭. 高温合金材料学制备工艺(中册)[M]. 北京：科学出版社，2008.

[10]冯瑞华，鞠思婷. 新材料[M]. 北京：科学普及出版社，2015.

[11]张顺. 兵器百科全书[M]. 北京：蓝天出版社，2003.

[12]中国兵器工业集团第二一〇研究所. 先进材料科学领域发展报告[M]. 北京：国防工业出版社，2017.

[13]李龙，吕金明，严安，等. 铝合金装甲材料的应用及发展[J]. 兵器材料科学与工程，2017，40(6)：105-111.

[14]庞彦国，王祝堂. 铝及铝合金在高新兵器中的应用[J]. 轻合金加工技术，2018，46(6)：1-7.

[15]王慧远，夏楠，布如宇，等. 低合金化高性能变形镁合金研究现状及展望[J]. 金属学报，2021，57(11)：1429-1437.

[16]曾小勤，陈义文，王静雅，等. 高性能稀土镁合金研究新进展[J]. 中国有色金属学报，2021，31(11)：2963-2975.

[17]樊晓泽，王瑞，马骏，等. 高性能压铸稀土镁合金材料研究现状[J]. 铸造技术，2022，43(3)：208-211.

[18]李晓红，苟桂枝，朱洪武. 国外兵器装备钛合金构件低成本制造技术的发展[J]. 国防制造技术，2014(2)：14-18.

[19]唐平，张艳霞，陈秦. 钛合金技术引进中的知识产权分析研究[J]. 精密成形工程，2018，10(6)：142-149.

[20]陈京生，孙葆森，安康. 钛合金在兵器装备上的应用[J]. 兵器装备工程学报，2020，41(12)：14-20.

[21]尚福军，杨文智，朱曦光，等. 变形强化钨合金性能的各向异性[J]. 兵器材料科学与工程，2017，40(5)：19-22.

[22]全嘉林，梁争峰，闫峰. 防空反导战斗部用钨基高比重合金研究进展[J]. 兵器装备工程学报，2020(2)：94-99.

[23]焦延博，欧阳稠，罗文敏，等. 小口径穿甲弹防空反导技术现状与发展[J]. 兵器装备工程学报，2021，42(12)：72-80.

[24]袁书强，张保玉，陈子明，等. 战斗部用钨合金材料现状及发展状况[J]. 中国钨业，2015，30(2)：49-52.

[25]牛艳娥，赵芃沛，李宁，等. 国内外超高强度钢的研究现状及应用[J]. 兵器装备工程学报，2021，42(7)：274-279.

[26]陈京生，高永亮，孙葆森，等. 国外装甲钢及其标准发展现状[J]. 兵器装备工程学报，2020，41(10)：1-9.

[27]张永皞，李敬民，李昌安. 热处理对 G50 超高强度钢力学性能的影响[J]. 金属热处理，2019，44(1)：54-56.

[28]杨建明，张新宇，刘朝骏. 高强度钢在潜艇应用中的若干重要问题综述[J]. 中国舰

船研究，2016，11(1)：27-35.

[29] 周成，叶其斌，田勇，等. 超高强度结构钢的研究及发展[J]. 材料热处理学报，2021，42(1)：14-23.

[30] 王中平，钟立才. 金属基复合材料性能及其在耐压壳体设计中的应用[J]. 信息记录材料，2021，22(6)：9-10.

[31] 杨玄依，陈彩英，杜金航，等. 石墨烯增强金属基复合材料研究进展[J]. 稀有金属材料与工程，2021，50(9)：3408-3416.

[32] 尹庆方. 金属基复合材料及其在发动机制造中的应用[J]. 中国金属通报，2017(5)：41-42.

[33] 杜金辉，吕旭东，董建新，等. 国内变形高温合金研制进展[J]. 金属学报，2019，55(9)：1115-1132.

[34] 袁战伟，常逢春，马瑞，等. 增材制造镍基高温合金研究进展[J]. 材料导报，2022，36(3)：1-9.

[35] 张慧，江河，董建新. 重型燃气轮机燃烧室用高温合金研究进展[J]. 兵器材料科学与工程，2021，44(6)：148-156.

第3章
先进战略材料和兵器关键材料——非金属材料

现代非金属材料包括有机高分子材料、无机材料和复合材料。同金属材料相比，它们大都具有质量轻、比强度高、多种物理功能特性以及资源丰富、易于成形加工等优点，因而被大量用于宇宙飞船、飞机、战略火箭导弹和舰艇等兵器。目前，非金属材料在常规兵器上的应用比例相对比较小，但应用趋势一直在扩大。第二次世界大战期间仅在个别兵器部件上使用，至今主要兵器部件上都有不同程度的应用，并已成为战术火箭导弹的主要材料，这对于提高兵器技术、战术性能(特别是机动性)和节省战时稀缺物资等具有重要作用。功能材料种类繁多，本章着重对用于兵器工业方面的碳/碳复合材料、陶瓷基复合材料和聚合物基复合材料等进行介绍。

3.1 碳/碳复合材料

▶▶▶ 3.1.1 碳/碳复合材料的战略意义及发展概况 ▶▶▶

碳/碳复合材料(carbon/carbon composites)，也称为碳纤维增强碳复合材料，是指以碳纤维及其织物为增强相，以碳为基体，通过致密化和石墨化处理制成的全碳质复合材料。碳/碳复合材料具有轻质、高强度、高硬度、耐高温、耐磨损和耐腐蚀等优点，使其能够在 2 000 ℃以上非氧化气氛下仍保持较高的机械性能，既可以作为结构材料，又可以作为功能材料，是目前世界上新材料技术领域中重点研究和开发的一种超高温复合材料，在现代兵器工业和航空航天等领域具有广泛的应用前景。

1958 年，科学工作者在一次偶然的实验中发现碳/碳复合材料，此后，碳/碳复合材料就以其卓越的性能引起世界各国的普遍重视和广泛关注，尤其是工业发达国家纷纷投入大量人力、物力和财力致力于碳/碳复合材料的研发，从而促使其性能不断的优化，材料的应用范围也日益扩大。截至目前，碳/碳复合材料在材质、制备工艺、性能和工程应用等方面均取得了长足的发展，其过程大致可分为 4 个发展阶段。

第一阶段，碳/碳复合材料问世到 20 世纪 60 年代中期，这是碳/碳复合材料的开发阶段。人们逐渐认识到，想要制备高性能碳/碳复合材料，首先要有高性能的碳纤维(carbon fibre，CF)，因此这个阶段是 CF 研发的活跃期。1958 年，美国 Union Carbide 公司用人造丝(再生纤维素)及其织物进行了 CF 及碳织物的工业生产，并以商品的形式进行出售。1959 年，进藤昭男用纯聚丙烯腈(PAN)纤维制得了 CF。20 世纪 60 年代初，大谷杉郎用聚氯乙烯热解得到沥青，经过熔融纺丝，再经过空气中不断熔化和惰性气体中炭化制得 CF。1964 年，英国皇家航空研究所的 Watt 等科研人员在预氧化过程中对纤维施加张力，为制取高强度和高模量 CF 开辟了新的途径。随后，Bristol 等公司利用该技术开始生产聚丙烯腈 CF。同时，人们对碳/碳复合材料的制备工艺进行了大量的研究，发展了碳/碳复合材料的表征方法和各种检测手段。在应用方面，美、英、法等国家制定了"运载火箭材料计划"和"为碳/碳喷管寻找机会计划"等诸多以碳/碳复合材料为基础的应用研发计划。

第二阶段，20 世纪 60 年代中期到 70 年代中期，随着人们对碳/碳复合材料研发的不断深入，其进入到工程应用研究阶段。1966 年，LTV 空间公司已将碳/碳复合材料用于阿波罗宇宙飞船控制舱光学仪器的热防护罩和 X-20 飞行器的鼻锥。1969 年，日本东丽公司成功研发特殊的共聚 PAN 纤维，并结合美国 Union Carbide 公司的炭化技术，生产高强度、高模量的 CF，有力地推动了碳/碳复合材料的发展。随后，人们逐步发展了碳/碳复合材料的编织技术，并大力发展致密化工艺。1971 年，桑迪亚实验室制备的碳/碳复合材料飞行器再入头锥成功获得应用。1974 年，英国 Dunlop 公司的航空分公司首次研制成功碳/碳复合材料飞机制动盘，并在"协和"号超声速飞机上试飞成功，碳/碳复合材料的使用使每架飞机能够减重 544 kg，制动盘的使用寿命提高 5~6 倍。

第三阶段，20 世纪 70 年代中期到 80 年代中期，碳/碳复合材料各项研究得到进一步开展。坯体织物的结构设计和多向织物加工技术的成熟，成功地解决了碳/碳复合材料的各向异性问题，并通过正确选取和设计增强织物来满足复杂结构的需求。人们对碳/碳复合材料力学性能、物理性能、抗氧化性能和制备工艺等方面进行了大量的研究，建立了相应的数据库，着手将碳/碳复合材料用于多元喷管及新一代高推重比涡轮发动机，并进一步拓宽了碳/碳复合材料在飞机制动盘上的应用。

第四阶段，20 世纪 80 年代中期至今，碳/碳复合材料进入全面推广和应用时期。前 3 个阶段在研究和应用等方面积累了广泛的理论和实践经验，为这个阶段的开发和应用向广度和深度发展提供了基础。这一时期的主要目标是优化碳/碳复合材料的性能，降低生产成本，因此国外对其致密化技术进行了深入研究。常规的化学气相渗透(chemical vapor infiltration，CVI)工艺需要上千小时致密坯体，而且碳很容易沉积在坯体表面，影响内部碳的沉积量；但美国佐治亚理工学院在美国空军的支持下改进碳/碳复合材料的制备方法，研究了强制气体流动/热梯度 CVI 法，使碳/碳复合材料的沉积速率提高了 30 倍，橡树岭国家实验室也报道了相关的快速致密方法。

▶▶▶ ▍3.1.2 碳/碳复合材料的制备工艺 ▶▶▶ ▶

碳/碳复合材料的制备工艺主要包括 3 个步骤：预制体成形、预制体致密化和石墨化处理，其制备工艺流程如图 3.1 所示。

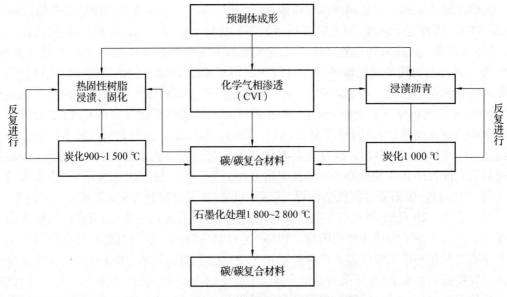

图 3.1　碳/碳复合材料的制备工艺流程

1. 预制体成形

为了使碳纤维在碳/碳复合材料中达到预期的增强效果，需将碳纤维按特定的方式成形为具有特定结构和形状的坯体，即预制体。预制体成形是制备碳/碳复合材料的前提，在进行预制体成形前，根据所设计复合材料的应用和工作环境来选择碳纤维种类和编织方式。目前常用的预制体成形方法主要有短纤维模压、长纤维织物叠层和多维编织。短纤维模压成形是将碳纤维经过切割、分散、抽滤、干燥、固化和炭化而成形的方法，采用该方法成形的预制体中，碳纤维方向随机，纤维呈不连续状态，因而导致制备的碳/碳复合材料的力学性能偏低。长纤维织物叠层成形是将碳纤维布经过裁剪、排列、夹持、固化和炭化而成形的方法，该方法中碳纤维呈二维结构排列，Z 轴方向纤维含量较少，因而导致制备的碳/碳复合材料层间剪切强度较低。多维编织成形是在长纤维织物叠层成形的基础上，增加 Z 轴方向的纤维含量和分布，从而提高碳/碳复合材料的层间性能，采用该方法制备的预制体内部孔隙相对较大，不利于后续致密化进程，因而难以获得高密度的碳/碳复合材料。此外，该成形工艺和短纤维模压工艺及长纤维织物叠层工艺相比，制备成本更高。

2. 预制体致密化

预制体致密化是制备碳/碳复合材料的关键环节，只有达到一定密度的碳/碳复合材料才能具有良好的力学性能。目前，碳/碳复合材料的致密化工艺可分为以下 4 种：液相浸渍—炭化(liquid impregnation and carbonization，LIC)工艺、化学气相渗透(chemical vapor infiltration，CVI)工艺、化学液相汽化渗透(chemical liquid-vaporized infiltration，CLVI)工艺和 CVI 与 LIC 复合工艺。

1)液相浸渍—炭化工艺

液相浸渍—炭化工艺是碳/碳复合材料最初的制备工艺，在碳/碳复合材料被发现之初，该工艺是碳/碳复合材料的主要致密化工艺。该工艺主要包括浸渍和炭化两个过程：浸渍是在一定温度和压力下，使液态有机浸渍剂渗入待浸试样的孔隙中；炭化则是指在惰性气体中进行热处理，将有机物转变成碳。由于浸渍剂种类繁多，浸渍—炭化工艺中压力、温度和操作周期等参数变化较大，因而采用液相浸渍—炭化工艺能够制造满足多种性能要求的碳/碳复合材料。液相浸渍—炭化工艺按照浸渍剂的种类分为树脂浸渍、沥青浸渍和混合浸渍3种工艺，按浸渍压力可以分为低压浸渍、中压浸渍、高压浸渍和超高压浸渍4种工艺。浸渍剂的种类会影响碳/碳复合材料的致密化效果和机械与物理性能。树脂受热会发生分解并产生水蒸气、CH_4、H_2、CO 和 CO_2 等小分子气体，这会导致大的体积收缩，影响碳/碳复合材料的性能。浸渍剂需要有较高的残碳率和较小的黏度，以便浸入碳纤维束之间的孔隙内并浸润纤维表面，还需要热解后产生的树脂碳能够与碳纤维之间有较好的结合强度，并且树脂碳本身也需具备满足基本要求的结构与性能。常用的浸渍剂为酚醛、呋喃和糠醛等热固性树脂以及热塑性的石油沥青、煤沥青等，也可以根据需要采用沥青-树脂的混合浸渍剂。树脂浸渍工艺的典型流程：将预制体置于浸渍灌中，在真空状态下用树脂浸没预制体，再充气加压使树脂浸入整个预制体，然后将浸透树脂的预制体放入固化罐内进行加压固化，随后在炭化炉中的保护气体下进行炭化。沥青浸渍工艺与树脂浸渍工艺类似，不同之处在于沥青需要在熔化炉中真空熔化，随后将沥青从熔化炉注入浸渍罐进行浸渍，浸渍过程中先抽真空，可以使浸渍性能好的浸渍剂浸透到孔洞中，从而达到快速致密化的效果。以树脂作为浸渍剂，浸渍过程结束后需要一个升温固化的过程，使树脂基完全固化，从而减少炭化过程中样品的变形，以保证炭化后碳/碳复合材料的致密性。液相浸渍—炭化工艺流程如图 3.2 所示。

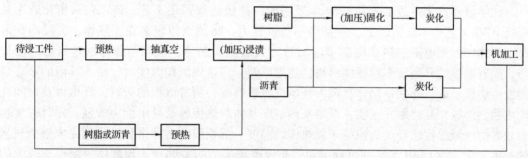

图 3.2 液相浸渍—炭化工艺流程

炭化过程中，非碳元素的分解会在炭化后的预制体中形成很多孔洞，需要多次重复浸渍—固化—炭化才能达到致密化的要求。沥青炭化时增加压力能够明显提高残碳率，在 100 MPa 氮气压力下残碳率高达 90%。因此，传统液相浸渍工艺和热等静压工艺相结合，发展成热等静压浸渍—炭化工艺。该工艺能够明显提高残碳率并减小孔隙尺寸，从而大大提高致密化效率，增加材料密度，提升材料的力学性能。针对热等静压浸渍—炭化工艺的设备复杂及投资昂贵等问题，西北工业大学提出了超高压浸渍—炭化工艺，其特点在于借助普通机械设备实现超高压增压和致密化，其优势在于能够将制备周期减少到 2~4 个热压循环，缩短制备周期，降低制备成本。采用该工艺可制得密度高、分布均匀和尺寸稳定的碳/碳复合材料制品。

2）化学气相渗透工艺

20 世纪 60 年代中期，化学气相渗透工艺开始逐步应用于碳/碳复合材料的制备。化学气相渗透是指在一定的温度下，利用气态物质，在固体表面进行化学反应并生成固态沉积物的一种工艺方法。在化学气相渗透过程中，气相前驱体扩散进入预制体中高温裂解并发生一系列气相-气相和气相-固相反应，在纤维表面生成热解碳，填充预制体内的孔隙。气

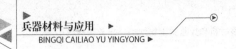

态前驱体采用烃类化合物，如甲烷、丙烯和丙烷等。化学气相渗透工艺的优点是工艺简单，增密的程度便于精确控制，不损伤纤维，能够与其他致密化工艺结合使用，缺点是制备周期长，生产效率低。在化学气相渗透工艺中，影响致密化效果的主要因素是气态前驱体的传质和热解反应动力学，协调好上述两个因素是化学气相渗透工艺控制的关键。目前，等温化学气相渗透(isothermal chemical vapor infiltration，ICVI)工艺被广泛用于碳/碳复合材料的制备，ICVI 工艺的原理是将预制体放置在等温等压的空间中，使碳源气不断从坯体表面流过，靠气体的扩散作用，气体从预制体表面扩散至内部孔隙，在扩散过程中发生热解反应而在孔隙内沉积碳。ICVI 工艺的优点是不受制件几何形状的影响，制备工艺简单，容易实现批量生产，工艺重复性好，同时因为预制体处于等温等压环境，基体结构容易控制。其缺点是在沉积过程中存在扩散控制，预制体表面沉积速率高于内部，获得的制品表面密度高于内部，甚至出现表面结壳，往往需要多次中间高温热处理和机加工来打开表面封闭的孔隙，导致工艺周期过长，沉积效率较低。尽管如此，由于易于批量化和易于实现组织控制的优点，目前 ICVI 仍然是用来批量生产碳/碳复合材料的主要方法。为了提高致密化速率，降低制备成本，世界各国研究人员还开发了热梯度 CVI 工艺、压差 CVI 工艺、强制流动 CVI 工艺、限域变温 CVI 工艺、感应加热热梯度 CVI 工艺、微波加热 CVI 工艺、等离子增强低压 CVI 工艺、触媒催化 CVI 工艺、旋转 CVI 工艺等新型高效 CVI 工艺。

3)化学液相汽化渗透工艺

化学液相汽化渗透工艺是 1984 年发明的一种快速致密化工艺，该工艺致密化效率是传统 ICVI 工艺的 100 倍以上。其基本制备过程为：将预制体包裹在发热体上，浸泡在液态前驱体中，用电阻加热或电磁感应加热方式加热预制体，液态前驱体通过自然对流加热，随着温度的升高液态前驱体沸腾也随之剧烈，当达到沉积温度时，浸入其内的液态烃类发生裂解反应，并在预制体孔隙内开始沉积热解碳，随着沉积的进行，纤维束及束间孔隙内的热解碳相互接触并密实，纤维及热解碳基体的热传导及导电能力增强，此时密度相对较高的区域温度已经接近或等于发热体的温度，沉积前沿向外推移，从而完成整个预制体的致密化。由 CLVI 工艺的过程可知，此致密化工艺的关键在于预制体内部形成较大的温度梯度，以保证热解碳沉积由内向外逐层进行。

CLVI 工艺实现快速致密化的原因如下：

①致密化期间预制体内部存在相当大的热梯度，致密化前沿温度高、气体浓度高；

②致密化期间预制体始终浸泡在液态碳源前驱体中，相当于缩短了反应物渗透和扩散的途径；

③预制体内部温度梯度引起的反应物浓度梯度，以及液态烃类前驱体剧烈沸腾形成液态和气态反应物的循环对流，均促使反应物气体向致密化前沿的渗透和扩散，从而大幅度提高致密化速率。

然而 CLVI 工艺难以制备大尺寸的碳/碳复合材料，原因有两方面：一方面是需要较大的加热功率；另一方面是液态碳源极易汽化，必须有足够的冷却能力和大尺寸的反应釜，才能保证碳/碳复合材料始终浸泡在液态前驱体中。

西北工业大学在采用传统 CLVI 工艺制备碳/碳复合材料的基础上，在沉积过程中原位引入催化剂，发展了催化 CLVI 工艺，该工艺能够在 900 ~ 1 200 ℃快速获得平均密度高且密度梯度小、基体为粗糙层织构的碳/碳复合材料，并在此基础上制备原位生长碳纳米管改性碳/碳复合材料和超高温陶瓷改性碳/碳复合材料，拓宽了该工艺的应用领域。

4）CVI 与 LIC 复合工艺

CVI 工艺与 LIC 工艺均有各自优缺点，CVI 和 LIC 复合工艺是结合使用的两种工艺。CVI 和 LIC 复合工艺的实施过程可通过 CVI 工艺使预制体密度达到一定程度后，再使用液相浸渍增补密度，该方法可以先通过气相渗透制备具有一定密度的碳/碳复合材料，然后通过液相浸渍填充孔隙，实现快速致密化。这种方法可以解决化学气相渗透工艺在致密化后期，致密化速率过于缓慢的问题，能够有效缩短致密周期、降低工艺成本，有利于制备具有较大厚度的碳/碳复合材料。CVI 与 LIC 复合工艺的实施过程也可以先采用 LIC 工艺增密再进行 CVI 致密，该方法可以预先制备一定密度、形状稳定并且具有一定强度的碳/碳复合材料，方便后续 CVI 工艺的致密化。CVI 与 LIC 复合工艺可以综合 CVI 和 LIC 两种工艺方法的优点。

3. 石墨化处理

碳/碳复合材料在经过致密化工艺之后，需进一步进行石墨化处理，该过程是通过高温（1 800~2 800 ℃）将热力学非稳定态的碳材料转变成稳态的石墨。在石墨化过程中，基体碳内的乱层石墨结构逐渐转变成规则的石墨结构，随着石墨化过程的进行，基体碳中的石墨晶格越来越完整，沿层面方向的石墨烯平面间的缺陷越来越少，层间距 $d(002)$ 也逐渐减小。在石墨化过程中，石墨烯平面间的缺陷及不完整性需逐步消除，因此减小了芳香碳平面进行整体迁移时的阻力，芳香碳平面的整体迁移、转动、生长并趋向三维有序化因此可能实现。有些基体碳在 2 200~3 000 ℃时可以完全转变成石墨，可将这类基体碳称为易石墨化碳材料，又称软碳；另一些基体碳在高温下难以转变成石墨，这类基体碳称为难石墨化碳材料，又称硬碳。石墨化度的不同会对基体碳的性能产生较大的影响。通常树脂碳难以石墨化，沥青碳易于石墨化，热解碳石墨化难易与其结构类型有关。在增强碳纤维中，PAN 基碳纤维较沥青基碳纤维更难石墨化，中间相沥青碳纤维较普通沥青碳纤维更易于石墨化。此外，在石墨化处理过程中，碳/碳复合材料中纤维与基体的热膨胀性存在差异，使纤维与基体界面处容易产生热应力和机械应力，在应力的驱动作用下，基体碳有序排列程度提高，材料中各组分的石墨化程度比单独存在时有所增加。

▶▶▶ 3.1.3　碳/碳复合材料的组织结构与性能特点 ▶▶▶

1. 碳/碳复合材料的组织结构

碳/碳复合材料的基体碳主要有 3 种获得方式：①由碳氢化合物裂解形成 CVI 热解碳；②由沥青经脱氢、缩合，获得中间相沥青碳；③由树脂热解炭化得到各向同性玻璃态树脂碳。

1）CVI 沉积碳显微组织结构

碳/碳复合材料预制体一般是由碳纤维通过碳布叠层或多向编织制作而成的。在沉积过程中，以碳纤维预制体作为复合材料的骨架，热解碳直接沉积在碳纤维上，形成基体碳；随着沉积的进行，热解碳不断加厚，逐渐填充孔隙，使材料逐渐致密化。由此可见，致密化过程即为热解碳不断生长和加厚的过程，而某一位置热解碳的生长状况决定了该处基体碳的形式。

CVI 的原理是通过气相物质的分解或反应生成固态物质，并在某固定基体上成核并生长。对于碳/碳复合材料，获取 CVI 沉积碳的前驱气体或反应气体主要有甲烷、丙烷、丙烯、乙炔、天然气等碳氢化合物。固态碳的沉积过程十分复杂，和工艺参数的控制有密切关系。根据不同沉积温度，沉积碳能够出现 3 种不同的显微结构形态。

①光滑层(smooth laminar, SL)。这种结构一般在温度较低(<1 400 ℃),中等气体浓度、压力,基材具有较大表面积的情况下得到。碳原子平面在气相中形成,并沉积在基材表面,最终形成带有生长锥的表面成核热解碳。通常这种结构表现为一种从基材表面向外的放射状,是一种乱层结构。

②粗糙层(rough laminar, RL)。这种结构一般在较低的反应气体压力、较低的温度或者很高的温度下得到。生长锥既可以从表面的缺陷处生长,也可以从成核于表面的小滴上生长。

③各向同性层(isotropic, ISO)。这种热解碳类型通常在高温(1 400~1 900 ℃)下进行,在较高的气体压力和反应气体浓度,但气体流速较低的情况下得到。在这样的条件下,碳粒子在气相中生成,并沉积在表面,形成多孔的碳沉积物。

近年来,基于碳/碳复合材料在正交偏光(PLM)下的形貌特征,基体碳被分为粗糙层、光滑层、暗层和各向同性层 4 种结构。以消光角(A_e)为指标将其分为粗糙层(RL:$A_e >$ 18°)、光滑层(SL:12°<$A_e \leq$18°)、暗层(DL:0°<$A_e \leq$12°)和各向同性层(ISO:$A_e = 0$°)。基于透射电子显微镜结合选区电子衍射(selected area electron diffraction, SAED)测定碳/碳复合材料基体碳的取向角(OA),可将热解碳分为高织构(high texture,HT:OA<50°)、中织构(medium texture,MT:50°≤OA<80°)、低织构(low texture,LT:80°≤OA<180°)和各向同性织构(OA=180°)。为了方便对这两种分类方法进行比较,德国学者 Boris Reznik 经过研究热解碳织构后,将这两类方法统一起来,如图 3.3 所示。

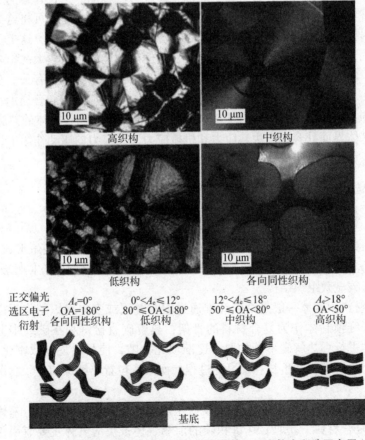

图 3.3　热解碳沿衬底表面择优取向以及基于正交偏光和选区电子衍射得到的消光角与取向角对应关系示意

2）沥青碳显微组织结构

沥青基碳/碳复合材料的微观组织结构与 CVI 碳/碳复合材料的微观组织结构截然不同。相比之下，沥青基碳/碳复合材料的组织更为疏松，且沥青基碳/碳复合材料在基体内存在大量由热解反应产生的孔隙，基体通常由粒径不一的各向异性单元组成，这些单元通常在整体上显得比较杂乱，而不像 CVI 碳/碳复合材料中热解碳那样规则，它的性能一般低于 CVI 碳/碳复合材料的性能。

沥青碳的组织类型比较复杂，其形式从各向异性到各向同性，再到高度各向异性，变化很大，而中间相的生成与发展状况是重要的影响因素，中间相沥青在炭化时形成各种形式的各向异性组织，因原料沥青中各种成分含量不同，其中间产物的形式也各不相同。在此过程中，沥青的黏度变化也不相同：黏度太大不利于中间相的融并生长，而且也不利于沥青对预制体的充分浸渍；黏度较小则有利于预制体的充分浸渍和中间相的融并生长，从而能产生较大区域的各向异性组织，获得较好的材料性能。通常来讲，根据各向异性单元的尺寸划分沥青碳组织的类型，可粗略地将其分为域组织（domain）、镶嵌组织（mosaic）和各向同性组织（isotropic）。

一般来说，沥青碳的纤维组织是由沥青炭化特性所决定的。沥青向中间相转化时，原始的粗糙体转变成块状中间相，在转变点（430 ℃），应力的作用促使中间相转变为纤维结构。当中间相转化时，芳香环分子聚结，发展成大平面分子，平行排列成形，如图 3.4 所示，形成片层结构，这种片层结构是一种长程有序的结晶结构。由于受碳纤维的表面状态、纤维束的松紧程度及炭化和石墨化条件等因素的影响，中间相片层会形成扭转弯曲的条带叠层，并且条带结构会产生各种变形，如图 3.5（a）所示。受边界条件和工艺参数的限制，石墨层平行堆的完善程度不同，有的堆叠成大平面层结构，形成大浪花的形状，有的则堆叠成小花形，形似英文字母 O、U、Y 和 X，如图 3.5（b）所示。

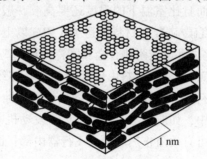

图 3.4 沥青中间相结构示意

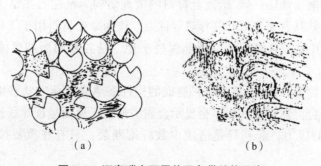

（a） （b）

图 3.5 沥青碳中石墨片层条带结构示意

3）树脂碳显微组织结构

树脂碳是一种难石墨化碳，其显微结构主要取决于热处理温度。树脂炭化后，主要形成玻璃态各向同性碳，在偏光显微镜下其结构是无显微结构形态特征的光滑平面，X射线衍射分析表明，其没有显示石墨结构的特征谱线。经2 500 ℃石墨化后，在树脂碳/碳纤维界面上首先出现了由各向同性树脂碳转变形成的各向异性石墨碳。

这种各向同性、非石墨化的树脂碳石墨化时的驱动力，是由纤维/树脂碳之间热膨胀系数差异而引起的应力积累。石墨/各向同性碳在热处理过程中的应力能够达到300 MPa，因此，树脂碳转变为石墨的石墨化现象称为应力石墨化。

不同类型的碳纤维，出现这种石墨显微组织时的热处理温度不同，模量越高的纤维，所需的热处理温度越低。

在纤维/树脂碳界面出现后，树脂碳的石墨化随着时间和温度的增加，逐渐扩展到整个树脂碳中，直到2 800 ℃树脂碳全部转化为石墨碳。

2. 碳/碳复合材料的性能特点

碳/碳复合材料兼具碳质材料的高温性能和纤维增强复合材料的力学性能，主要具有以下显著特点。

①密度小：碳/碳复合材料以碳纤维预制体为增强相，通过渗透、浸渍和沉积等方法加入碳基体得到，在致密过程中会残留孔隙，导致其密度一般不高于2 g/cm^3，该密度仅为镍基高温合金的1/4，陶瓷材料的1/2。

②优异的力学性能：碳/碳复合材料的力学性能主要取决于碳纤维的种类、取向、含量以及制备工艺。单向增强碳/碳复合材料，沿碳纤维长度方向的力学性能比垂直方向高几十倍。碳/碳复合材料的高强度、高模量特性来自碳纤维，随着温度的升高，碳/碳复合材料的强度不仅不会降低，而且比室温下的强度还要高。一般的碳/碳复合材料的抗拉强度大于270 MPa，单向高强度碳/碳复合材料可达700 MPa以上。在1 000 ℃以上，抗拉强度最低的碳/碳复合材料的比强度也较耐热合金和陶瓷材料的高。

③良好的抗烧蚀性能：碳/碳复合材料由碳纤维和碳基体组成，几乎所有的元素均为碳。碳元素的本质特性使材料具有高烧蚀热、低烧蚀率和烧蚀均匀，可以用于3 000 ℃以上高温、短时间烧蚀的环境中，如航天工业使用的火箭发动机喷管、喉衬等，通过表层材料的烧蚀带走大量的热量，可有效阻止热流传入飞行器内部，因此该材料被广泛用作兵器工业中的烧蚀防热材料。

④优异的摩擦磨损性能：碳/碳复合材料的微观结构为乱层石墨结构，其摩擦因数相比石墨更高，此外其具有密度低和高导热等优点，作为摩擦材料用于飞机制动时，当摩擦面温度高于1 000 ℃时，其摩擦性能仍能保持平稳，是各种耐磨和摩擦部件的最佳候选材料。

⑤良好的断裂性能：碳/碳复合材料制成的构件在承受载荷的状态下，当受力超出其蠕变极限时，既不会突然折断，也不会显示金属的塑性，反而呈现非线性断裂方式。加在碳/碳复合材料上的应力，起初只是造成少数纤维断裂，只有在重复拉伸时才发生失效现象。

⑥良好的热弯曲强度：同其他陶瓷和金属高温材料不同的是，碳/碳复合材料的强度随

温度的升高而升高。在高温下材料处于基本无应力状态，随着材料的冷却，材料内部的应力逐渐形成，并产生一些残余应力。这是造成常温下强度低，而高温下(1 000～2 000 ℃)强度高的原因。

⑦良好的导电性能：碳/碳复合材料的电阻率不受重复加热的影响，并随石墨化程度的增大，材料的电阻率降低。碳/碳复合材料导电性能好，具有屏蔽电磁波的功能，对 X 射线的透过性好。此外，碳纤维还具有吸能减振功能，尽管生产工艺参数相同，但不同缠绕方式的管材和不同纤维排列的板材，电阻率也相差很大，纤维同管轴线平行排列的越少，其电阻率越高。

⑧良好的导热性能：碳/碳复合材料的导热性受纤维的排列方向、基体碳种类以及热处理温度的影响。如双向排列纤维材料的导热性在常温下通常为 5～150 W/(m·K)，导热性最大[500 W/(m·K)]的碳/碳复合材料专为核聚变工厂研制，采用超高处理温度并能形成极好的石墨基材料结构。碳/碳复合材料抗温度波动性比其他大多数陶瓷基复合材料和金属好，同时在高温工作时动态强度好，这是它在高温用途中被广泛使用的关键。

⑨良好的抗氧化性能：碳/碳复合材料主要用于真空或保护气氛中，氧化是在高温下有氧气存在的情况下发生的。碳/碳复合材料的氧化过程由气体介质中的氧气流动到材料边界开始，反应气体吸附在材料表面，通过材料本身的孔隙向材料内部扩散，以材料缺陷为活性中心，碳纤维及其碳/碳复合材料在杂质微粒的催化作用下发生氧化反应，生成的 CO 或 CO_2 气体最终从材料表面脱附。氧化程度取决于氧气的分压，也与材料类型有关，在空气中碳材料在 300 ℃左右开始氧化，石墨化碳/碳复合材料在 350 ℃左右开始氧化。氧化速率也取决于基体碳的性质、孔隙度、杂质的催化氧化性能、周围气体运动速率和其他组成成分，通过湿润抗氧化剂或涂以碳化硅，可改善材料的抗氧化性。具体应用中，温度是关键因素，需要通过初步实验和具体情形决定。

⑩良好的耐化学腐蚀性能：碳/碳复合材料耐油、耐酸、耐腐蚀性能好，与生物有很好的相容性。除了强氧化剂外，浓盐酸、硫酸、磷酸、苯、丙酮、碱都对其不起作用，而在高温下，某些金属特别是过渡金属(铁、钴和镍等)，在碳存在的情况下，于高温条件下会起催化作用，使碳/碳复合材料形成碳化物。

▶▶▶3.1.4 碳/碳复合材料在兵器工业中的应用 ▶▶▶

1. 碳/碳复合材料在先进导弹固体火箭发动机上的应用

碳/碳复合材料自 1958 年问世，由于其自身的优良特性，成为兵器工业领域的"宠儿"。在兵器工业中，碳/碳复合材料主要用于先进导弹固体火箭发动机(SRM)耐烧蚀部件和高超声速飞行器热防护部件等。

喷管喉衬是固体火箭发动机的关键部件，作为耐烧蚀材料，在各型固体火箭发动机喷管喉衬及扩张段等受气动加热最严峻的部位使用，服役温度可达 3 000 ℃以上。早期，喷管喉衬大多采用高熔点金属、热解石墨、多晶石墨和抗烧蚀塑料复合材料，但是它们存在氧化速度快、热结构缺陷多和质量过重等缺点，喷管喉衬的可靠性有待于提高。碳/碳复合材料整个体系均由碳元素构成，碳原子彼此之间具有极强的亲和力，使碳/碳复合材料无论在低温还是高温下，均能够保持良好的稳定性。同时，碳材料具有高熔点的本质属性，赋予了其优异的耐热性能，用于短时间烧蚀的环境中，作为火箭发动机的喷管喉衬等使用具有显著的优越性。此外，碳/碳复合材料保留了石墨材料耐烧蚀、热膨胀小、密度小等优点，又克服了石墨材料强度低、抗热震性能差的缺点，将碳/碳复合材料制成的喷管喉衬内型面烧蚀比较均匀、光滑，无明显烧蚀台阶或凹坑，有利于提高喷管喉衬效率，因此碳/碳复合材料被普遍认为是目前用作高性能喷管喉衬的最佳材料。

碳/碳复合材料作为耐烧蚀材料的另一个应用是喷管扩张段。喷管扩张段的主要功能是控制燃气的膨胀，并将最佳推力传送给发动机，它不但要承担高温燃气的强力冲刷和高温腐蚀，同时还是承载件。由于减重需要，要求扩张段壁厚较小，最厚处为 8 ~ 15 mm，出口处仅为 1.5 ~ 4.0 mm。20 世纪 90 年代，碳/碳复合材料扩张段在先进导弹固体火箭发动机上的应用已相当广泛，主要原因是采用碳/碳复合材料后，可使第 II 级火箭减重 35%，第 III 级火箭减重 35% ~ 60%，大大提升喷管的冲质比。

美国等发达国家在地地战略导弹、潜地战略导弹、先进战术导弹和运载火箭大型助推器等几个系列所用的 SRM 中，均采用 3D、4D 碳/碳复合材料喉衬，如表 3.1 所示。20 世纪 90 年代，碳/碳复合材料喷管扩张段在先进导弹固体火箭发动机上的应用较为广泛，主要采用 2D、3D 碳/碳复合材料，2D、3D 碳/碳延伸锥也已经成功应用，如表 3.2 所示。由此可见，碳/碳复合材料作为固体火箭发动机喷管喉衬等耐蚀材料，在国外发达国家已得到广泛应用，并形成产业化规模。

表 3.1　3D、4D 碳/碳复合材料喷管喉衬的应用情况

发动机	材料	喉径/mm	密度/$(g \cdot cm^{-3})$	喉部烧蚀率/$(mm \cdot s^{-1})$
美国 STAR30E SRM	3D	76.23	—	0.990
美国 IUS SRM-1	3D	164.59	1.90	—
美国/法国 SEP/CSD SRM	4D	54.86	1.91	0.065
美国/法国全复合材料 SRM	4D	65.10	1.91	0.072
法国 MAGE-II 级 SRM	4D	75.00	—	0.155
美国侦察兵-III 级 SRM	4D	91.60	1.88	—
美国 MX 各级 SRM	3D	I 级 381	1.88 ~ 1.92	0.328
美国侏儒各级 SRM	3D	—	—	—

表 3.2　2D、3D 碳/碳复合材料喷管扩张段和延伸锥的应用情况

发动机	扩张段		延伸锥	
	材料	密度/$(g \cdot cm^{-3})$	材料	密度/$(g \cdot cm^{-3})$
惯性顶级 SRM-1	2D	65.10	2D	—
远地点 SRM MAGE-III	—	—	2D	—
远地点 ARM H-1 顶级	2D	1.53 ~ 1.60		
SEP/CSD	2D	1.63	2D	—
MX III 级	2D	1.50	2D	1.50

续表

发动机	扩张段		延伸锥	
	材料	密度/(g·cm⁻³)	材料	密度/(g·cm⁻³)
侏儒Ⅲ级	3D	—	3D	—
SS-24Ⅲ级	—	—	2D	1.35
SS-25Ⅲ级	3D	1.35		

2. 碳/碳复合材料在超高声速飞行器上的应用

碳/碳复合材料在兵器工业中的另外一个重要应用是热防护材料，在高超声速飞行器头锥、机翼前缘等温度最高的部位使用。高超声速飞行器能够有效弥补军用航天器和军用航空器的不足，提升武器装备的联合应用能力，增强整体作战效能，是目前国际竞相争夺的空间技术的焦点之一，也是综合国力的体现。超高声速技术具有前瞻性、战略性和带动性，它代表着一个国家开发和利用空间的能力，在未来的军事、政治和经济中发挥着极其重要的战略作用。近空间高超声速远程机动飞行器要从稠密大气层飞到近空间，在近空间长时间巡航飞行，再从近空间返回稠密大气层，气动加热非常剧烈，氧化问题突出。为了保持高升阻比和良好的气动外形，其外表面各个部件均不允许产生明显的烧蚀，否则将直接影响飞行距离和机动性能，因此对耐久性热防护和热结构技术提出了苛刻要求，故热防护材料的选择研制就显得更为重要，它是高超声速飞行器实际应用的关键环节。高超声速飞行器巡航时间长，在 1 000 s ~ 2 h 表面热流密度虽不是很高，但总热量很大，容易导致热防护构件表面产生非常高的温度。如当飞行器速度为 12 000 km/h 时，飞行器表面最高温度出现在头部，可达 2 100 ℃，其次是在平尾和垂尾前缘，其最高温度约为 1 760 ℃。在如此高的温度下，飞行器头部前缘和机翼前缘在气动载荷与气动热的耦合作用下，不仅要具备长时间的抗氧化能力、抵御高速质流的强大冲击和高低温交变热应力冲击的能力，其表面还需要保持平滑的气动外形，一般需采用锐形的前缘结构并保持飞行器外形不变的非烧蚀热防护技术。此外，为了降低飞行器发射成本，还要考虑头部前缘和机翼前缘的重复使用，目前欧美等发达国家的研究重点也是重复使用问题。

碳/碳复合材料能够在 2 000 ℃ 以上保持良好的机械性能，并且具有低密度、高强度、高比模量、低热膨胀系数、耐热冲击和耐烧蚀等诸多优点，尤其是材料的强度会随温度的升高而降低的独特性能，使其作为高超声速飞行器头部前缘和机翼前缘使用具有其他材料难以比拟的优势。采用带抗氧化涂层的碳/碳头部前缘和机翼前缘，不仅能够有效抵御 H_2、CO 和 CO_2 等气体的侵蚀，而且烧蚀率低、烧蚀均匀、构件表面无烧蚀台阶或凹坑，因而能够保持构件的气动外形，显著提高飞行器的可靠性和性能稳定性。然而，用抗氧化碳/碳复合材料作为高超声速飞行器的局部高温区域防热/结构一体化部件，其较高的热导率使内部诸多子系统，如航电系统、飞控系统、起落架第二能源系统和乘员舱等仍承受高温，不利于飞行器的安全性和可靠性。将抗氧化碳/碳复合材料和隔热材料结合使用是解决这一问题的有效途径，国外飞行器也基本采用此方案。

3.2 陶瓷基复合材料

▶▶▶ 3.2.1 陶瓷基复合材料的发展概况 ▶▶▶ ▶

20 世纪 70 年代初期，陶瓷作为一种新型高温材料受到广泛的重视，这是因为陶瓷材料具有强度高、熔点高、密度低、抗氧化、耐腐蚀和耐磨损等特点，这些优异的性能是一般常用金属材料、高分子材料及其他复合材料所不具备的。世界各国相继开展了陶瓷汽车发动机、柴油机和航空发动机等大规模高温陶瓷热机研究计划，出现了陶瓷热。但是，陶瓷材料由共价键或离子键构成，它具有本质的致命弱点——脆性，作为结构材料使用时它缺乏足够的可靠性，因此改善材料的脆性已经成为陶瓷材料领域亟待解决的问题之一。想要改善陶瓷材料的脆性，只有依靠非本质的韧化机制，因此需要将两种或两种以上陶瓷显微结构的组元复合起来，这类复合材料主要包括复相陶瓷和陶瓷基复合材料（ceramic matrix composites，CMC）。有学者将复相陶瓷也看作是一种陶瓷基复合材料。

早在 20 世纪 60 年代末，碳纤维增强无机玻璃基复合材料已被作为有损伤容限的材料使用，但是碳纤维在 400 ℃即发生氧化反应，限制了此类复合材料的开发。20 世纪 70 年代末和 80 年代初，Si-C-O 纤维的商品化促进了连续纤维增强陶瓷基复合材料的发展，但是高性能陶瓷纤维制备工艺复杂，价格昂贵且成本较高。颗粒弥散强化陶瓷基复合材料的性能虽然不如连续纤维陶瓷基复合材料的性能，但其工艺简单，易于制备形状复杂构件，在民用领域有着广泛的应用前景。

因晶须尺度与陶瓷颗粒尺度相近，晶须增韧补强陶瓷基复合材料，可以采用粉体烧结工艺来制备部件，工艺相对简单。这种复合材料的性能虽然比不上连续纤维增强复合材料的性能，但强于颗粒增强陶瓷基复合材料的性能，然而陶瓷晶须价格同样昂贵，成本较高。

近 20 年来，从陶瓷基复合材料的制备工艺、力学性能及强韧机理，到实际应用部件的开发，美国、日本和法国等发达国家先后投入了大量的人力、物力和财力，取得了一些突破性的进展，目前已步入实际应用阶段。它在航空航天器、地面燃气涡轮、轻型装甲、高速刹车和机械加工等领域均具有广泛的应用前景，如法国某制造商计划 21 世纪在幻影 2000 战斗机上安装陶瓷基复合材料高温热端部件。受美国国防部委托的国家科学研究院经过调查，在 2003 年发表的《面向 21 世纪国防需求的材料研究》报告中指出，就目前各种材料的发展状况，到 2020 年，只有复合材料才有潜力获得 20%～25% 的性能提升，其中陶瓷基复合材料和聚合物基复合材料的密度、刚度、强度、韧性和高温性能都将取得显著的改善，因而被列为最优先研究的材料。因此，陶瓷基复合材料被美国国防部列为重点发展的 20 项关键技术之首。

▶▶▶ 3.2.2 陶瓷基复合材料的分类及性能特点 ▶▶▶ ▶

CMC 是指在陶瓷基体中引入第二相材料，使其成为增强、增韧的多相材料，又可称为多相复合陶瓷（multiphase composite ceramic，MCC）或复合陶瓷。

陶瓷基复合材料可以分为纤维（或晶须）增韧（或增强）陶瓷基复合材料、异相颗粒弥散强化复相陶瓷基复合材料、原位生长陶瓷基复合材料、梯度功能陶瓷基复合材料和纳米陶瓷基复合材料 5 类。

①纤维(或晶须)增韧(或增强)陶瓷基复合材料。这类材料要求尽量满足纤维(或晶须)与基体陶瓷的化学相容性和物理相容性。化学相容性是指在制造和使用温度下纤维与基体两者不发生化学反应且不引起性能退化；物理相容性是指两者的热膨胀和弹性匹配，通常希望使纤维的热膨胀系数和弹性模量高于基体，使基体的制造残余应力为压缩应力。

②异相颗粒弥散强化复相陶瓷基复合材料。异相(即在主晶相基体中引入的第二相)颗粒有刚性(硬质)颗粒和延性颗粒两种，它们均匀弥散于陶瓷基体中，起增加强度和韧性的作用。刚性颗粒又称为刚性颗粒增强相，它是高强度、高硬度、高热稳定性和化学稳定性的陶瓷颗粒。刚性颗粒弥散强化陶瓷的增韧机制有裂纹分叉、裂纹偏转和钉扎等，可以有效提高断裂韧性。刚性颗粒增强的陶瓷基复合材料有很好的高温力学性能，是制造切削刀具、高速轴承和陶瓷发动机部件的理想材料。延性颗粒是金属颗粒，由于金属的高温性能低于陶瓷基体材料，因此延性颗粒增强的陶瓷基复合材料的高温力学性能不好，但可以显著改善中低温时的韧性。延性颗粒弥散强化陶瓷的增韧机制有裂纹桥联、颗粒塑性变形、颗粒拔出、裂纹偏转和裂纹在颗粒处终止等，其中裂纹桥联机制的增韧效果较显著。延性颗粒增韧陶瓷基复合材料可用于耐磨部件。

③原位生长陶瓷基复合材料(in situ growth ceramic matrix composite)。原位生长陶瓷基复合材料又称为自增强复相陶瓷。与前两种不同，这种陶瓷复合材料的第二相不是预先单独制备的，而是在原料中加入可生成第二相的元素(或化合物)，控制其生成条件，使在陶瓷基体致密化过程中，直接通过高温化学反应或相变过程，在主晶相基体中同时原位生长均匀分布的晶须或高长径比的晶粒或晶片，即增强相，形成陶瓷基复合材料。由于第二相是原位生成的，不存在与主晶相相容性不良的缺点，因此这种特殊结构的陶瓷基复合材料的室温和高温力学性能均优于同组分的其他类型复合材料。

④梯度功能陶瓷基复合材料(functionally gradient ceramic composite)。梯度功能复合陶瓷又称为倾斜功能陶瓷。初期的这种材料不全部是陶瓷，而是陶瓷与金属材料的梯度复合，以后又发展了两类梯度复合陶瓷。梯度是指从材料的一侧至另一侧，一类组分的含量渐次由 100% 减少到零，而另一类组分的含量则从零渐次增加到 100%，以适应部件两侧的不同工作条件与环境要求，并且减少可能发生的热应力。通过控制构成材料的要素(组成、结构等)由一侧向另一侧基本呈连续梯度变化，从而获得性质与功能相应于组成和结构的变化而呈现梯度变化的非均质材料，以减小和克服结合部位的性能不匹配。利用"梯度"概念，可以构思一系列新材料。这类复合材料融合了材料-结构、细观-宏观及基体-第二相的界限，是传统复合材料概念的新推广。

⑤纳米陶瓷基复合材料(nano-meter ceramic composite)。纳米陶瓷基复合材料是在陶瓷基体中含有纳米粒子第二相的复合材料，一般可分为以下 3 类。

a. 基体晶粒内弥散纳米粒子第二相。

b. 基体晶粒间弥散纳米粒子第二相。

c. 基体和第二相为纳米晶粒。

其中 a、b 不仅可改善室温力学性能，而且能改善高温力学性能；而 c 则可产生某些新功能，如加工性和超塑性。

▶▶▶ 3.2.3 陶瓷基复合材料的制备工艺 ◀◀◀

1. 陶瓷基复合材料的制备方法

现代陶瓷材料具有耐高温、耐磨损、耐腐蚀和质量小等诸多优良的性能，但是，陶瓷材料同时也具有致命的缺点，即脆性，这一弱点正是目前陶瓷材料的使用受到很大限制的主要原因。因此，陶瓷材料的韧性化问题便成了近年来陶瓷工作者研究的一个重点问题。现在这方面的研究已取得了初步进展，探索出了若干种韧化陶瓷的途径。其中，向陶瓷材料中加入起增韧作用的第二相而制成陶瓷基复合材料即是一种重要方法。陶瓷基复合材料的制备方法有如下 9 种。

①粉末冶金法。粉末冶金法的制备过程如下：原料(陶瓷粉末、增强剂、黏结剂和助烧剂)→均匀混合(球磨、超声等)→冷压成形→热压烧结，该方法的关键是均匀混合和热压烧结过程防止因体积收缩而产生裂纹。

②浆体(湿态)法。为了克服粉末冶金法中各组元混合不均匀的问题，采用了浆体(湿态)法制备陶瓷基复合材料，其制备过程如图 3.6 所示。其混合体为浆体形式，混合体中各组元保持散凝状，即在浆体中呈弥散分布，这可通过调整水溶液的 pH 值来实现。对浆体进行超声波振动搅拌则可进一步改善弥散性，弥散的浆体可直接浇铸成形或热(冷)压后烧结成形，该方法适用于颗粒、晶须和短纤维增韧陶瓷基复合材料。采用浆体(湿态)法可制备连续纤维增韧陶瓷基复合材料，该方法制备的复合材料纤维分布均匀，气孔率低。

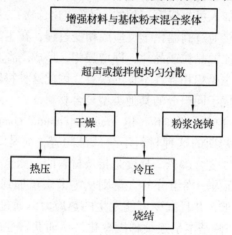

图 3.6 浆体(湿态)法制备陶瓷基复合材料的过程

③反应烧结法。反应烧结法制备陶瓷基复合材料的过程如图 3.7 所示，用此方法制备陶瓷基复合材料，除基体材料几乎无收缩外，还具有以下优点。

a. 增强剂的体积分数可以相当大。

b. 可用多种连续纤维预制体。

c. 大多数陶瓷基复合材料的反应烧结温度低于陶瓷的烧结温度，因此可避免纤维的损伤。

此方法的最大缺点是高气孔率难以避免。

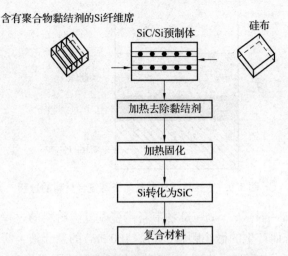

图3.7 反应烧结法制备陶瓷基复合材料的过程

④液态浸渍法。液态浸渍法制备陶瓷基复合材料的过程如图3.8所示，用此方法制备陶瓷基复合材料，化学反应、熔体黏度、熔体对增强材料的浸润性是首要考虑的问题，这些因素直接影响材料的性能。陶瓷熔体可通过毛细作用渗入增强剂预制体的孔隙，施加压力或抽真空将有利于浸渍过程。假如预制体中的孔呈一束束有规则间隔的平行通道，则可通过 Poiseuille 方程计算浸渍高度 h，即

$$h = \sqrt{\gamma rt\cos\theta/(2\eta)} \tag{3.1}$$

式中，r 为圆柱形孔隙管道半径；t 为时间；γ 为浸渍剂的表面能；θ 为接触角；η 为黏度。

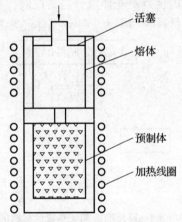

图3.8 液态浸渍法制备陶瓷基复合材料的过程

⑤直接氧化法。直接氧化法制备陶瓷基复合材料的过程如图3.9所示。按部件形状制备增强剂预制体，将隔板放在其表面上以阻止基体材料的生长，熔化的金属在氧气的作用下，发生直接氧化反应形成所需的反应产物。由于氧化产物中空隙管道的液吸作用，熔化金属会连续不断地供给生长前沿。制备原理如式(3.2)和式(3.3)所示。

$$Al+空气 \longrightarrow Al_2O_3 \tag{3.2}$$

$$Al+氮气 \longrightarrow AlN \tag{3.3}$$

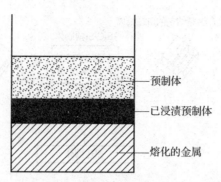

预制体

已浸渍预制体

熔化的金属

图 3.9　直接氧化法制备陶瓷基复合材料的过程

⑥溶胶-凝胶(sol-gel)法。sol-gel 法制备陶瓷基复合材料的过程如图 3.10 所示。溶胶是由于化学反应沉积而产生的微小颗粒(直径<100 nm)的悬浮液;凝胶(gel)是水分减少的溶胶,即比溶胶黏度大的胶体。sol-gel 法是指金属有机或无机化合物经溶液、溶胶和凝胶等过程而固化,再经热处理生成氧化物或其他化合物固体的方法。该方法可控制材料的微观结构,使均匀性达到微米、纳米甚至分子量级水平。

sol-gel 法制备陶瓷基复合材料原理如式(3.4)和式(3.5)所示。

$$Si(OR)_4 + 4H_2O \longrightarrow Si(OH)_4 + 4ROH \tag{3.4}$$

$$Si(OH)_4 \longrightarrow SiO_2 + 2H_2O \tag{3.5}$$

使用这种方法,可将各种增强剂加入基体溶胶中搅拌均匀,当基体溶胶形成凝胶后,这些增强组元稳定、均匀地分布在基体中,经过干燥或一定温度热处理,然后压制煅烧形成相应的复合材料。sol-gel 法的优点是基体成分容易控制,复合材料的均匀性好,加工温度较低;其缺点是所制的复合材料收缩率大,导致基体经常发生开裂。

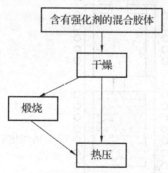

含有强化剂的混合胶体

干燥

煅烧

热压

图 3.10　sol-gel 法制备陶瓷基复合材料的过程

⑦化学气相浸渍(CVI)法。用 CVI 法可制备硅化物、碳化物、氮化物、硼化物和氧化物等陶瓷基复合材料。由于制备温度比较低,无须外加压力,因此材料内部残余应力小,纤维几乎不受损伤;其缺点是生长周期长、效率低、成本高、材料的致密度低等。CVI 法可分为静态化学气相浸渍(ICVI)法和强制流动热梯度化学气相浸渍(FCVI)法。

静态化学气相浸渍(ICVI)法又称为静态法,是将被浸渍的部件放在等温的空间,反应物气体通过扩散渗入多孔预制件内,发生化学反应并沉积,而副产物气体再通过扩散向外散逸,其制备过程如图 3.11 所示。在 ICVI 过程中,传质过程主要是通过气体扩散来进行,因此过程十分缓慢,并且仅限于一些薄壁部件。降低气体的压力和沉积温度有利于提高浸渍深度。

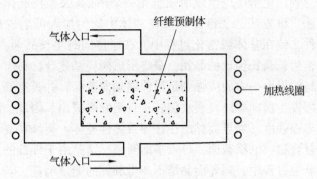

图 3.11 CVI 法制备陶瓷基复合材料的过程

强制流动热梯度化学气相浸渍（FCVI）法作为一种制备碳基与陶瓷基复合材料的新工艺，克服了传统 CVI 法中气体扩散传输与预制体渗透性的限制，可在短时间内制备密度均匀、性能优良的部件，其制备过程如图 3.12 所示。

在纤维预制件内施加一个温度梯度，同时还施加一个反向的气体压力梯度，迫使反应气体强行通过预制件。在低温区，由于温度低而不发生反应，反应气体到达温度较高的区域后发生分解并沉积，在纤维上和纤维之间形成基体材料。在此过程中，沉积界面不断由预制件的顶部高温区向低温区推移。温度梯度和压力梯度的存在，避免了沉积物将空隙过早的封闭，提高了沉积速率。

FCVI 的传质过程通过对流来实现，该方法可用来制备厚壁部件，但不适合制作形状复杂的部件。此外，在 FCVI 过程中，基体沉积是在一个温度范围内，必然会导致基体中不同晶体结构的物质共存，从而产生内应力并影响材料的热稳定性。

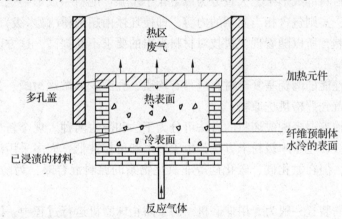

图 3.12 FCVI 法制备陶瓷基复合材料的过程

⑧聚合物先驱体热解法。聚合物先驱体热解法以高分子聚合物为先驱体，成形后使高分子先驱体发生热解反应转化为无机物质，然后再经高温烧结制备成陶瓷基复合材料。此方法可精确控制产品的化学组成、纯度以及形状，最常用的高聚物是有机硅（聚碳硅烷等）。该方法一般有两种制备过程。

a. 制备增强剂预制体→浸渍聚合物先驱体→热解→再浸渍→再热解。

b. 陶瓷粉+聚合物先驱体→均匀混合→模压成形→热解。

⑨原位复合法。利用化学反应生成增强组元-晶须或高长径比晶体来增强陶瓷基体的工艺称为原位复合法。该方法的关键是在陶瓷基体中均匀加入可生成晶须的单质或化合物，控制其生长条件，使在基体致密化过程中，在原位同时生长晶须；或控制烧结工艺，在陶瓷液相烧结时，生长高长径比的晶相，最终形成陶瓷基复合材料。

陶瓷基复合材料的界面一方面应强到足以传递轴向载荷，并具有高横向强度；另一方面要弱到足以沿界面发生横向裂纹及裂纹偏转，直到纤维拔出。因此，陶瓷基复合材料界面要有一个最佳的界面强度。强界面黏结往往导致脆性破坏，裂纹在复合材料的任一部位形成并迅速扩展至复合材料的横截面，导致平面断裂。这是由于纤维的弹性模量不是大大高于基体，因此在断裂过程中，强界面黏结不产生额外的能量消耗。若界面黏结较弱，基体的裂纹扩展到纤维，将导致界面脱黏，发生裂纹偏转、裂纹桥联、纤维断裂，以致最后纤维拔出。

纤维增强陶瓷基复合材料的性能取决于多种因素，如基体致密程度、纤维的氧化损伤以及界面黏结效果等，这些因素都与其制备和加工工艺有关。目前采用的纤维增强陶瓷基复合材料的制备工艺有热压烧结法和浸渍法。热压烧结法是将长纤维切短至 3 mm，然后分散并与基体粉末混合，再用热压烧结的方法即可制备高性能的复合材料。这种方法纤维与基体之间的黏结较好，是目前采用较多的方法。浸渍法适用于长纤维，首先把纤维编织成所需形状，然后用陶瓷泥浆浸渍，干燥后进行烧结。这种方法的优点是纤维取向可自由调节，可对纤维进行单向排布及多向排布等，缺点则是不能制备大尺寸的制品，所得制品的致密度较低。

2. 陶瓷基复合材料的成形工艺

陶瓷基复合材料的成形工艺大致分为以下 4 个步骤：配料→成形→烧结→精加工，这一过程看似简单，实则包含相当复杂的内容。即使坯体由超细粉（微米级）原料组成，其产品质量也不易控制，所以随着现代科技对材料提出的要求不断提高，这方面的研究还需要进一步深入。

①配料。高性能的陶瓷基复合材料应具有均质、孔隙少的微观组织。为了得到这样品质的材料，必须首先严格挑选原料。

把几种原料粉末混合配成坯料的方法可分为干法和湿法两种。现今新型陶瓷领域混合处理加工的微米级、超微米级粉末方法，由于效率和可靠性低，大多采用湿法。湿法主要采用水作为溶剂，但在氮化硅、碳化硅等非氧化物系的原料混合时，为防止原料的氧化，则使用有机溶剂。

原料混合时的装置一般为专用球磨机。为了防止球磨机运行过程中，因陶瓷球和内衬磨损而作为杂质混入原料中，最好采用与加工原料材质相同的陶瓷球和内衬。

②成形。混好后的料浆在成形时有 3 种不同的情况。

a. 经一次干燥制成粉末坯料后供给成形工序。

b. 把黏结剂添加于料浆中，不干燥坯料，保持浆状供给成形工序。

c. 用压滤机将料浆状的粉脱水后成为坯料供给成形工序。

将上述的干燥粉料充入模型内，加压后即可成形。通常有金属模成形法、橡胶模成形法、注浆成形法和挤压成形法等。

金属模成形法具有装置简单、成形成本低廉的优点，但它的加压方向是单向的。粉末与金属模壁的摩擦力较大，粉末间传递压力不太均匀，容易造成烧成后的生坯变形或开裂，只能适合制备形状较为简单的制件。

橡胶模成形法是用静水压从各个方向均匀加压于橡胶模来成形，故不会发生生坯密度不均匀和具有方向性之类的问题。由于在成形过程中，毛坯与橡胶模接触而压成生坯，故难以制成精密形状，通常还要用刚玉对细节部分进行修整。

注浆成形法是具有十分悠久历史的陶瓷成形方法。它是将料浆浇入石膏模内，静置片刻，料浆中的水分被石膏模吸收，然后除去多余的料浆，将生坯和石膏模一起干燥，生坯干燥后保持一定的强度，并且从石膏中取出。这种方法可成形壁薄且形状复杂的制品。

挤压成形法是把料浆放入压滤机内挤出水分，形成块状后，从安装各种挤形口的真空挤出成形机挤出成形的方法，它适用于断面形状简单的长条形坯件的成形。

③烧结。从生坯中除去黏结剂组分后的陶瓷素坯烧固成致密制品的过程称为烧结。为了烧结，必须有专门的窑炉。窑炉的种类繁多，按其功能划分为间歇式和连续式。

间歇式窑炉的特点是放入窑炉内生坯的硬化、烧结、冷却及制品的取出等工序是间歇地进行。间歇式窑炉不适合大规模生产，但具有适合处理特殊大型制品或长尺寸制品的优点，而且烧结条件灵活，筑炉价格也比较便宜。

连续式窑炉适用于大批量制品的烧结，由预热、烧结和冷却3个部分组成。把装生坯的窑车从窑的一端以一定时间间歇推进，窑车沿导轨前进，沿着窑内设定的温度分布，经预热、烧结、冷却过程后，从窑的另一端取出成品。

④精加工。由于高精度制品的需求不断增多，因此烧结后的很多制品还需要进行精加工。精加工的目的是提高烧成品的尺寸精度和表面平滑性，前者主要用金刚石砂轮进行磨削加工，后者则用磨料进行研磨加工。

以上是陶瓷基复合材料制备工艺的4个主要步骤，但实际情况通常较为复杂。陶瓷与金属的一个重要区别也在于它对制造工艺中的微小变化特别敏感，而这些微小的变化在最终烧成产品前是很难察觉的。陶瓷制品一旦烧结结束，发现产品质量存在问题时则为时已晚，而且由于工艺路线很长，要查找原因十分困难，这就使实际经验的积累变得越发重要。

陶瓷的制备质量和其制备工艺有很大的关系。在实验室规模下能够稳定重复制造的材料，在扩大的生产规模下常常难于重现；在生产规模下可能重现的陶瓷材料，常常在原材料波动和工艺装备有所变化的条件下难于重现。这是陶瓷制备中的关键问题之一，先进陶瓷制品的一致性，则是它能否大规模推广应用的关键问题之一。

▶▶▶ 3.2.4　陶瓷基复合材料在兵器工业中的应用 ▶▶▶

陶瓷基复合材料最突出的优点是轻质、耐高温、抗氧化和抗腐蚀，作为高温结构材料有着不可替代的作用，随着设计与制备技术的发展，其应用也逐渐向兵器工业领域发展。

1. 陶瓷基复合材料在火箭发动机上的应用

采用 C/SiC 和 SiC/SiC 陶瓷基复合材料制备液体火箭发动机推力室，可以减轻发动机结构质量，提高发动机工作温度，简化发动机结构设计，从而大幅度提升发动机整体性能。美国、法国、德国、日本等经济和科技强国，已在国际上率先开展了陶瓷基复合材料推力室的制备及应用研究。

阿里安Ⅳ第三级液氢/液氧推力室喷管是 SEP 公司以 NOVOLTEX 为预制增强体，采用 CVI 致密化工艺制造的 C/SiC 整体喷管。该喷管长 1 016 mm，出口锥直径为 940 mm，质量为 25 kg。同质量为 75 kg 的合金喷管相比，其惰性质量大大降低，为飞行器提供了大约 50 kg 的有效载荷。1989 年，该发动机成功进行了两次高空模拟点火试验，喷管入口温度大于 1 800 ℃，工作时间为 900 s，充分验证了 C/SiC 喷管的可靠性和潜在的应用前景。同时，SEP 公司用特殊螺旋形结构的 C 纤维织物与 SiC 基体，制成了牌号为 SEPCARBINOX 的耐火陶瓷基复合材料(FR-CMC)叶片和内外喷管瓣，其材料密度达到 2.1 g/cm³。这种材料抗热震性好，并可制成任意形状的制品。

2. 陶瓷基复合材料在军用飞机上的应用

先进军用飞机的发展目标是大幅度提高发动机的推重比，降低油耗，提高机敏性及作战能力。当发动机的推重比提高到 10 时，涡轮前进口温度高达 1 650 ℃，在这样高的工作温度下，现有的高温合金和金属间化合物材料已无法满足要求，只能选用陶瓷基复合材料和碳/碳复合材料。由于陶瓷基复合材料的密度只有高温合金的 1/4 ~ 1/3，因此能大大降低军用飞机的质量和油耗。由美国国防部(DOD)制定的高性能军用飞机综合计划明确指出，陶瓷基复合材料的研制目标是将使用温度提高到 1 650 ℃甚至更高。与陶瓷材料相比，陶瓷基复合材料具有韧性高、抗突发性破坏能力强、耐高温、密度低、线膨胀系数低等特点，被美国国防部列为 20 项关键技术之首。

陶瓷基复合材料在军用飞机上的主要应用目标部件是涡轮叶片、涡轮外环、导向叶片、火焰稳定器、燃烧室内衬和尾喷管调节片等。SiC/SiC 陶瓷基复合材料在中等载荷静止件上的应用已经取得成功，在 1 200 ℃没有气体冷却条件下，寿命已经达到 1 000 h。法国 Snecma 公司于 20 世纪 80 年代初就尝试在 M88 发动机上应用陶瓷基复合材料的尾喷管调节片，其研制的 C/SiC 复合材料尾喷管调节片于 1989 年装机试飞成功，1996 年正式在"阵风"战斗机的 M88-2 航空发动机上服役使用。与 Inconel 718 高温合金相比，使用 C/SiC 复合材料不仅减重效果达到 50%，而且使用寿命更长。美国 GE 公司联手 Allison 公司开发并验证了 Hi-Nicalon 纤维增强的(纤维占 40%)碳化硅陶瓷基复合材料燃烧室火焰筒，该燃烧室壁可以承受 1 589 K 温度，并与由 Lamilloy 结构材料加工的外火焰筒一起组成了先进的柔性燃烧室。

3. 陶瓷基复合材料在飞行器热防护系统上的应用

在飞行器再入大气过程中，由于强烈的气动加热，飞行器的头锥和机翼前缘的温度高达 1 650 ℃，所以在航天飞行器表面采用热防护系统是其可重复使用的有效方法。热防护系统是航天飞行器的四大关键技术之一。第一代热防护系统的设计师采用防热结构分开的系统，即冷结构外部加热防护系统。近年来，抗氧化 C/C 和 C/SiC 复合材料的发展，使飞行器的承载结构和防热实现了一体化(热结构设计)。这种新型设计思想有利于减轻结构质量和更新传统结构，尤其是"哥伦比亚"号热防护系统失效造成的机毁人亡事件后，C/SiC 陶瓷基复合材料更受关注，其在航天飞行器热防护系统上的应用部件是头锥、机翼前缘、控制舵前缘、机身襟翼和面板等。

4. 陶瓷基复合材料在核聚变第一壁上的应用

SiC/SiC 复合材料具有优异的高温性能，作为核聚变第一壁结构材料，在以氢气为冷却介质的系统中运行在 800 ℃ 的高温下，能极大地提高能源系统的热效率。SiC 本身是一种固有的低中子活化材料，因此同金属型结构材料相比，它具有安全、便于维护和放射性处理等优势。

5. 陶瓷基复合材料在导弹端头帽和卫星天线窗框上的应用

20 世纪 60 年代后期，美国将碳纤维增韧石英玻璃基复合材料用在兵器工业中。20 世纪 70 年代初期，上海硅酸盐研究所率先在我国研制出碳纤维增韧石英玻璃基复合材料，并成功地用于导弹端头帽和卫星天线窗框。20 世纪 90 年代中期，哈尔滨工业大学又成功研制出短切纤维增韧石英玻璃复合材料，也被用作透波型和不透波型导弹端头帽的候选材料，并解决了复合材料致密化和石英玻璃析晶之间的矛盾。

3.3　聚合物基复合材料

▶▶▶ 3.3.1　聚合物基复合材料的发展概况 ▶▶▶

聚合物基复合材料（polymer matrix composites，PMC）是指以有机聚合物（主要以热固性树脂和热塑性树脂）为基体制成的复合材料。该材料最早于 1932 年出现在美国，1940 年以手糊成形工艺制成了玻璃纤维增强聚酯的军用飞机的雷达罩，其后不久，美国莱特-帕特森空军发展中心设计制造了一架以玻璃纤维增强树脂为机身和机翼的飞机，并于 1944 年 3 月在莱特-帕特森空军基地试飞成功，从此纤维增强复合材料开始受到军界和工程界的关注。第二次世界大战以后这种材料迅速扩展到民用，发展很快。1946 年，纤维缠绕成形技术在美国出现，为纤维缠绕压力容器的制造提供了技术储备。1949 年，玻璃纤维预混料研究成功并制出了表面光洁，尺寸、形状准确的复合材料模压件。1950 年，真空袋和压力袋成形工艺研究成功，并制成直升机的螺旋桨。20 世纪 60 年代，美国利用纤维缠绕成形技术，制造出北极星、土星等大型固体火箭发动机的壳体，为航天技术开辟了轻质高强结构的最佳途径。在此期间，玻璃纤维-聚酯树脂喷射成形技术得到了应用，使手糊成形工艺的质量和生产效率大为提高。1961 年，片状模塑料（sheet molding compound，SMC）在法国问世，利用这种技术可制出大幅面表面光洁，尺寸、形状稳定的制品，如汽车、船的壳体以及卫生洁具等大型制件，从而扩大了树脂基复合材料的应用领域。1963 年前后，美、法、日等国先后开发了高产量、大幅宽、连续生产的玻璃纤维复合材料板材生产线，使复合材料制品形成了规模化生产。拉挤成形工艺的研究始于 20 世纪 50 年代，20 世纪 60 年代中期实现了连续化生产，20 世纪 70 年代产生了重大的突破。20 世纪 70 年代树脂反应注射成形（reaction injection molding，RIM）和增强树脂反应注射成形（reinforced reaction injection molding，RRIM）两种技术研究成功，进一步改善了手糊成形工艺，使产品表面光洁，现已大量用于卫生洁具和汽车的零件生产。1972 年，美国 PPG 公司研究成功热塑性片状模型料成形技术，1975 年投入生产。这种复合材料最大特点是改变了热固性基体复合

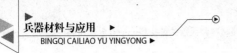
材料生产周期长、废料不能回收问题，并能充分利用塑料加工的技术和设备，因而发展得很快。制造管状构件的工艺除缠绕成形外，20 世纪 80 年代又发展了离心浇铸成形法，英国曾使用这种工艺生产 10 m 长的复合材料电线杆、大口径受外压的管道等。

中国复合材料的研究始于 1958 年，首先用于国防配套的军工制品，包括火箭发动机壳体、导弹头部、火箭筒、枪托、炮弹引信、高压气瓶、飞机螺旋桨等。研究初期，曾引进捷克的不饱和聚酯树脂(UPR)和苏联的酚醛模压与卷管技术。进入 20 世纪 60 年代，我国已基本掌握成形、层压、模压、布带缠绕、纤维缠绕工艺及设备设计技术，并自行研制成功纤维缠绕理论及卧式、立式、行星式纤维缠绕机及相关产品。20 世纪 70 年代以后，玻璃钢复合材料逐渐转向民用。1981 年复合材料的年产量为 $1.5×10^4$ t，1986 年达到 $6.5×10^4$ t，年增长率为 13%。如今，通过自主创新与吸收国际先进技术，聚合物基复合材料在中国已成为星罗棋布的朝阳产业，其制造技术也由原来的手糊成形工艺逐步向机械化转变。神舟飞船上天，其返回舱主承力结构、低密度 SMC 等玻璃纤维增强塑料(FRP)件荣获国家科技进步二等奖，标志着我国复合材料科学技术已跻身世界先进水平。由我国自主开发的纤维缠绕管道制造方面的专利有 30 多项，新疆某输水重点工程成功地采用了 $\phi3.1$ m 玻璃钢管，单管长 12 m，重 16 t，工程一次安装通水成功无泄漏。

▶▶▶| 3.3.2　聚合物基复合材料的分类及性能特点 ▶▶ ▶

聚合物基复合材料通常是按照基体树脂和增强相的种类进行分类的。就加工性能而言，树脂种类可划分为热塑性树脂和热固性树脂两大类；就几何形状而言，增强相可分为纤维型和颗粒型两大类。此外，还有颗粒和纤维同时填充的增强树脂，称为混合复合聚合物材料体系，聚合物基复合材料的分类如图 3.13 所示。

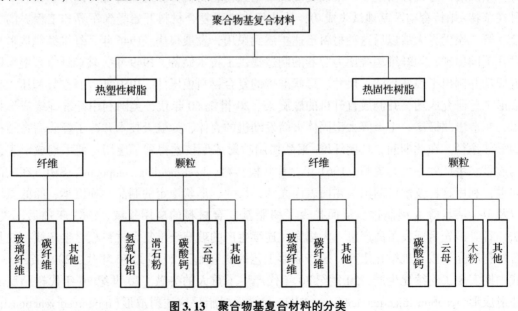

图 3.13　聚合物基复合材料的分类

聚合物基复合材料的性能特点如下。

1. 比强度、比模量高

聚合物基复合材料的突出优点是比强度高、比模量高。比强度是材料的强度与密度之比值，比模量是材料的模量与密度之比值，其量纲均为长度。在质量相等前提下，它们是衡量材料承载能力和刚度特性的指标，对于在空中或太空中工作的航空航天材料来讲，无疑是非常重要的力学性能。碳纤维树脂基复合材料表现了较高的比模量和比强度，复合材料的高比强度和高比模量来源于增强纤维的高性能和低密度。玻璃纤维由于模量相对较低、密度较高，其玻璃纤维树脂基复合材料的比模量略低于金属材料。

2. 耐疲劳性能好，破损安全性能高

金属材料的疲劳破坏常常是没有明显征兆的突发性破坏。复合材料中纤维与基体的界面能阻止裂纹扩展，其疲劳破坏总是从纤维的薄弱环节开始，裂纹扩展或损伤逐步进行，时间长，破坏前有明显预兆。大多数金属材料的疲劳强度极限是其抗拉强度的 30% ~ 50%，而碳纤维/聚酯复合材料的疲劳强度极限是其抗拉强度的 70% ~ 80%。

复合材料的破坏不像传统材料那样，由于主裂纹的失稳扩展而突然发生，而是经历基体开裂、界面脱黏、纤维拔出、断裂等一系列损伤的发展过程。基体中有大量独立的纤维，是力学上典型的静不定体系。当少数纤维发生断裂时，其失去部分载荷又会通过基体的传递而迅速分散到其他完好的纤维上去，复合材料在短期内不会因此而丧失承载能力。内部有缺陷、裂纹时，也不会突然发展而断裂。

3. 阻尼减振性好

受力结构的自振频率除了与结构本身形状有关以外，还同结构材料的比模量平方根成正比，所以复合材料有较高的自振频率，其结构一般不易产生共振。同时，复合材料基体与纤维的界面有较大吸收振动能量的能力，致使材料的振动阻尼很高，即使振动起来，在较短时间内也能够停下来。

4. 具有多种功能性

①瞬时耐高温、耐烧蚀性好。玻璃钢的热导率只有金属材料的1%，同时可制成具有较高比热容、熔融热和汽化热的材料，可用于导弹头锥的耐烧蚀防护材料。

②优异的电绝缘性能和高频介电性能。玻璃钢是性能优异的高频绝缘材料，同时具有良好的高频介电性能，可用于雷达罩的高频透波材料。

③良好的摩擦性能。碳纤维具有低摩擦因数和自润滑性，其复合材料具有良好的摩阻特性和减摩特性。

④优良的耐腐蚀性。

⑤特殊的光学、电学和磁学特性。

5. 良好的加工工艺性

①可以根据制品的使用条件、性能要求选择纤维、基体等原材料，即材料具有可设计性。

②可以根据制品的形状、大小、数量选择加工成形方法。

③可整体成形，减少装配零件的数量，节省工时，节省材料，减小质量。

6. 各向异性和性能的可设计性

纤维复合材料一个突出的特点是各向异性，与之相关的是性能的可设计性。纤维复合材料的力学、物理性能除了由纤维、树脂的种类和体积含量而定外，还与纤维的排列方向、铺层次序和层数密切相关。因此，可以根据工程结构的载荷分布及使用条件的不同，选取相应的材料及铺层设计来满足既定的要求。利用这一特点，可以实现制件的优化设计，做到安全可靠、经济合理。

聚合物基复合材料也存在一些缺点和问题，如工艺方法的自动化、机械化程度低，材料性能的一致性和产品质量的稳定性差，质量检测方法不完善，长期耐高温和环境老化性能不好等。这些问题也正是需要研究解决的，继而推动复合材料的发展，使之日渐成熟。

▶▶▶ ▌3.3.3 聚合物基复合材料的制备工艺 ▶▶ ▶

聚合物材料又称为高分子材料，是以高分子化合物为主要成分，与各种添加剂相互配合，经加工后合成的有机合成材料。高分子化合物因其分子量大而得名，材料的很多优良性能是因其分子量大而得来的。高分子基复合材料的制造与传统的金属材料的制造是完全不同的，除少数产品以外，金属材料的制造基本上可以说是原材料的制造，各种产品是利用原材料的金属材料经过加工而制成的。与此相比，大部分高分子基复合材料的制造，实际上是把复合材料的制造和产品的制造融合为一体。高分子基复合材料的原材料是纤维等增强相和高分子基体材料，高分子基复合材料的制造主要涉及怎样把纤维等增强相均匀地分布在基体的树脂中，怎样按产品设计的要求实现成形、固化等。因此，同金属材料的制造相比，高分子基复合材料的制造有很大的灵活性。根据增强相和基体材料种类的不同，需要应用不同的制造工艺和方法。

高分子基复合材料的制造方法有很多，常见的可以按基体材料的不同分为两类：一类是热固性复合材料的制造方法，其中主要有手糊成形法、喷射成形法、压缩成形法、注射成形法、片状模塑料压缩成形法、树脂传递模塑成形及树脂膜熔渗法、真空热压成形法、纤维缠绕成形法、拉挤成形法；另一类是热塑性复合材料的制造方法，类似于热固性复合材料的制造方法，其中主要有压缩成形法、注射成形法、树脂传递模塑成形及树脂膜熔渗法、真空热压成形法、纤维缠绕成形法等。由此可见，两类复合材料的制造方法有很多类似之处。各种成形法有各自的特点，采用时可根据产品的质量、成本、纤维和树脂的种类来选择适当的成形法。当然根据基体材料的不同，即使成形方法一样，相应的加压、加热的条件和过程也会有些不同。

1. 手糊成形

手糊成形是树脂基复合材料生产中最早使用，且最简单的一种工艺方法，其工艺流程如图 3.14 所示。此法在涂好脱模剂的模具上，手工一面铺设增强材料一面涂刷树脂，直到所需厚度为止，然后经过固化、脱模而得到制品。用手糊成形可生产风机叶片、汽车壳体、大型雷达天线罩、设备防护罩、飞机蒙布、机翼、火箭外壳等大中型零件。目前，世界各国的树脂基复合材料成形工艺中手糊成形工艺仍占相当重要的比例，复合材料制品产量居世界第二位的日本，手糊成形制品占 50% 以上。

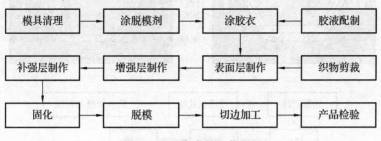

图 3.14 手糊成形工艺流程

固化成形手糊成形制品通常是采用无压常温固化，制品从凝胶到具备一定硬度和定形，一般需要较长的固化时间，成形后达到脱模强度通常要用 24 h，若需达到更高的使用强度，固化时间要长达一个月之久。当制品固化到脱模强度时便可进行脱模，脱模后的制品要进行机械加工，去除飞边、毛刺，修补表面和内部缺陷。机械加工尽量采用玻璃纤维增强砂轮片或金刚砂轮片进行切割，同时可以用水喷淋冷却，防止粉尘飞扬。加工尺寸要求不太高的制品可以在树脂还未完全硬透时，用锋利的铲刀把多余的边料毛刺铲除。制品如需涂漆，应在树脂充分固化后进行。涂漆之前要将脱模剂去除干净，然后按涂漆工艺施工。手糊成形热固性树脂基复合材料制品的厚度是影响制品性能的主要参数，制品壁厚太大会引起制品超重，若是手糊汽车车体或船体，会严重影响其机动性，无法满足设计和实际使用要求；如果壁厚太小，制品的力学性能很难满足其实际使用性能，甚至造成制品报废。因此对热固性树脂基复合材料制品壁厚的控制十分重要。正确控制制品壁厚的方法或公式为

$$厚度工艺系数 = 实际厚度 / 设计厚度$$

厚度工艺系数大于 1，称为超厚；厚度工艺系数小于 1，则称为厚度不足。制品的设计厚度准确与否是控制厚度的前提条件，设计厚度应与实际工艺水平相适应。

2. 模压成形

模压成形又称为压制成形，其基本原理是将模塑料（粉料、粒料、碎屑或纤维预浸料等）置于阴模型腔内，合上阳模，借助压力和热量作用，使物料熔化充满型腔，形成与型腔形状相同的制品，再经过加热使其固化，冷却后脱模，便制得模压产品，其基本制备原理如图 3.15 所示。模压成形技术是热固性树脂基复合材料和某些热塑性树脂基复合材料品种主要的成形加工法。与其他成形工艺相比，模压成形设备和模具较为简单，投资相对偏低，空间、面积占有量少，工艺技术十分成熟且实践经验丰富；制品致密、质量高、收缩率低、精度高、几何性能匀称、尺寸稳定性较好。然而，模压成形工艺生产周期长，效率低、劳动强度大，不易实现机械化或自动化生产，而且制品质量重复性差，难以成形厚壁制品、装有细小而薄嵌件的制品、具有深孔的制品以及结构和形状复杂的制品等。模压成形工艺适用于热固性树脂，如酚醛、环氧、氨基、不饱和聚酯和聚酰亚胺等树脂，以及某些热塑性树脂制品的加工生产。模压成形使用的主要设备是压机和模具。压机最常用的是自给式液压机，其吨位从几十到几百吨不等，有上压式压机、下压式压机和转盘式压机等。其模具分为 3 种：溢料式模具、半溢料式模具和不溢料式模具。

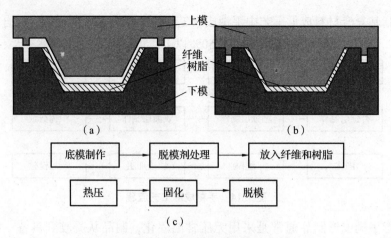

图 3.15　模压成形法的基本制备原理

（a）将纤维和树脂等放入底模；（b）加热、加压后成形；（c）工艺流程

3. 纤维缠绕成形

纤维缠绕成形工艺流程如图 3.16 所示，其基本原理是将连续的纤维浸渍树脂胶液后，在一定的张力作用下，按照一定的规律缠绕到芯模上，然后通过加热或常温固化成形，制成具有一定形状制品的工艺技术。在缠绕过程中，对芯模（又称为模具）旋转速度与输送纤维运动之间的相互关系进行调节，可制得各种缠绕形式的制品。纤维缠绕成形通常适用于制造圆柱体、圆筒体、球体和某些正曲率回转体制品。在国防工业中，可用于制造导弹壳体、火箭发动机壳体、枪炮管等。这些制品大都以高性能纤维为增强材料，树脂基体以环氧树脂居多。根据缠绕时树脂所具备的物理、化学状态不同，在生产上将纤维缠绕成形又分为干法、湿法和半干法 3 种缠绕形式。

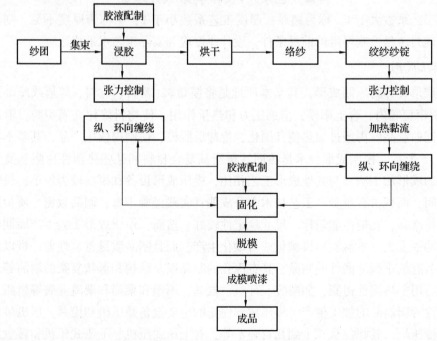

图 3.16　纤维缠绕成形工艺流程

4. 喷射成形

喷射成形是把短切纤维增强材料与树脂体系同时喷涂到型腔内，然后固化成热固性复合材料制品的一种成形工艺，其工艺流程如图 3.17 所示。喷射成形将含有促进剂的树脂体系和含有引发剂的树脂体系分别从喷枪的两个喷嘴中喷涂到型腔内，与此同时也运用喷枪上的切割器将连续纤维切成 25 mm 左右的短纤维，待喷涂到规定的厚度，便可利用辊筒滚压，将其压实，固化成形，其中制品纤维的质量分数控制在 30% ~ 40% 为宜。

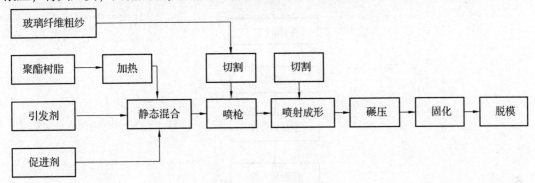

图 3.17　喷射成形工艺流程

喷射成形多采用不饱和聚酯树脂系统，环境温度以 25±5 ℃ 为宜。温度过高，树脂固化加快，容易引起管道堵塞；温度过低，树脂黏度大，不易混合均匀且制品的固化速度慢。喷射成形时，先开树脂开关，在模具上喷一层树脂，然后开动切割器，开始喷射纤维和树脂的混合物。喷一层纤维和树脂后需立即用辊筒滚压，使之压实、浸渍并排出气泡。滚压时要注意棱角和凸凹表面，必要时可用热辊滚压，但温度不能太高。喷枪喷射时，移动速度要均匀，注意喷满模具的整个工作面，不漏喷。每喷一层(指未压实的)，厚度应小于 10 mm，喷射第一层、第二层和最后一层时，应喷得薄一些，以便制品获得较光滑的内外表面。喷射完毕，所用容器、管道、喷枪、压辊要彻底清洗干净，以免残存的树脂固化，损坏设备和工具。

5. 树脂传递模塑成形及树脂膜熔渗

树脂传递模塑(resin transfer moulding，RTM)成形是从湿法铺层和注塑工艺中演变而来的一种新的复合材料成形工艺，其基本工艺过程为：将液态热固性树脂及固化剂，由计量设备分别从储桶内抽出，经静态混合器混合均匀，注入事先铺有玻璃纤维增强材料的密封模内，经固化、脱模、后续加工而成制品，工艺流程如图 3.18 所示。它是一种适宜多品种、中批量、高品质复合材料制品的低成本技术。由于不采用预浸料，该工艺大大降低了复合材料的制造成本。制备预浸料需要昂贵的设备投资，操作的技术含量又相当高，为防止树脂反应又常常需要将预浸料存放于低温条件，因此成本相当高。采用树脂传递模塑成形工艺时，只需要将形成结构件的相应纤维按一定的取向排列成预成形体，然后向毛坯引入树脂，随着树脂固化，最终制成复合材料结构件。树脂传递模塑也称为压注成形，是通过压力将树脂注入密闭的模腔，浸润其中的纤维织物坯件，然后固化成形的方法。

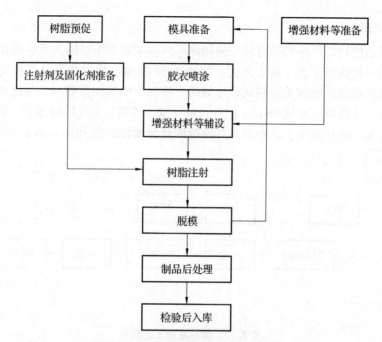

图 3.18　树脂传递模塑成形工艺流程

　　树脂膜熔渗（resin film infusion，RFI）工艺是将树脂膜熔渗与纤维预制体相结合的一种树脂浸渍技术。它与 RTM 成形工艺相似，为液体模塑工艺，也是一种不采用预浸料制造复合材料结构件的低成本技术。其成形过程是将树脂制成树脂膜或稠状树脂块，安放在模具的底部，其上层覆以缝合或三维编织等方法制成的纤维预制体，依据真空成形工艺的要点将模腔封装，随着温度的升高，在一定的压力（真空或压力）下，树脂软化（熔融）并由下向上爬升（流动），浸没预成形体，并且填满整个预制体的每一个空间，达到树脂均匀分布，最后按固化工艺固化成形。

　　RFI 与 RTM 技术相比，RTM 可在无压力下固化成形，而 RFI 通常需要在能产生自上而下的压力环境下完成。RFI 技术不需要像 RTM 工艺那样的专用设备；RFI 工艺所用的模具不必像 RTM 模具那么复杂，可以使用热压罐成形所用的模具；RFI 将 RTM 工艺的树脂的横向流动变成了纵向（厚度方向）流动，缩短了树脂流动浸渍纤维的路径，使纤维更容易被树脂所浸润；RFI 工艺不要求树脂有足够低的黏度，RFI 树脂可以是高黏度树脂，或半固体、固体或粉末树脂，只要在一定温度下能流动浸润纤维即可，因此普通预浸料的树脂即可满足 RFI 工艺的要求。与热压罐成形技术相比，RFI 技术不需要制备预浸料，缩短了工艺流程，并且提高了原材料的利用率，从而降低了复合材料的成本。但是，对于同一个树脂体系，RFI 技术需要比热压罐成形更高的成形压力。

　　6. 注射成形

　　与压缩成形法不同，注射成形法是先将底模固定、预热，然后利用注射机在一定的压力条件下，通过一个注入口将增强材料的纤维和树脂等一起挤压入模型内使之成形。因此，也称其为挤压成形法。图 3.19 所示为注射成形的基本制造工艺流程。在实际制造中还需要考虑模型的空气出口，也有采用抽真空的方式来排除空气。注射成形法不需要预成形，需要的基本设备是一台注射机，可用于制造短纤维、增强的热固性复合材料和热塑性复合材料，特别是热塑性复合材料的产品多采用此成形法。注射成形法的特点是易于实现自动化，易于实现大批量生产，因此汽车用短玻璃纤维增强复合材料产品多采用此成形法生产。注射成形法制造的产品纤维含量不高，一般体积分数为20%～50%，多数在20%～40%。此外，由于纤维和树脂的混合物在模型内的流动引起纤维的排列，产品的强度分布不均匀。注射机的注射口因与纤维的摩擦而易磨损。

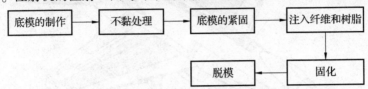

图3.19　注射成形的基本制造工艺流程

7. 拉挤成形

拉挤成形是一种连续生产固定截面型材的成形方法，其主要过程是将浸有树脂的纤维连续通过一定型面的加热口模，挤出多余树脂，在牵引条件下进行固化。拉挤成形机由纱架、集纱器、浸胶装置、成形模腔、牵引机构、切制机构和操作控制系统组成。典型的拉挤成形工艺由送纱、浸胶、预成形、固化成形、牵引和切制工序组成。连续纤维或织物浸渍树脂后，经牵引通过成形模腔，被挤压和加温固化形成型材，然后将型材按长度要求进行切割。

8. 真空热压成形

真空热压成形是一种用于先进长纤维复合材料的成形方法。它使用未固化的碳纤维/树脂等预制片作为原材料，然后经过铺层、真空包袋、抽真空、加热、加压等过程使产品固化成形。由此可见，与以上的成形法不同，真空热压成形法是一种将纤维的树脂浸渍过程和复合材料的成形完全分开的一种成形法。

▶▶▶ 3.3.4　聚合物基复合材料在兵器工业中的应用 ▶▶▶

1. 聚合物基复合材料在战斗机上的应用

聚合物基复合材料由于具有比强度高，比模量高，耐蚀性好，隔音，减振，设计、制备灵活，易于成形、加工等特点，是制造飞机、火箭、航天飞行器等军事武器的理想材料，对促进武器装备的轻量化、小型化和高性能化起到了至关重要的作用。将其用于飞机结构上可相应减重25%～30%，这是其他先进技术无法达到的效果。

战斗机使用的复合材料占所用材料总量的30%左右，新一代战斗机将达到40%，直升机和小型飞机复合材料用量将达到70%～80%，甚至出现全复合材料飞机。以典型的第四代战斗机F/A-22为例，复合材料占比为24.2%，其中热固性复合材料占23.8%，热塑性复合材料占0.4%左右，主要应用部位为机翼、中机身蒙皮和隔框、尾翼等。图3.20所示为F-18战斗机中所用的聚合物基复合材料。

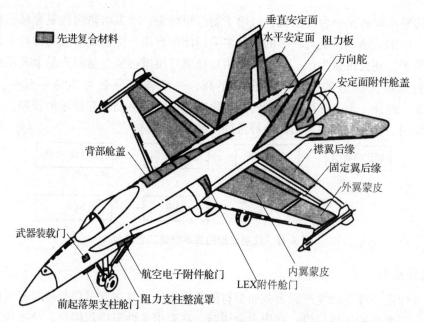

图 3.20　F-18 战斗机中所用的聚合物基复合材料

2. 聚合物基复合材料在导弹上的应用

1) 战略导弹

由于战略导弹对结构质量的要求非常严格，采用聚合物基复合材料对增大射程和提高导弹精度具有非常显著的效果，弹头和上面级发动机质量每减少 1 kg，可使洲际导弹射程增大 20 km，因此先进聚合物基结构复合材料的应用非常普遍，复合材料技术的几次重大飞跃推动战略导弹性能发生了本质的变化。固体发动机壳体是战略导弹应用复合材料最活跃的领域，其发展非常快。表征壳体性能的特性系数（pV/W）已从早年的 5～8 km 提高到当前的 50 km。美国早期的"北极星""民兵"和"海神"导弹使用玻璃钢壳体，美国的"三叉戟"-1 和 MX、法国的 M-4 及苏联的 SS-24、SS-25 导弹均采用了先进的芳纶材料，而后来美国的"侏儒"和"三叉戟"-2、法国的 M-51 导弹则采用更先进的碳纤维材料。中国采用复合材料制作的固体发动机壳体的性能也达到很高水平。

战略导弹应用复合材料的另一个领域是仪器舱。美国"三叉戟"-1 潜地导弹仪器舱采用环氧树脂/碳纤维结构，其支架、支座、托架等共有 100 多个部件采用石墨纤维复合材料，比铝合金部件轻 25%～30%，减重效果非常显著；后来的"三叉戟"-2 仪器舱又采用整体"交叉梁"结构。复合材料还促进了战略导弹的机动发射。美国 MX 导弹的发射筒长 22.4 m，直径 25 m，采用高强度钢时，其结构质量超过 100 t，而选用 HBRF-55 环氧树脂/AS-4 碳纤维复合材料时质量仅为 21 t；中国战略导弹发射筒采用部分环氧树脂/碳纤维筒段，比铝合金部件轻了 28%；俄罗斯白杨-M 也使用聚合物基复合材料结构。

2) 战术导弹

美国早期的"战斧"亚声速巡航导弹使用了较多的复合材料部件，如头锥、天线罩、尾翼、进气道等，但性能一般，主要目的是降低成本，其他战术导弹大多以金属材料为主。这种状况从 20 世纪 80 年代开始有了较大改观，首先是各种固体发动机壳体和部分弹体蒙皮开始使用复合材料，如美国波音公司开发的直径 200 mm 的两级式空射导弹壳体和部分弹体蒙皮开始使用复合材料，还有美国波音公司生产的直径 170 mm 的 VT-1 先进防空导弹壳体(ERL-1908 环氧树脂/T40 碳纤维)、直径 165 mm 的小型超高速动能导弹 CK-EM(酸酐固化环氧树脂/T1000 碳纤维)等。美国基地拦截弹 ERIS 的杀伤飞行器采用碳纤维复合材料后，质量减轻 52%，中国也首次在海防导弹弹翼上成功使用环氧树脂/碳纤维材料。

聚合物基复合材料在战术导弹上的另一个重要应用是高温结构复合材料。这是由于导弹飞行速度不断提高，飞行时间要求也不断增长，高速度下长时间飞行的气动加热环境将日益严酷。在巡航导弹领域这种趋势特别明显，为了提高突防能力，其飞行速度正由目前的亚声速向中超声速(2~5 Ma)发展，如法国的超声速巡航导弹 ASLP；美国在 2022 年使"和平保卫者"弹道导弹飞行速度超过 25 Ma。空气动力学原理表明，弹体驻点温度取决于导弹飞行速度和飞行高度的环境温度，其关系为

$$T_r = T_0(1 + 0.2 r v^2) \tag{3.6}$$

式中，T_r 为弹体驻点温度，即温度上升到平衡温度后导弹弹体的最高温度；T_0 为飞行高度的环境温度；r 为恢复系数，在驻点区其值为 1，在紊流和层流附面层分别为 0.9 和 0.8；v 为飞行马赫数(Ma)。

粗略计算表明，在海平面条件下，飞行速度为 1 Ma、2 Ma 和 3 Ma 时，弹体温度分别可达 80 ℃、220 ℃和 480 ℃，如果飞行速度为 3 Ma，在作战高度时弹体温度要高达 300 ℃以上，这种环境下常规的高强铝合金已不能满足使用要求，必须采用聚合物基复合材料。国外在 20 世纪 80 年代就已开始研究超声速战术导弹用聚合物基复合材料，美国海军空战中心已经确定将聚合物基复合材料作为 4 Ma 空中拦截弹的控制舵面材料。高温结构复合材料使用的聚合物基体，当前主要是双马来酰亚胺(简称双马)和氰酸酯，需要指出的是，按照式(3.6)计算，目前的高性能聚合物基体大多不能达到高速度、长时间飞行要求，但它们往往可以很好地满足较短工作时间要求，这就为其开发和使用敞开了大门。

美国雷神公司已对超声速导弹(包括巡航导弹、拦截弹和反辐射导弹)用复合材料进行了大量研究，并成功开发出各种先进的双马和氰酸酯。其第二代 Hexcel F650 双马在潮湿环境中长时间使用温度为 204 ℃，短时间使用温度可达 430 ℃。氰酸酯使用温度更高，美国 YLA 公司的 RS-9 氰酸酯使用温度已达 290 ℃，PT-CE 氰酸酯的玻璃化转变温度已超过聚酰亚胺。

以改进型超声速"海麻雀"导弹为例，在发射后 8~10 s 时，弹体蒙皮将达到最高使用温度 371 ℃，这种工作环境将使 2024 铝合金强度降低 90%，因此必须采用先进的耐高温壳体材料。雷神公司已确定在工程与制造开发阶段，在仪器舱铝合金壳体上外缠绕双马/石英防热层，在批量生产阶段将采用 F650 双马/碳纤维高温复合材料舱体，以增韧的 F655 双马和 RS-3 氰酸酯为后备方案。雷神公司还确定双马为超声速巡航导弹的指定聚合物基体，并且已完成了采用双马/碳纤维代替聚酰亚胺/碳纤维作为空中拦截弹背鳍的鉴定工作。其他航天公司也对高温结构复合材料开展了大量研究，例如美国德州大学已经为超声速导弹开发了氰酸酯/短切碳纤维模压舵面蒙皮，产品比原来轻 25%，成本降低 40%。

聚酰亚胺和聚苯并咪唑使用温度很高，但它们的成本高、工艺性较差，广泛应用尚不十分成熟，美国空军材料实验室已采用聚酰亚胺/玻纤和聚酰亚胺/碳纤维制造近程空空导弹弹体和弹翼，飞行模拟试验表明它们均满足气动加热环境要求；美国麦道公司研制的聚苯并咪唑/碳纤维弹翼，在 4 Ma 风洞试验中完整无损，在 4.4 Ma 状态下经受了 350 s 试验，在 15°攻角下(前缘温度 704 ℃)试验 100 s 弹翼状态依然良好。

3. 聚合物基复合材料在运载火箭上的应用

运载火箭应用聚合物基复合材料的主要部件是固体发动机固体助推器和上面级发动机壳体，采用高性能碳纤维壳体的典型例子有美国"大力神"-4 的 SRMU 助推器、"德尔它"-7925 的 GEM 助推器、"飞马座"火箭的三级发动机和我国"开拓者"-1 小型运载火箭的第四级发动机。

聚合物基复合材料在箭体级间段、箭上卫星支架和有效载荷支架上的应用也很普遍，美国"克莱门汀"探月飞行器用的级间段采用 T650-35 环氧树脂/R6376 碳纤维结构，比铝合金结构轻 31%；日本 H-2 火箭连接有效载荷的级间段，采用三角网格环氧树脂/碳纤维圆筒体代替常用的半硬壳式铝结构，H-2A 火箭级间段则采用环氧树脂/碳纤维面板+泡沫芯共固化夹层结构，成本比铝结构低 30%，质量减轻 20%；西班牙 CASA 公司为"阿里安"-4 和"阿里安"-5 火箭研制了碳纤维复合材料面板的仪器舱和有效载荷适配器；美国"大力神"-4 的适配器采用了 934 环氧树脂/300 碳纤维复合材料；中国的长征火箭（CZ-2C、CZ-2E、CZ-3A）卫星接口支架和有效载荷支架（前后端框、环框、壳段、弹簧支架和井字形梁）也采用了环氧树脂/碳纤维材料。

复合材料还在向可重复使用天地往返飞行器蒙皮方向发展，如航天飞机有效载荷舱门、遥控机械臂和助推器头相（3501-6 环氧树脂/AS-4 碳纤维）。美国 X-34 和"德尔它"快车实验火箭 DC-X/DC-XA 将使用复合材料蒙皮（Hexply 8552 增韧环氧树脂/碳纤维）；日本实验轨道飞行器 Hope-X 采用全碳纤维复合材料面板（850 环氧树脂/TR-30 碳纤维），其质量比铝合金结构轻 20%，制造成本只是常规铝合金结构的 20%。

可重复使用运载火箭超低温推进剂复合材料贮箱的研究已有重大进展。首先是液氢贮箱，美国麦道公司利用二次阻挡膜技术攻克了氢分子渗透和超低温力学性能这两大难题，成功制造 8552 环氧树脂/M-7 碳纤维复合材料液氢贮箱及无内胆复合材料液氢贮箱，并于 1996 年在 X-33 和 X-34 飞行器上成功进行试验。美国 Wilson 公司用 11 种树脂系统进行了长达 90 d 的储存试验，证实了复合材料在液氧环境中使用的可行性。日本富士重工也采用 RS-3 氰酸酯/PF-XN35 超高模碳纤维为天地往返系统制作了具有聚合物内胆的液氢贮箱，这些成就为未来航天飞行实现低成本展示了良好的前景。

 ## 参考文献

[1] 黄伯云，李贺军，付前刚，等. 碳/碳复合材料[M]. 北京：中国铁道出版社，2017.

[2] 张以河，马鸿文，刘大锰，等. 复合材料学[M]. 北京：化学工业出版社，2011.

[3] 王春艳. 复合材料导论[M]. 北京：北京大学出版社，2018.

[4] 贺福. 碳纤维及石墨纤维[M]. 北京：化学工业出版社，2010.

[5] 罗瑞盈. 碳/碳复合材料制备工艺及研究现状[J]. 兵器材料科学与工程，1998，21（1）：64-70.

[6] 张永辉. 长寿命高摩擦特性飞机炭/炭刹车盘的研制与产业化发展[J]. 高科技与产业化，2010，6（2）：120-122.

[7] 辛志杰. 先进复合材料加工技术与实例[M]. 北京：化学工业出版社，2015.

[8] 张长瑞，郝元恺. 陶瓷基复合材料——原理，工艺，性能与设计[M]. 长沙：国防科

技大学出版社，2001.

[9]丁柳柳，江国健，姚秀敏，等. 连续陶瓷基复合材料研究新进展[J]. 硅酸盐通报，2012，31(5)：1150-1154.

[10]朱则刚. 陶瓷基复合材料展现发展价值开发应用新蓝海[J]. 现代技术陶瓷，2013，34(2)：20-25.

[11]李贺军，齐乐华，张守阳. 先进复合材料学[M]. 西安：西北工业大学出版社，2016.

[12]张玉龙. 先进复合材料制造技术[M]. 北京：机械工业出版社，2003.

[13]陈宇飞，郭艳宏，戴亚杰. 聚合物基复合材料[M]. 北京：化学工业出版社，2010.

[14]王汝敏，郑水蓉，郑亚萍. 聚合物基复合材料[M]. 北京：科学出版社，2012.

[15]黄发荣，周燕. 先进树脂基复合材料[M]. 北京：化学工业出版社，2011.

[16]宋健朗. 先进聚合物基结构复合材料在导弹和航天中的应用[J]. 工程塑料应用，2008，36(7)：50-54.

第 4 章
特殊材料——功能材料

功能材料是指在外场作用下，材料的性能发生变化或产生一种新性能，但材料本身的组成、内部单元结构及聚合状态并未发生变化的一类材料。功能材料具有优异的光学、热学、电学、磁学、力学和声学等功能，被广泛应用于各类高科技领域。目前，国际功能材料及其应用技术正面临新的突破，诸如超导材料、纳米材料、信息材料和微电子材料等正处于飞速发展阶段，推进功能材料技术不断发展成为一些发达国家强化军事优势的重要手段。由于功能材料种类繁多，本章主要对用于兵器工业方面的超导材料、纳米材料、阻尼材料和隐身材料等进行介绍。

 4.1 超导材料

▶▶▶ **4.1.1 超导材料的发展概况** ▶▶▶ ▶

1911 年，荷兰 Leiden 大学的 Kamerlingh Onnes 在测量水银的电阻时，发现它在 4.2 K 附近电阻突然跳跃式地下降到仪器无法测量的最小值。经多次实验证实后，他将这种在一定温度下金属突然失去电阻的现象称为超导现象或超导电性物质的一种新状态，发生这种现象的温度称为临界温度(T_c)，而金属失去电阻后的状态称为超导态。1913 年，他在一篇论文中首次提出"超导电性"这一概念来表达上述现象。将某些物质在冷却到某一温度以下电阻为零的现象称为超导电性，相应的物质称为超导材料，又称超导体(superconductor)。实际上，仪器的灵敏度是有限的，实验只能确定超导态电阻的上限，而无法严格地直接证明零电阻态的电阻等于零。目前，人们所能检测的最小电阻率已达 10^{-28} $\Omega \cdot m$，而 Kamerlingh Onnes 当时确定的上限仅为 10^{-5} $\Omega \cdot m$。可以认为，材料的电阻小于仪器所能检测的电阻率时为零电阻，而材料有电阻的状态就称为正常态。

1. 低温超导材料

20 世纪 10 年代初至 20 年代末，研究人员以研究和探索元素超导体为主，发现了 Pb、Sn、In、Ta、Nb 和 Ti 等众多的元素超导材料，并对超导态的基本参量即超导临界温度 T_c、超导临界电流 I_c、超导临界磁场 H_c 完成了确认。

20 世纪 20 年代末至 50 年代初，研究人员发现了很多具有超导性的合金、NaCl 结构的过渡金属氮化物和碳化物，超导临界温度得到了进一步的提高。在这一阶段，超导的表象理论得到了极大的丰富，一些超导的重要特征被发现，如完全抗磁性、穿透深度、负界面能等。

1950—1973 年是低温超导研究取得丰富成果的一个阶段。1950 年，Maxwell 和 Reynolds 等同时报道了超导的同位素效应，此后发现了超导能隙并对其测定。1957 年，J. Bardeen、L. V. Cooper 和 J. R. Schrieffer 三人提出了 BCS 理论，其微观机理得到一个令人满意的解释。这一理论把超导现象看作一种宏观量子效应，根据这个理论，超导材料体系存在所谓的"McMillan 极限"，即 McMillan 认为传统的超导材料的最高转变温度为 39 K。临界温度低于 39 K 的超导体称为低温超导体，反之为高温超导体。1973 年，Nb_3Ge 的发现使临界温度的最高纪录达到 23.2 K，超导材料的制备技术和实用化进程取得了巨大发展。

常规超导体主要包括元素超导体、合金和化合物超导体，如具有 NaCl 立方结构的 NbTi 超导材料和具有 A-15 结构的 Nb_3Al 超导材料，常规超导体能较好地用 BCS 理论及相关的传统理论予以解释。

1973—1986 年，随着制备工艺技术的成熟，实用超导材料的性能获得了进一步提高，应用领域得到了拓宽。20 世纪 70 年代以来，人们发现了一系列非常规超导体，如有机超导体、重费米子超导体、磁性超导体、低载流子浓度超导体、超晶格超导体和非晶超导体等。其中，低载流子浓度超导体包括氧化物超导体、简并半导体(如 GeTe 和 SnTe)、低维层状化合物(如 $NbSe_2$ 和 NbS_2)等。非常规超导体较难解释，这就为超导研究提出了很多新的问题，有些仍然是当今凝聚态物理研究的前沿课题，并发展成具有重大实用价值的一类新型材料。高临界温度氧化物超导材料的发展就是在这种背景下产生的。

2. 高温超导材料

1986 年 4 月，Bednorz 和 Moller 报道 Ba-La-Cu-O 氧化物系中的超导临界温度可能达到 35 K，使国际上高临界温度超导材料研究领域的情况发生了骤变，世界范围内探索、研究高温超导材料的热潮迅速涌起，高温超导材料的最高温度被一次又一次地刷新，使整个科技界受到极大的震惊和鼓舞，同时也引起各国政府的高度重视和社会各界的热切关注，其热烈程度在世界科技史上实属罕见。

超导临界温度是超导材料最重要的参数之一，提高超导临界温度一直是超导研究最执着的追求目标。Cu-O 系超导材料的发现，对传统的超导理论提出了挑战，也使人们有依据设想和提出新的超导电性的机制，期望达到更高的临界温度，室温超导材料的研究意义更为重大。

1987 年，朱经武和吴茂昆等制备出 Y-Ba-Cu-O 材料系，临界温度达到了 90 K 以上，与此同时，中国的赵忠贤等也独立地发现该体系，并首先公布了其成分。从此，超导临界温度打破了液氮这个极大地阻碍超导技术应用的瓶颈温度，突破到了液氢温区。1998 年，Maeda 等发现了 Bi-Sr-Ca-Cu-O 体系，其中的 Bi2223 相，将临界温度又提高到 110 K。同年，Sheng 等发现的 Ti-Ba-Ca-Cu-O 体系，再次刷新了纪录，将临界温度提高到 125 K。1993 年，Hg-Ba-Ca-Ca-O 系的发现，又进一步将临界温度提高到 135 K，高压下临界温度达到了 164 K。迄今为止，记录的最高超导临界温度已达 473 K。

　　2008 年 2 月，日本东京工业大学的 Hideo Hosono 发现一种氟掺杂镧氧铁砷（LaOFeAs）化合物的新型超导材料，它在 26 K（-247.15 ℃）时具有超导电性，该材料被称为铁基超导体。这项成果打破了科学家一直认为铜基氧化物才是高温超导材料的看法，各国科学家相继投入研究。2008 年 3 月，中国科学院物理研究所超导国家重点实验室闻海虎课题组通过在 LaOFeAs 材料中用 Sr 替换 La，成功地将空穴载流子引入系统，发现有 25 K 以上的超导电性，该超导体名称为锶掺杂镧氧铁砷。同期，陈仙辉教授发现氟掺杂的镧氧铁砷化合物的临界温度超过了 40 K，突破了"McMillan 极限"，证明了这类超导体是除铜基氧化物高温超导体外的又一高温超导体家族。2008 年 3 月底，中国科学院物理研究所赵忠贤课题小组报告，氟掺杂锶氧铁砷化合物的高温超导临界温度能够达到 52 K。

　　图 4.1 为超导材料的发展进程。尽管高温超导材料的氧化物陶瓷特征以及其各向异性和短相干长度，为使用超导材料的制备增添了极大的难度，但是在高温超导材料发现至今，各国科学工作者通过大量的研究工作，发展了很多特种工艺技术，在高温超导线材、块材和薄膜等方面取得了重大突破，并已从基础性研究转向应用开发及产业化。

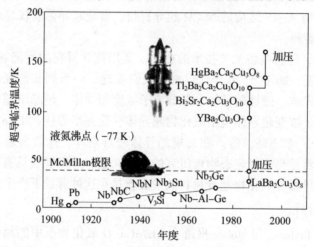

图 4.1　超导材料的发展进程

▶▶▶ 4.1.2　超导现象、超导理论和超导性质 ▶▶▶

1. 超导现象

1）零电阻特性

　　当超导材料被冷却到某一温度之下时，其电阻会突然消失，该温度称为超导临界温度（T_c）。电阻消失之前的状态称为正常态，电阻消失之后的状态称为超导状态。精密仪器测量表明，当材料处于超导状态时，其电阻率小于 10^{-24} $\Omega \cdot m$，比通常金属的电阻率小 15 个量级以上。超导材料的零电阻特性是超导材料实用化的最重要的基础。

　　在导电性能角度，晶态金属和合金中电阻的来源主要包含晶格振动和晶格不完整性引起的电子散射两部分。随着温度的下降，材料的电阻将随晶格振动的减弱而减小，理论上认为，如果晶体是完整的理想晶体，那么当温度下降到 0 K 时，由于晶格振动被冻结，材料的电阻应为零。但是，实际材料中的晶体不可能完整无缺，它或多或少存在缺陷（如位错、空位、杂质等）或应力等使电子散射的外界因素，故实际晶体的电阻只能随温度的降低逐渐减小到某一常数。

超导性是一种材料宏观尺度表现的量子效应，它的机理为当材料在一定磁场中达到某一温度时，材料产生超流电子，它们的运动是无阻的，超导体内部的电流全部来自超流电子，它们对正常电子起短路作用，正常电子不传导电流，所以样品内部不存在电场，使材料没有电阻效应，宏观上没有电阻。

2)完全抗磁性

1933年，W. Meissner发现，当置于磁场中的导体通过冷却过渡到超导态时，原来进入此导体中的磁力线会被完全排斥到超导体之外，超导体内磁感应强度变为零，这表明超导体是完全抗磁体，这个现象称为Meissner效应。

最初发现超导现象时，人们从零电阻现象出发，一直把超导体和完全导体(或称无阻导体)完全等同，在完全导体中不能存在电场，后来德国物理学家W. Meissner和R. Ochsenfeld的磁测量实验表明，超导体的磁性质与完全导体不同，从而否定了"冻结"概念。这一实验表明：不论是在没有外加磁场还是有外加磁场的情况下，只要$T<T_c$，超导体进入超导态，在超导体内部总有$B=0$。所以，不能把超导体和完全导体等同。超导体的Meissner效应如图4.2所示。

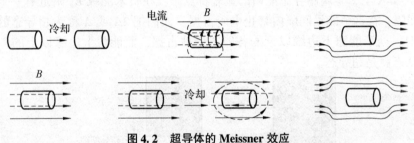

图4.2 超导体的Meissner效应

既然超导体没有电阻，说明超导体是等电位的，超导体内没有电场，超导体中的电流就会像理想导体中的电流一样成为永久电流。那么，超导体与理想导体有什么区别呢？按照物理学解释，磁通线可以穿透没有电阻的理想导体。当外部磁通变化时，根据楞次定律，理想导体中产生的感生电流所引起的磁通变化将抵消其体内磁通量的变化，它的磁性与施加在它身上的磁场的历史有关。然而，超导体的磁性与施加在它身上的磁场的历史无关，无论是在超导态之前还是之后，给超导体施加不太强的磁场时，磁通线都无法穿透超导体，超导体内的磁感应强度始终保持为零，该属性是超导体的另一重要特性。

超导体的磁状态是热力学状态，即在给定温度和磁场条件下，它的状态是唯一确定的，与达到这一状态的具体过程无关。

Meissner效应给出超导体一个特有的磁场特性：在超导体内磁感应强度$B=0$，即

$$B=\mu_0(H+M)=0 \tag{4.1}$$

式中，μ_0为真空磁导率；H，M为外磁场和感生磁场。$H+M=0$，而$H=\chi M$，故$\chi=-1$，说明超导体具有完全抗磁性。

Meissner效应的发现揭示了超导态的一个本质：在外磁场条件下，超导体内部磁感应强度B必须为0，这是自然界一个特有的规律。因此，超导体的充要条件是同时具有超导体电阻率$\rho=0$及其内部磁感应强度$B=0$两个条件。

3）同位素效应

同位素效应也称为元素替代效应。从物质的微观结构来看，金属是由晶格点阵及共有化电子构成的。概括地讲，主要有三大类的相互作用：①电子和电子之间的相互作用；②晶格离子与晶格离子之间的相互作用；③电子与晶格离子之间的相互作用。

1950 年，Maxwell 和 Reynolds、Serin 同时发现了超导微观理论的同位素效应，即超导体的临界温度与同位素的质量有关，同一种元素，所选的同位素质量较高，临界温度就较低。临界温度 T_c 的同位素效应定量分析可描述为 $T_c \propto M^{-\beta}$，式中，M 为组成晶格点阵的离子的平均质量；β 为正数。该同位素效应表明：共有化电子向超导电子有序态转变的过程受晶格点阵振动的影响。因此，超导转变必须考虑晶格点阵运动以及共有化电子两个影响因素，这也说明电子与晶格离子点阵之间的相互作用，可能是决定超导转变的关键因素。

4）超导能隙

当频率为 v 的电磁波照射超导体时，如果电磁波光子能量 hv 等于或大于 E_g，就可预期产生激发过程，此频率处于微波或远红外频谱部分。当 $hv \gg E_g$ 时，同 hv 相比，能隙实际为零，出于这个原因，超导体在这些频段的行为同正常金属实际上没有区别。

很多实验表明，当金属处于超导态时，超导态的电子能谱与正常金属不同。如图 4.3 所示，在 $T=0$ K 下，金属超导态能谱的显著特点是：在费米能级 E_F 附近有一个半宽度为 Δ 的能量间隔，在这个能量间隔内禁止电子占据，人们把 2Δ 或 Δ 称为超导态的能隙。在绝对 0 K 时，处于能隙下边缘以下的各能态全被占据，而能隙上边缘以上的各能态全空着，这种状态就是超导态。

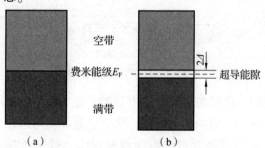

图 4.3　绝对 0 K 时的电子能谱示意

(a)正常金属态；(b)超导态

实验表明，超导体的临界频率 v_0，与超导体的能隙 E_g 有一定关系，不同的超导体，E_g 不同，且随温度升高而减小。当温度达到临界温度 T_c 时，有 $E_g = 0$，$v_0 = 0$。一般超导体的临界频率 v_0 为 10^{11} Hz 量级，相应的超导体能隙的量级为 10^{-4} eV 左右。

2. 超导理论

在温度高于 0 K 时，晶格点阵上的离子并不是固定不动的，而是要在各自的平衡位置附近振动。各个离子的振动，通过类似弹性力那样的相互作用耦合在一起。因此，任何局部的扰动或激发都将通过格波的传播，导致晶格点阵的集体振动。

在处理与热振动能量相关的一类问题时，往往把晶格点阵的集体振动等效成若干个不同频率的互相独立的简正振动的叠加，而每种频率的简正振动的能量都是量子化的，其能量量子 $h\omega q$ 称为声子，q 表示该频率下晶格振动引起的格波动量或波矢。根据德拜模型，声子的频率有一个上限 ω_D，称为德拜频率。

引入声子的概念后，可将声子看成一种准粒子，它像真实粒子一样和电子发生相互作用。通常把电子与晶格点阵的相互作用，称为电子–声子相互作用。当一个电子通过相互作用把能量、动量转移给晶格点阵，激起它的某个简正频率的振动，这个过程称为产生一个声子；反之，也可以通过相互作用，从振动的晶格点阵获得能量和动量，同时减弱晶格点阵的某个简正频率的振动，此过程称为吸收一个声子。这种相互作用的直接效果是改变电子的运动状态，产生各种具体的物理效应，其中包括正常导体的电阻效应和超导体的无阻效应。

电子在晶格点阵中运动，它对周围的正离子有吸引作用，从而造成局部正离子的相对集中，产生对其他电子的吸引作用。这种两个电子通过晶格点阵发生的间接吸引作用可用电子–声子相互作用模式处理，如图 4.4 所示。

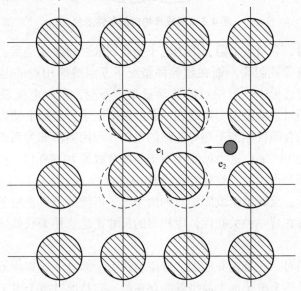

图 4.4　两个电子通过晶格点阵发生的间接吸引作用

在讨论电子–声子相互作用的基础上，库柏证明了只要两个电子之间有净吸引作用，无论这种作用多么微弱，它们都能形成束缚态，两个电子的总能量将低于 $2E_F$。此时，这种吸引作用有可能超过电子之间的库仑排斥作用，而表现为净吸引作用，这样的两个电子称为库柏电子对，简称库柏对。从能量上看，组成库柏对的两个电子，由相互作用导致的势能降低，将超过动能 $2E_F$ 的能量，即库柏对的总能量将低于 $2E_F$。

在 0 K 下，对于超导态，低能量的即在费米球内部深处的电子，仍与正常态的电子一样保持稳定，但在费米球面附近的电子，则在吸引力作用下按相反的动量和自旋全部两两结合成库柏对，这些库柏对可以理解为凝聚的超导电子。在有限温度下，一方面出现一些不成库柏对的单个热激发电子，另一方面每个库柏对的吸引力减弱，结合程度较差。这些不成库柏对的热激发电子相当于正常电子，温度越高，结成库柏对的电子数量越少，结合程度越差。达到临界温度后，库柏对全部拆散成正常电子，此时超导态即转变成正常态。

从动量角度看，在超导基态中，各库柏对中单个电子的动量（或速度）可以不同，但每个库柏对总是涉及各个总动量为零的对态，因此所有库柏对都凝聚在零动量上。在载流的情况下，假设库柏对的总动量是 P，则每一库柏对所涉及的对态为$\left[\left(Pi+P/2\right)\uparrow,\left(-Pi+\right.\right.$

$P/2)↓]$，这相当于动量空间的整个动量分布整体移动了 $P/2$，如图 4.5 所示。如果有一个观察者以速度 $P/(2m)$ 运动，那么观察者所看到的情况和前面讨论过的总动量为零的情况是一样的。

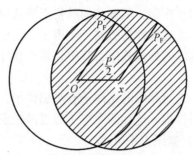

图 4.5　形成库柏对的条件示意

正常金属载流时，会出现电阻，因为电子会受到散射而改变动量，使这些载流电子沿电场方向的自由加速受到阻碍。而在超导体情况下，组成库柏对的电子虽会受到不断散射，但是由于在散射过程中，库柏对的总动量维持不变，所以电流没有变化，呈无阻状态。必须指出，库柏对是由吸引力束缚在一起的两个电子，实际上使它们结合在一起的吸引作用并不强，其结合能仅相当于超导能隙的量级。利用测不准关系理论，可估计出一个库柏对的尺寸，约为 10^{-6} m，这个尺寸相当于晶格常数的 10 000 倍。由此可见，一个库柏对在空间延展的范围是很大的，在这空间范围内存在很多个库柏对互相重叠交叉的分布。库柏对有一定的尺寸，反映了组成库柏对的两个电子不像两个正常电子那样完全互不相关的独立运动，而是存在着一种关联性，库柏对的尺寸正是这种关联效应的空间尺度，称为 BCS 相干长度。

此外，所谓库柏对，还有超导能隙，都应理解为全部电子的集体效应。一对电子间的吸引力，并不仅仅是两个电子加上晶格就能存在的，它是通过整个电子形成库柏对的条件气体与晶格相耦合而产生的，它的大小取决于所有电子的状态。因此，把一个库柏对拆散成两个正常电子时，至少需要 2Δ 的能量也是这个道理。

3. 超导性质

1）临界温度 T_c

很多元素和化合物在各自特有的转变温度 T_c 下都具有超导电性，并以 T_c 表示开始失去电阻时的临界温度。测量 T_c 主要有电测法和磁测法两种：电测法是利用零电阻效应；磁测法是利用超导体的磁性质。电阻也有不是陡降的情况，存在电阻转变区间，即零电阻温度 T_0 和起始转变温度 T_s。由正常态向超导态的过渡是在一个温度区间内完成的，也就是电阻下降到零的过程，是在一个有限的温度区间内完成的，称这个温度区间为转变宽度 ΔT。通常把电阻下降到正常态电阻值约一半时所处的温度定为 T_m。ΔT 的大小取决于材料的纯度、晶体的完整性和超导体内部的应力状态等因素。在不同的 T_c 下，周期表中有相当一部分元素会出现超导电性。T_c 是物质常数，同一种材料在相同的条件下有严格的确定值。如图 4.6 所示，采用四引线电阻测量法可测出超导体的 $R\text{-}T$ 特性曲线。

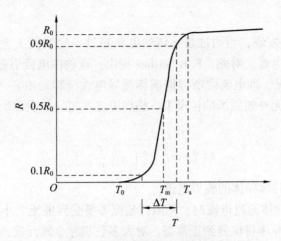

图4.6　超导体的 R-T 特性曲线

2）临界磁场 H_c

Kamerlingh Onnes 在零电阻现象发现之后，又发现超导体在一定的外磁场作用下会失去超导电性，当磁场达到一定值时，超导体就恢复了电阻，回到正常态。如图4.7所示，当超导体处在低于 T_c 的任一确定温度时，若外加磁场强度 H 小于某一个确定数值 H_c，则超导体具有零电阻；当 $H > H_c$ 时，电阻突然出现，超导态被破坏，转变为正常态。使超导体电阻恢复的磁场值称为临界磁场 H_c，在 $T < T_c$ 的不同温度下，H_c 的值是不同的，但 $H_{c(0)}$ 是物质常数。和定义 T_c 一样，通常把 $R = R_n/2$ 相应的磁场称为临界磁场。合金、化合物超导体以及高温超导体的临界磁场转变很宽，定义临界磁场的方法很多，除定义 H_c 为 $R = R_n/2$ 外，也有定义 H_c 为 $90\% R_n$ 或者 $10\% R_n$ 的，还有将 R-H 转变正常态直线部分延长与转变主体部分延长线交点相应的磁场定义为 H_c。H_c 是温度的函数，记为 $H_c(T)$，并有如下经验公式：

$$H_c(T) = H_{c(0)} \left[1 - \left(\frac{T}{T_c} \right)^2 \right] \tag{4.2}$$

式中，$H_{c(0)}$ 为 $T = 0$ K 时超导体的临界磁场。

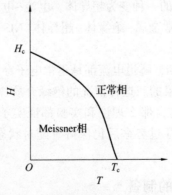

图4.7　超导体的磁化行为示意

3）临界电流 I_c

Kamerlingh Onnes 发现，当通过超导体的电流超过一定数值 I_c 后，超导态便被破坏，称 I_c 为超导体的临界电流。对此，F. B. Silsbee 提出，这种由电流引起的超导-正常态转变是磁致转变的特殊情况，即电流之所以能破坏超导电性纯粹是由它产生的磁场而引起的。F. B. Silsbee 认为，在无外加磁场的情况下，临界电流在超导体表面所产生的磁场恰好等于 H_c，从而有

$$I_c(T) = I_{c(0)} \left[1 - \left(\frac{T}{T_c} \right)^2 \right] \tag{4.3}$$

式中，$I_{c(0)}$ 为 $T=0$ K 时超导体的临界电流。

实验发现，当超导体通过电流时，无阻的超流态要受到电流大小的限制，当电流达到某一临界值 I_c 后，超导体将恢复到正常态。对大多数超导金属元素，正常态的恢复是突变的，这个电流即为临界电流 I_c，相应的电流密度为临界电流密度 j_c。对超导合金、化合物及高温超导体，电阻的恢复不是突变的，而是随电流 I 的增加逐渐变为正常电阻 R_0。

4）超导电性的隧道效应

1961 年，Josephson 根据经典超导理论（BCS 理论）提出，当两块超导体间的非超导层薄到一定程度时，这两块超导体间将有隧穿电流通过，该电流称为 Josephson 电流。不加电压时的现象称为直流 Josephson 效应，当加上电压时，隧穿电流将受到电压的调制，其频率与电压成正比，称为交流 Josephson 效应，也称为超导电性的隧道效应。1963 年，Anderson 和 Rowell 从实验中观察到了 Josephson 效应。超导电子学器件如放射线和电磁波传感器、电压标准计量、超导计算机等的工作原理正是 Josephson 效应。在经典力学中，如果两个空间区域被一个势垒所隔开，当只有粒子具有足够的能量穿过这个势垒时，它才会从一个空间区域进入另一个空间区域；而在量子力学中，即使粒子没有足够的能量，它也可能会以一定的概率穿过势垒，这就是隧道效应。

绝缘体通常对从一种金属流向另一种金属的传导电子起阻挡层的作用。如果阻挡层足够薄，则由于隧道效应，电子具有相当大的概率穿越绝缘层。当两种金属都处于正常态，夹层结构的电流在低电压下是欧姆型的，即电流正比于电压。

Giaever 发现，如果金属中的一种变为超导体，电流-电压的特性曲线则由直线变为曲线。可以用超导能隙来解释正常金属-绝缘体-超导体（NIS）结和超导体-绝缘体-超导体（SIS）结的超导隧道效应。

上面提到的 NIS 结和 SIS 结，隧道电流都是正常电子穿越势垒。正常电子导电，通过绝缘介质层的隧道电流是有电阻的。这种情况的绝缘介质厚度为几十到数百纳米，如 SIS 结的绝缘层厚度只有 1 nm 左右，那么理论和实验都证实了将会出现一种新的隧道现象，即库柏对的隧道效应，库柏对穿过势垒后仍保持着配对状态，这种现象就是 Josephson 隧道电流效应。

▶▶▶ 4.1.3 低温超导材料的制备 ▶▶▶

低温超导材料的种类多达数千种，有元素超导材料、化合物超导材料、合金超导材料和有机超导材料等。表 4.1 是典型的低温超导材料晶体结构及超导电性特征。其中，已经实用化和正在开发的材料有 Pb、Nb、V_3Ga、Nb_3Ge、NbN 和 $PbMo_6S_8$ 等。

表 4.1 典型的低温超导材料晶体结构及超导电性特征

材料		结构	T_c/K	H_{c2} (4.2 K)/T	能隙 Δ /MeV	相干长度 ξ/nm	磁场穿透深度 λ/mm	发现时间
元素	Pb	A_1(fcc)	7.2	0.09	1.34	约100	40	1913 年
	Nb	A_2(bcc)	9.25	0.4	1.5	39	31.5	1930 年
	V	B_2(bcc)	5.4	0.8	0.72	44	37.5	1930 年
合金	Pb–Bi	六方	8.8	约3	1.7	约20	202	1932 年
	Pb–In	A_1(fcc)	6.8	0.4	1.2	约30	150	1932 年
	Nb–Zr	A_2(bcc)	11.5	11	—	—	—	1953 年
	Nb–Ti	A_2(bcc)	9.8	12.5	1.5	约4	300	1961 年

1. 低温超导薄膜

低温超导薄膜主要用于超导电子器件的开发，它的制备方法主要有溅射法、化学气相沉积（CVD）法和电子束蒸发法等。溅射法的原理：在氩气气氛中，将靶材置于$-2\,000 \sim -200$ V的电位，通过电子的撞击将氩原子电离，带正电荷的氩离子被电场加速撞向负电位靶材，并将靶中的元素打击沉积在基片上，生长超导薄膜。为了提高沉积速率，往往在靶材表面施加磁场，称为磁控溅射法，如图 4.8 所示。磁控溅射法几乎可以制备所有的超导薄膜，尤其是高熔点材料薄膜以及非平衡态薄膜，且用该方法制备的薄膜表面平整、均匀，但是制备高质量的超导薄膜的条件较为苛刻。一般来讲，其真空度在$10^{-7} \sim 10^{-5}$ Pa，溅射气压在$0.1 \sim 100$ Pa，溅射气体的纯度在97.999%以上，极其微量的杂质元素，如 B、Si、Ge、C 和 N 等对薄膜性能有很大影响。

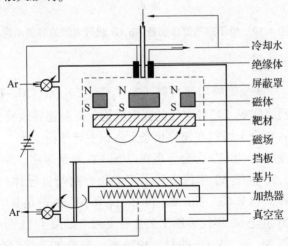

图 4.8 磁控溅射法装置示意

图 4.9 为 CVD 法制备 Nb_3Ge 超导薄膜的工艺流程。图 4.10 为电子束蒸发法制备 Nb_3Ge 超导薄膜的装置示意。CVD 法是利用薄膜组元的氯化物在基片表面和氢气反应从而形成超导薄膜的一种工艺方法，它的沉积速率可以达到磁控溅射的 100 倍，因此在制备超导带材方面有很大的优越性。

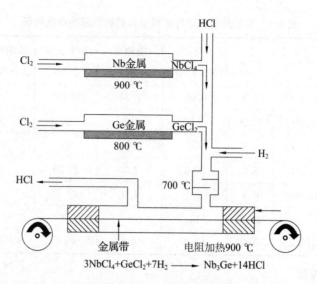

图 4.9　CVD 法制备 Nb₃Ge 超导薄膜的工艺流程

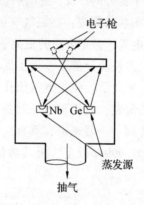

图 4.10　电子束蒸发法制备 Nb₃Ge 超导薄膜的装置示意

2. 低温超导线材

20 世纪 50 年代，一些强磁场超导材料，如 V_3Ga、$Nb-Zr$、$Nb-Ti$ 等的相继问世，及其线材的研制成功，最终实现了超导电性的强电应用。低温超导线材分为合金线材和化合物线材两种，其中 $Nb-Ti$ 合金线材在超导市场上占据主导地位。

合金线材最早开发的是 $Nb-Zr$ 合金，现在以 $Nb-Ti$ 合金为主。为了消除磁通跳跃，提高导线的截流稳定性，20 世纪 60 年代发展了多芯化合物与良导体（Cu、Al）的复合化工艺。化合物线材有多种，如 V_3Ga、Nb_3Al、$PbMo_6S_8$ 和 Nb_3Sn 等是其中具有代表性的材料。由于线材化难度大，20 世纪 60 年代后期工艺才有突破。如图 4.11 所示，当时采用表面扩散法成功地制备高性能 Nb_3Sn、V_3Ga 线材。1970 年，复合加工法（青铜法）的发明，实现了具有稳定化功能的极细多芯化合物线材的批量制备，图 4.12 是 $NbTi$ 极细多芯线材的制造工艺流程，图 4.13 是 Nb_3Sn 和 V_3Ga 多芯线材的复合加工法工艺流程。

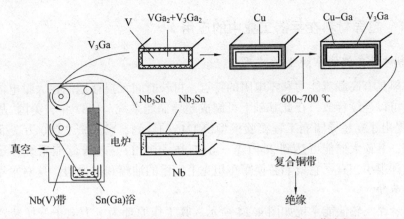

图 4.11 表面扩散法制备 Nb_3Sn 和 V_3Ga 线材的工艺流程

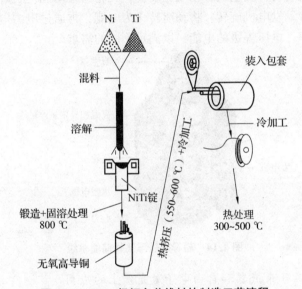

图 4.12 NbTi 极细多芯线材的制造工艺流程

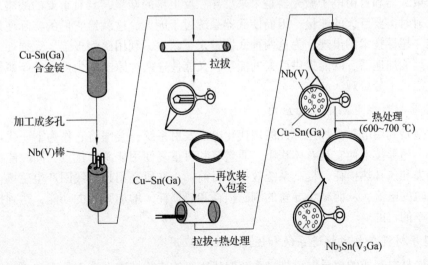

图 4.13 Nb_3Sn 和 V_3Ga 多芯线材的复合加工法工艺流程

▶▶▶ 4.1.4 超导材料在兵器工业中的应用 ▶▶▶

1. 超导材料在储能系统上的应用

超导材料具有高载流能力和零电阻的特点，可长时间无损耗地储存大量电能，需要时储存的能量可以连续释放，在此基础上可制成超导储能系统。1987 年，美国"战略防御计划"办公室提出建立超导储能工程实验模型（ETM）的计划，已投资 2 000 万美元建成了一个储能系统，其最大储能可达到 204 GW·h（7.35×10^{10} J）。超导储能系统容量虽大得惊人，但体积却很小，有了它就能替换军车坦克上笨重的油箱和内燃机，这对军用武器装备来说是一次革命。

超导磁悬浮飞轮储能系统如图 4.14 所示。其工作原理为电力电子变换装置从外部输入电能，驱动发电机旋转，发电机带动飞轮旋转，飞轮储存动能（机械能），当外部负载需要能量时，用飞轮带动发电机旋转，将动能转化为电能，再通过电力电子变换装置变成负载所需要的各种频率、电压等级的电能，以满足不同的需求。

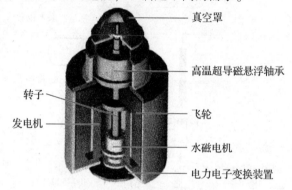

真空罩

高温超导磁悬浮轴承

转子

发电机

飞轮

水磁电机

电力电子变换装置

图 4.14　超导磁悬浮飞轮储能系统

2. 超导材料在离子束武器和自由电子激光器上的应用

离子束武器和自由电子激光器是未来反导、反卫星的新星，具有重要的战略意义，但它们在发射时需要巨大的能量，因而使武器系统过于庞大，这就给它们的实际使用造成一定的困难。超导技术的出现，为这两种武器带来了新生，利用磁性极强、无损耗的超导磁体制成的高能加速器，既能提供巨大的能量，又能使这两种原本威力巨大的新概念武器倍添灵活，前景十分可观。

3. 超导材料在电磁炮上的应用

电磁炮是利用电磁力加速弹丸的现代化电磁发射系统，美国将它作为下一代坦克炮的方案之一。超导技术使它具有体积小、质量轻和可重复使用能源的优点，同时能减少导轨的磁性损失和焦耳热损耗，提高系统效率。目前，正在研究用超导线圈产生磁场，以便减小通过导轨的电流，从而减小导轨的剩磁损耗和热损耗，增加弹丸的动能，达到提高电磁炮系统效率的目的。

4. 超导材料在电磁推进系统和陀螺仪上的应用

用超导材料制成的超导电磁推进系统取代舰艇的传统推进系统，具有推进速度快、效率高、控制性能好、结构简单、易于维修和噪声小等优点，使舰艇的航速和续航能力倍增，并能够大大提高舰艇的机动作战能力和生存能力。此外，利用超导体的抗磁特性，可以制成超导陀螺仪，能大大提高飞机的飞行精度。

 ## 4.2 纳米功能材料

▶▶▶ 4.2.1 纳米功能材料概述 ▶▶▶ ▶

人类在科学技术上的进步，总是与新材料的出现和使用密切相关，作为人类赖以生存和发展的主要物质基础之一的材料，标志着人类文明的进步程度。当今，人们利用物理、化学和现代科学技术不断创造新材料，但如何采用新的科技手段将其有效地应用，创造性能优异的产品是当前研究的热点课题。充满生机的21世纪，以知识经济为主旋律和推动力，正在引发一场新的工业革命，节省资源、合理利用能源、净化生存环境是这场革命的核心。纳米技术在生产方式和工作方式的变革中正在发挥重要作用，它对社会发展、经济繁荣、国家安全、环境与健康和人类生活质量的提高所产生的影响是无法估量的。2000年3月，美国政府推出的促进纳米技术繁荣的报告中明确指出：启动纳米技术促进计划，关系到美国在21世纪的竞争实力。纳米技术与信息技术和生物技术成为21世纪社会经济发展的三大支柱，也是当今世界强国争夺的战略制高点。在富有挑战性的21世纪前20年，纳米技术产业发展的水平决定着一个国家在世界经济中的地位，也为我国实现第三个战略目标，给世界文化、科技、经济和军事等现代化强国提供了一次难得的机遇。从前瞻性和战略性的高度看，发展纳米技术产业，全方位向高技术和传统产业渗透和注入纳米技术是刻不容缓的，是关系到我国在未来世界政治经济竞争格局中能否处于有利地位的关键。中国科学技术发展"十五"计划及以后一段时期，是我国产业结构调整发展纳米技术产业的好时期。纳米技术的切入，为产业升级带来新的机遇，并有可能在若干年内对国民经济进一步协调发展起到推动作用。

▶▶▶ 4.2.2 纳米材料的特殊效应 ▶▶▶ ▶

纳米材料（nanometer material）的概念最初是在20世纪80年代初期，由德国学者Gleitert提出，它是指分散相尺寸至少在一维方向上小于100 nm的材料。近年来，纳米功能材料的发展非常迅速，受到了材料界和产业界的普遍关注，掀起了纳米功能材料的研究热潮。目前国内外很多科学工作者都在通过高技术手段，采用纳米技术及先进的制造工艺，将纳米技术用于复合材料的制造，以提高材料的性能，并取得了很多可喜的研究成果。

当粒子尺寸进入纳米量级（1～100 nm）时，其本身具有量子尺寸效应、小尺寸效应、表面效应和宏观量子隧道效应，因而展现很多特有的性质，在催化、滤光、光吸收、医药、磁介质及新材料等方面有广阔的功能特性。由于金属超微粒子中电子数较少，因而电子数不再遵循 Fermi-Dirac 统计。小于10 nm 的纳米微粒强烈地趋向于电中性，这就是Kubo 效应，它对微粒的比热容、磁化强度、超导电性、光和红外吸收等均有影响。正因如此，认为原子族和纳米微粒是由微观世界向宏观世界的过渡区域，很多生物活性由此产生和发展。

1. 表面效应

纳米粒子的表面原子数与总原子数之比，随着纳米粒子尺寸的减小而大幅度地增加，粒子的表面能和表面张力也随之增加，从而引起纳米粒子性质的变化。纳米粒子的表面原子所处的晶体场环境及结合能，与内部原子有所不同，存在很多悬空键，并具有不饱和性质，因而极易与其他原子相结合而趋于稳定，所以具有很高的化学活性。

球形颗粒的表面积与直径平方成比例，其体积与直径的立方成正比，故其比表面积（表面积/体积）与直径成反比，即随着颗粒直径变小，比表面积会显著增大。假设原子间距为 0.3 nm，表面原子仅占一层，粒子的大小与表面原子数的关系如表 4.2 所示。由表可知，对于直径大于 100 nm 的颗粒，表面原子数可忽略不计；当直径小于 10 nm 时，其表面原子数激增。

表 4.2　粒子的大小与表面原子数的关系

直径/nm	1	5	10	100
原子总数	30	4 000	30 000	3 000 000
表面原子百分比/%	100	40	20	2

超微粒子表面活性很高，利用表面活性的特点，金属超微粒子有望成为新一代高效催化剂及储氢材料等，所以刚刚制备的纳米金属超微粒子，如果不经过钝化处理，在空气中会自燃。纳米粒子的表面吸附特性也引起了人们极大的兴趣，尤其是一些特殊的制备工艺，例如电弧等离子体方法，在纳米粒子的制备过程中就有氢存在的环境。纳米过渡金属有储存氢的能力，氢可以分为在表面上吸附的氢和作为氢与过渡金属原子结合而形成的固溶体形式的氢。随着氢含量的增加，纳米金属粒子的比表面积或活性中心的数目也大大增加。

2. 特殊的力学性质

由纳米超微粒制成的固体材料分为两个组元：微粒组元和界面组元。纳米超微粒具有大界面，界面原子排列相当混乱。图 4.15 为纳米块体的结构示意。陶瓷材料在通常情况下呈现脆性，而由纳米超微粒制成的纳米陶瓷材料却具有良好的韧性，纳米超微粒使陶瓷材料具有新奇的力学性能，这就是目前一些展销会上推出的所谓"摔不碎的陶瓷碗"。

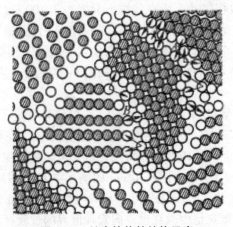

图 4.15　纳米块体的结构示意

CsF_2 纳米材料在室温下可大幅度弯曲而不断裂。人的牙齿之所以有很高的强度，是因为它是由磷酸钙等纳米材料构成的。纳米金属固体的硬度是传统粗晶材料硬度的 3~5 倍。至于金属-陶瓷复合材料，其则可在更大的范围内改变材料的力学性质，应用前景十分广阔。

3. 特殊的热学性质

在纳米尺寸状态材料的另一种特性是相的稳定性。当减少组成相的尺寸足够多的时候，由于在限制的原子系统中的各种弹性和热力学参数的变化，平衡相的关系将被改变。例如，被小尺寸限制的金属原子簇熔点的温度，被大大降低到同种固体材料的熔点之下。平均粒径为 40 nm 的纳米铜粒子的熔点由 1 053 ℃ 下降到 750 ℃，降低 300 ℃ 左右。这是由 Gibbs-Thomson 效应引起的，该效应在所限定的系统中有引起较高的有效压强的作用。

银的熔点约为 960 ℃，而超细银熔点变为 100 ℃。银超细粉制成的导电浆料，在低温下烧结，元件基片不必采用高温的陶瓷，可用塑料替代。日本川崎制铁公司以 0.1~1 μm 的铜、镍超微粒制成导电浆料，可代替钯和银等贵金属。超微粒的熔点下降，对粉末冶金工业具有一定的吸引力，如在钨颗粒中加入 0.1%~0.5% 的质量分数的纳米镍粉，烧结温度可从 3 000 ℃ 降到 1 200~1 300 ℃。

超微粒子的小尺寸效应还表现在导电性、介电性、声学性质以及化学性能等方面。

4. 特殊的光学性质

金被细分到小于光波波长的尺寸（数百纳米），会失去原有的光泽而呈现黑色。实际上，所有的金属超微粒子均为黑色，尺寸越小，色彩越黑，表明金属超微粒对光的反射率很低，一般低于 1% 时，大约有几纳米的厚度即可消光。利用此特性，金属超微粒可制作高效光热、光电转换材料，其将太阳能高效地转化为热能、电能，此外也可作为红外敏感元件和红外隐身材料等。

5. 特殊的磁性

磁性微粒是一个生物罗盘，生活在水中的趋磁细菌依靠它游向营养丰富的水底。研究表明，这些生物体内的磁颗粒是大小为 20 nm 的磁性氧化物。小尺寸超微粒子的磁性比大块材料强很多倍，如 20 nm 的纯铁粒子的矫顽力是大块铁的 1 000 倍，但当尺寸减小到 6 nm 时，其矫顽力反而又下降到零，表现所谓超顺磁性。利用超微粒子具有高矫顽力的性质，已做成高存储密度的磁记录粉，其可用于磁带、磁盘、磁卡和磁性钥匙等；利用超顺磁研制出应用广泛的磁流体，其可用于密封等。纳米粒子或团簇的磁性同样可能与大块材料的磁性不同，如 Th、Pd、Na 和 K 团簇是铁磁的，而它们的大块材料是顺磁的。

6. 化学性质

和传统材料相比，具有高比表面积的纳米相材料的化学活性相当惊人，随着纳米粒子尺寸的减少，比表面积明显增大，化学活性也明显增强。

7. 量子效应

当粒子尺寸下降到某一值时，金属纳米能级附近的电子能级出现由准连续变为离散的现象，纳米半导体微粒存在不连续的被占据的最高分子轨道能级，并且存在未被占据的最低分子轨道能级，并且能隙变宽。由此导致的纳米微粒的催化、电磁、光学、热学和超导等微观特性和宏观性质，表现与大块材料显著不同的特点。

对于纳米超微颗粒而言，大块材料中的连续能带将分裂为分立的能级，能级间的距离随颗粒尺寸减小而增大。当热能、电场能或磁场能比平均的能级间距还小时，超微颗粒就会呈现一系列与宏观物体截然不同的反常特性，称为量子尺寸效应，如导电的金属在制成超微粒子时，就可以变成半导体或绝缘体。磁矩的大小和颗粒中电子是奇数还是偶数有关，比热容也会发生反常变化，光谱线会向短波长方向移动。催化活性与原子数目有奇妙的联系，多一个原子活性很高，少一个原子活性很低，这就是量子尺寸效应的客观表现。

当微电子器件进一步微小化时，必须考虑上述量子尺寸效应，如制造半导体集成电路时，当电路的尺寸接近电子波长时，电子就会通过隧道效应而溢出器件，使器件无法工作。经典电路的极限尺寸大约为 0.25 μm。

▶▶▶ 4.2.3 纳米功能材料的制备 ▶▶▶

1. 气相法制备纳米微粒

1) 低压气体蒸发法(气体冷凝法)

在低压的氩气、氦气等惰性气体中加热金属，使其蒸发后形成超微粒(1~1 000 nm)或纳米微粒，这种方法称为低压气体蒸发法(气体冷凝法)。可用电阻加热法、等离子喷射法、高额感应法、电子束法、激光法加热，不同的加热方法制备的超微粒的量、品种、粒径大小及分布等存在一些差别。

低压气体蒸发法(气体冷凝法)整个过程在超高真空室内进行，达到 0.1 Pa 以上的真空度后，充入低压(约 2 kPa)的纯净惰性气体(氦气或氩气，纯度约为 99.999 6%)。置于坩埚内的物质通过加热逐渐蒸发，产生原物质烟雾。由于惰性气体的对流，烟雾向上移动，并接近液氮温度的冷却棒(77 K 冷阱)。在蒸发过程中，物质原子与惰性气体原子碰撞而迅速损失能量而冷却，导致均匀的成核，形成单个纳米微粒，最后在冷却棒表面上积聚起来，获得纳米粉。

2) 活性氢熔融金属反应法

含有氢气的等离子体与金属间产生电弧，使金属熔融，电离的氮气、氩气等气体和氢气溶入熔融金属，然后释放，在气体中形成金属的超微粒子，用离心收集器、过滤式收集器使微粒与气体分离而获得纳米微粒，这种方法称为活性氢熔融金属反应法。如以掺有氢和氮的加热蒸发的金属 Ti、Al 等制取陶瓷超微粒子 TiN 和 AlN。

3) 溅射法

用两块金属板分别作为阳极和阴极，阴极为蒸发用材料，在两电极间充入氩气(40~250 Pa)，两电极间施加 0.3~1.5 kV 电压。由于两电极间的辉光放电形成氩离子，在电场的作用下，氩离子冲击阴极靶材表面，使靶材原子从其表面蒸发出来，形成超微子，并在附着面上沉积下来，这就是溅射法。溅射法可制备高熔点和低熔点金属(常规的热蒸发法只能适用于低熔点金属)，能制备多组元的化合物纳米微粒，如 $Al_{52}Ti_{48}$、$Cu_{91}Mn_9$ 和 ZrO_2 等。

4) 流动液面上真空蒸发法

在高真空中蒸发的金属原子在流动的油面内形成极超微粒子，生成含有大量超微粒的糊状油。用电子束加热水冷铜坩埚中的蒸发原料，打开快门，使蒸发物镀在旋转的圆盘下表面，从圆盘中心流出的油，通过圆盘旋转时的离心力，在下表面上形成流动的油膜，蒸

发的原子在油膜中形成超微粒子。含有超微粒子的油被甩进了真空室沿壁的容器中，然后将这种超微粒含量很低的油在真空下进行蒸馏，使它成为浓缩的含有超微粒子的糊状物。此方法可制备 Ag、Au、Pd、Cu、Fe、Ni、Co、Al 和 Cu 等超微粒，平均粒径约 3 nm，而用惰性气体蒸发法难以获得这样小的微粒。采用此法的特点是粒径均匀、分布窄，粒径的尺寸可控。圆盘转速高、蒸发速度快、油的黏度高等，均使粒子的粒径增大，最大可达8 nm。

5）通电加热蒸发法

碳棒与金属接触，通电加热使金属熔化，金属与高温碳素反应并蒸发形成碳化物超微粒子。在蒸发室内有氩气或氢气，压力为 1 ~ 10 kPa。在制备 SiC 超微粒子时，在碳棒与硅板间通交流电（数百安），硅板被其下面的加热器加热，当碳棒温度高于 2 473 K 时，在它的周围形成了 SiC 超微粒的"烟"，然后将它们收集起来。

惰性气体种类不同，超微粒的大小也不同，氩气中形成的 SiC 为小球形，氩气中为大颗粒。用此种方法还可以制备 Cr、Ti、V、Cr、Hf、Mo、Ni、Ta 和 W 等碳化物超微粒子。

6）混合等离子法

采用高频（RF）等离子与直流（DC）等离子组合的混合方式来获得超微粒子。石英管外的感应线圈产生高频磁场（几兆赫），将气体电离产生 RF 等离子体，由载气携带的原料经等离子体加热，反应生成超微粒子并附着在冷却壁上。气体或原料进入 RF 等离子体的空间，会使 RF 等离子弧焰被搅乱，导致超微粒生成困难。沿等离子室轴向同时喷出 DC 等离子电弧束，可以防止 RF 等离子弧焰受干扰，因而该方法称为混合等离子法。

产生 RF 等离子体时没有电极，不会因电极物质（熔化或蒸发）混入等离子体而产生杂质，因此超微粒的纯度较高。等离子体所处的空间大，气体流速比 DC 等离子体慢，致使反应物质在等离子空间停留时间长，物质可以充分加热反应。可使用非惰性的反应性气体，不仅能制备金属超微粒，也可制备化合物超微粒。

7）激光诱导化学气相沉积（LCVD）

激光诱导化学气相沉积制备超细微粒的基本原理是利用反应气体分子（或光敏剂分子）对特定波长激光束的吸收，引起反应气体分子发生激光光解（紫外光解或红外多光子光解）、激光热解、激光光敏化和激光诱导化学合成反应，在一定工艺条件下（激光功率密度、反应池压力、反应气体配比和流速、反应温度等），使超细粒子空间成核和生长。例如，用 CO_2 激光（10.6 μm）辐照硅烷（SiH_4）气体分子时，硅烷分子热解，合成纳米硅微粒，该方法还能合成 SiC 和 Si_3N_4 纳米微粒，粒径可控制在几纳米到 70 nm，粒度分布可控制在几纳米以内。

2. 液相法制备纳米微粒

采用沉淀法，在包含一种或多种离子的可溶性盐溶液中，加入沉淀剂（如 OH^-、$C_2O_4^{2-}$ 和 CO_3^{2-} 等），或于一定温度下使溶液发生水解，形成不溶性的氢氧化物或盐类从溶液中析出，并将溶液中原有的阴离子洗去，经热分解即得到所需的氧化物粉料。

1）共沉淀法

在含多种阳离子的溶液中加入沉淀剂后，所有离子完全沉淀的方法，称为共沉淀法。它又可分成单相共沉淀和混合物共沉淀。

①单相共沉淀。沉淀物为单一化合物或单相固溶体，例如，在 Bi、Ti 的硝酸盐溶液中

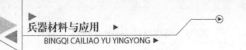

加入 $C_2O_4^{2-}$ 沉淀剂后，形成单相化合物 $BaTiO(C_2H_4)_2 \cdot 4H_2O$ 沉淀；在 $BaCl_2$ 和 $TiCl_4$ 的混合水溶液中加入 $C_2O_4^{2-}$ 后，也可得到单一化合物 $BaTiO(C_2H_4)_2 \cdot 4H_2O$ 沉淀，经高温（450~750 ℃）加热分解，经过一系列反应可制得 $BaTiO_3$ 粉料。缺点是适用范围很窄，仅适用于有限的草酸盐沉淀，如二价金属的草酸盐间产生固溶体沉淀。

②混合物共沉淀。沉淀产物为混合物，如四方氧化锆或全稳定立方氧化锆的共沉淀，用 $ZrOCl_2 \cdot 8H_2O$ 和 Y_2O_3 为原料来制备 $ZrO_2\text{-}Y_2O_3$。Y_2O_3 用盐酸溶解得到 YCl_3，然后将 $ZrOCl_2 \cdot 8H_2O$ 和 YCl_3 配制成一定浓度的混合溶液，在其中加 NH_4OH 后，便有 $Zr(OH)_4$ 和 $Y(OH)_3$ 的沉淀粒子。将得到的氢氧化物共沉淀物经洗涤、脱水、煅烧，可得到 $ZrO_2\text{-}Y_2O_3$ 微粒。混合物共沉淀过程是非常复杂的，各种离子沉淀的先后与溶液的 pH 值密切相关。

2）均相沉淀法

一般的沉淀过程是不平衡的，如果控制溶液中的沉淀剂浓度，使之缓慢增加，则可以使溶液中的沉淀处于平衡状态，且沉淀能在整个溶液中均匀地出现，这种方法称为均相沉淀法。此法解决了由外部向溶液中加沉淀剂而造成沉淀剂局部不均匀性的问题。例如，随尿素水溶液的温度逐渐升高到 70 ℃，尿素会逐渐发生分解，由此生成的沉淀剂 NH_4OH 在金属盐的溶液中分布均匀且浓度较低，可使沉淀物均匀地生成。由于尿素的分解速度受加热温度和尿素浓度的控制，因此可以使尿素分解速度降得很低。

3）金属醇盐水解法

金属醇盐水解法是利用一些金属有机醇盐能溶于有机溶剂并发生水解，生成氢氧化物或氧化物沉淀的特性，制备细粉料的一种方法。由于有机试剂纯度高，因此氧化物物体纯度高，可制备化学计量的复合金属氧化物粉末。除硅和磷的醇盐外，几乎所有的金属醇盐与水反应都很快，产物中的氢氧化物、水合物灼烧后变为氧化物。

3. 固相法制备纳米微粒

1）高能球磨法

高能球磨法是利用球磨机的转动或振动，使硬球对原料进行强烈地撞击、研磨和搅拌，把金属或合金粉末粉碎为纳米级微粒的方法。如果将两种或两种以上金属粉末同时放入球磨机的球磨罐中进行高能球磨，粉末颗粒经压延、压合、又碾碎、再压合的反复过程（冷焊—粉碎—冷焊反复进行），最后就能获得组织和成分分布均匀的合金粉末。由于这种方法是利用机械能达到合金化，而不是用热能或电能，因此该方法称为机械合金化。

机械合金化可将相图上几乎互不相溶的几种元素制成固溶体，这是用常规熔炼方法无法实现的。机械合金化方法成功地制备多种纳米固溶体，如 Fe-Cu、Ag-Cu、Al-Fe、Cu-Ta、Cu-W 等；也可制备金属间化合物，如在 Fe-B、Ti-Si、Ti-B、Ti-Al(-B)、Ni-Si、V-C、W-C、Si-C、Pd-Si、Ni-Mo、Nb-Al、Ni-Zr 等 10 多种合金系中，制备不同晶粒尺寸的纳米金属间化合物。

高能球磨法也是制备纳米复合材料的有效的方法，它可以把金属与陶瓷粉（如纳米氧化物、碳化物等）复合在一起，获得具有特殊性质的新型纳米复合材料。如把几十纳米的 Y_2O_3 粉体复合到 Co-Ni-Zr 合金中，占 1%~5%（质量分数）的 Y_2O_3，在合金中呈弥散分布，使 Co-Ni-Zr 合金的矫顽力提高约两个数量级。此外，用高能球磨法已经成功制备 Cu-纳米 CaO 复合材料。

高能球磨法制备的纳米粉体的主要缺点是晶粒尺寸不均匀，容易引入某些杂质，但是该方法制备的纳米金属与合金结构材料产量高、工艺简单，并能制备用常规方法难以获得的高熔点的金属或合金纳米材料。

2）非晶晶化法

晶化法制备的纳米结构材料的塑性对晶粒的粒径十分敏感，只有晶粒直径很小时，塑性较好，否则材料会变得很脆。因此，对于某些成核激活能小、晶粒长大激活能大的非晶合金，采用非晶晶化法才能获得塑性较好的纳米晶合金。

▶▶▶ 4.2.4 纳米功能材料在兵器工业中的应用 ▶▶▶

1. 纳米功能材料在武器装备上的应用

1）纳米金属材料

①纳米金属复合结构材料。纳米增韧补强的新型合金可大幅度提高材料的强度，降低材料的用量，减轻飞行器的质量，从而提高飞行器的飞行速度和性能。6 nm 的铁晶体压制而成的纳米铁材料，较之普通钢铁强度提高 12 倍，硬度提高 2~3 个数量级。利用纳米铁材料，可以制成高强度、高韧性的特殊钢材。纳米铜或纳米钯的块体材料的硬度，比常规材料足足提高了 50 倍，屈服强度提高了 12 倍。

②"发汗"金属。在航空航天技术中，通过仿生技术研制了"发汗"金属，使其在高温下出汗散发热量。采用纳米介孔复合材料，把金属钨制成中空的金属骨架，以相对低熔点的铜或银等填充在孔隙或"汗孔"中，制成"发汗"金属。用"发汗"金属制成的火箭喷嘴，随着温度的升高，铜或银逐渐熔化、沸腾、蒸发，并及时吸收大量的热量，从而保护了喷嘴骨架，保证了火箭的正常运行。

③纳米焊接。纳米材料的熔点（液相烧结温度）比原材料要低。例如，银的熔点约为 960 ℃，而超细的银粉液相烧结温度可以降低几百摄氏度，因此用超细银粉制成导电浆料，可以在较低温下进行烧结，此时基片不一定采用耐高温的陶瓷材料，甚至可采用塑料等低温材料。又如，金的熔点在一般情况下是 1 064 ℃，加工成 10 nm 左右的粉末之后，熔点（液相烧结温度）降低到 940 ℃，如果将其进一步加工到 2 nm 左右，金在大约 833 ℃就可出现液相。俄罗斯科学院的专家利用纳米焊接技术，对"和平号"空间站的外壳裂纹及仪表等进行了多次成功的纳米焊接修补，使"和平号"空间站的服役时间延长了近 3 倍。

2）纳米防护涂层

各类新型、高性能防护涂层可防止金属材料的腐蚀和延缓复合材料的老化，是保证飞机安全飞行和延长飞机寿命的基本措施。通常对于飞机蒙皮等部件以有机涂层为主；而对于火箭、飞行器的发动机部件及燃烧室等，则主要采用无机涂层。

①金属及合金的纳米涂层材料。金属纳米涂层主要有 Ni、Cu、Fe、Ti 等，以及以这些金属为基，添加其他元素如 Al、Cr、C、B、Si、P、Sn、W 等形成镍基、铜基、铁基、钛基合金。还有用金属或合金作基体材料，复合无机非金属粒子，通过烧结、喷涂或沉积等方法，形成金属基复合材料涂层；或将金属粉添加到高分子等材料中，形成复合材料涂层。Ni、Ni-P、Ni-Zn 和 Ni-Cr-Cu 等金属或合金纳米涂层，可明显提高材料的耐蚀性能及适当提高耐磨性，纳米 Fe-Ni-Cr 复合涂层还具有良好的防应力腐蚀开裂的性能。

将纳米 Fe、Ti、Ni 等与 WC、SiC 和 Al_2O_3 等复合，可形成超硬、高耐磨性的 Fe-WC、

Ti-WC、Ni-WC、Ni-SiC 和 Ni-Al$_2$O$_3$ 等复合涂层材料。将纳米金属 Al 分散粒子，加到 ZnSO$_4$ 镀锌溶液中，形成 Zn-Al 复合涂层，其耐蚀性能要明显优于电镀锌和热镀锌。

②陶瓷材料纳米涂层。此类涂层大量用于需要耐高温、抗腐蚀、抗氧化、耐磨、高强度、电绝缘等关键部位，主要包括氧化物纳米涂层、非氧化物纳米涂层及金属陶瓷纳米复合涂层三类。

氧化物纳米涂层具有熔点高、耐高温、抗氧化、热导率低、耐磨、化学稳定性高、抗腐蚀、电绝缘等优点，是目前应用最广泛的纳米涂层材料。常用的氧化物纳米涂层材料有 Al$_2$O$_3$、TiO$_2$、Fe$_2$O$_3$、Cr$_2$O$_3$、Y$_2$O$_3$ 和 SiO$_2$ 等，各氧化物之间还可形成二元或多元复合涂层。在航空航天材料中，主要研究和应用的耐高温、耐磨、抗氧化、抗腐蚀的纳米氧化物涂层有 Al$_2$O$_3$、ZrO$_2$、Al$_2$O$_3$-TiO$_2$、ZrO$_2$-Y$_2$O$_3$、ZrO$_2$-Al$_2$O$_3$ 等氧化物及复合涂层。

非氧化物纳米涂层主要包括碳化物涂层、氮化物涂层、硼化物涂层等。非氧化物纳米涂层具有比氧化物纳米涂层更好的力学性能、耐高温性能及抗化学侵蚀性能，但是部分非氧化物纳米涂层的高温抗氧化性能较差。常用的非氧化物纳米涂层有 SiC、WC、TiC、BC、CrC、SiN 和 BN 等。

想要更好地发挥纳米涂层的功能和作用，往往需要形成纳米复合涂层材料，金属陶瓷纳米复合涂层就是其中很好的实例。将 WC 加入 Fe、Co 和 Ni 中，可形成硬质合金材料。与传统硬质合金材料相比，纳米硬质合金涂层材料既有高的硬度、耐磨性能，又有更低的脆性。

③塑料与高分子纳米复合涂层材料。通过在塑料或高分子材料基体中添加复合纳米粉，形成塑料或高分子基纳米涂层，如在树脂中加入 TiO$_2$、SiO$_2$ 纳米填充材料等，随着涂层的固化，纳米粒子起到强化、增韧等作用。将与涂料有较好亲和性的有机高分子纳米或超微米颗粒复合，既可增强涂层的结合强度，又可提高涂层的抗腐蚀能力。

3）纳米陶瓷材料

纳米陶瓷克服传统陶瓷的脆性、不耐冲击等弱点，可作为舰艇和飞机涡轮发动机部件材料，以提高发动机效率、工作寿命和可靠性。纳米陶瓷也是主战坦克大功率、低散热发动机的关键材料。纳米陶瓷所具有的高断裂韧性和耐冲击性，可贴覆或装设在水面舰艇等易于遭受碰撞和打击的部位，用来提高坦克、复合装甲等的抗弹能力。将纳米陶瓷衬管用于高射速武器，如火炮、鱼雷等能提高武器的抗烧蚀冲击能力，延长使用寿命。

红外陶瓷是一种能透过红外辐射的多晶陶瓷材料，也是应导弹技术的需要而发展起来的一种新型功能结构材料。为了准确击中目标，导弹头部装有红外线自动跟踪装置，并能自动调节飞行方向，这样导弹头部的外壳材料（头罩）不仅要耐高温高压，而且要能透过红外线。对于红外-雷达或红外-激光复合制导导弹的头罩，还要求能透过微波、激光等射线。利用红外陶瓷还可制成前视红外系统，监视敌情。

此外，运用科技手段可以制成各种像蓝宝石一样硬、玻璃一样透明的透明陶瓷，这种陶瓷能够耐 2 000 ℃的高温，耐腐蚀且机械强度高，可用于制成各种防弹陶瓷和导弹整流罩等。

4）纳米传感材料

纳米材料由于比表面积大，表面活性高，可广泛用作各种敏感材料。用纳米材料制作的气敏元件，不仅保持了粗晶材料的优点，而且改善了响应速度，增强了敏感度，还可以有效地降低元件的工作温度。纳米传感器的应用研究还刚刚起步，但它已显示出其他传感器无法企及的优点，如敏感度高、形体小、能耗低和功能多等。

传感器中重要的一类是化学传感器，而气体传感器又是化学传感器的重要组成部分。气体传感器通常是利用金属氧化物随周围气体组成的改变，致使电阻等发生变化来对气体进行检测和定量测定的。组成气体传感器材料的微粒粒度越小，比表面积越大，传感器与周围气体的接触而发生相互作用就越大，敏感度越高。用 TiO_2、Al_2O_3 可用于氧氮气氛，用 SnO_2 可用于化学剂探测。金属纳米粒子具有很强的从可见光到整个红外范围的吸收率，吸收后转化为热，金属纳米粒子沉积在基板上形成的膜，成为特殊的红外传感器。

Fe/Cu、Fe/Al、Fe/Au、Co/Cu、Co/Ag、Co/Au 的纳米结构多层膜有巨磁阻效应，在军事上可用于微弱磁场的探测。

纳米功能材料制成的飞行器或武器的蒙皮，可察觉微小的外界"刺激"。飞机蒙皮可感应飞机的速度；潜艇可感应海水的水流、水温、水压的微小变化，测定航速，提前发现鱼雷。

2. 纳米功能材料在隐身技术上的应用

纳米隐身技术包括反声呐、反雷达、反激光和反红外探测等。基本原理是利用纳米吸波材料，将雷达波转换成其他形式的能量（如机械能、电能和热能）而消耗。美国 F-117A 型飞机蒙皮上的隐身材料，含有多种超微粒子，它们对不同波段的电磁波有强烈的吸收能力。一方面，由于纳米微粒尺寸远小于红外及雷达波波长，因此纳米微粒材料对这种波的透过率，比常规材料要强得多，这就大大减少对波的反射率，使红外探测器和雷达接收的反射信号变得很微弱，从而达到隐身的作用；另一方面，纳米微粒材料的比表面积比常规粗粉大 3~4 个数量级，对红外光和电磁波的吸收率也比常规材料大得多，这就使红外探测器和雷达得到的反射信号强度大大降低，因此探测目标很难发现，从而起到隐身作用。

吸波材料一般由基体材料（或胶粘剂）与损耗介质复合而成。当前研究的重点包括基体材料、损耗介质和成形工艺的设计，其中损耗介质的性能、数量及匹配选择是吸波材料设计中的重要环节。目前，已研制开发并成功应用于吸波材料中的损耗介质达几十种之多，并且还在不断发展新品种。根据吸收机理的不同，吸波材料中的损耗介质可分为电损耗型和磁损耗型两大类。前者包括各种导电性石墨粉、烟墨粉、碳化硅粉末或碳化硅纤维、特种碳纤维、碳粒、金属短纤维、钛酸钡陶瓷和各种导电性高分子聚合物等，其主要特点是具有较高的电损耗正切值，依靠介质的电子极化、粒子极化、分子极化、界面极化衰减、吸收电磁波。后者包括各种铁氧体粉、羰基铁粉、超细金属粉和纳米材料等，具有较高的磁损耗正切值，依靠磁滞损耗、畴壁共振和自然共振、后效损耗等磁极化机制衰减、吸收电磁波。结构型吸波材料是吸波材料中主要的一类，通过各种特殊的纤维，在提高材料力学性能的同时，又具有一定的吸波性能，实现隐身与承载双功能，这是目前吸波材料发展的主要方向。

此外，一些军事发达国家，用具有红外吸收功能的纤维研制成红外吸收隐身军服。人体释放的红外线为 4~6 mm 的中红外频段，红外吸收纳米微粒由于粒度小，很容易填充到纤维中，在拉制纤维时不会堵喷头，而且某些纳米微粒具有很强的吸收中红外频段的特性，纳米 Al_2O_3、TiO_2、SiO_2 和 Fe_2O_3 等的复合粉就具有这种功能。纳米添加的纤维还有一个特性，就是对人体红外线有强吸收作用，可以增加保暖作用，减轻衣服的质量。根据估算，采用添加红外吸收纳米粉的纤维做成的衣服，质量可减轻 30% 左右。

3. 纳米功能材料在武器装备微型化和智能化上的应用

纳米管制作的防弹衣，强度比一般的钢铁高 100 倍；纳米材料制成的头盔，由于其中

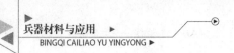

装有超小型体积的计算机，因此这种头盔是一个高度集成化的综合"智能单元"，能与其他武器装备和作战指挥平台进行实时数据传输，而且结构轻便。纳米武器的优势，不仅使武器质量减轻，更重要的是强度提高，且耐高温、抗疲劳和耐腐蚀。

纳米功能材料应用于武器装备，可大幅度减轻质量，使弹药的可靠性能和储存时间提高10倍以上，同时将增加子母弹的装药量。运用结晶硅制成的一体化纳米机器，能够抵抗强大的加速力和冲击力，适合做炮弹的信管。美军目前在研的一种"灵巧炸弹"（LCCM），引信上装有微型导航控制系统，控制器件的机械尺寸已达到微米级。美国国防部高级研究计划局认为，LCCM的命中精度将提高10倍。美国和以色列目前正在联合研制针尖的1/5 000大小的纳米炸弹，可以炸毁生化武器中含有致命炭疽孢子体的病毒。

1998年，美国的一所大学在实验室制造出了一种有特殊功能的微型机器虫，甚至设想将来能够制造出机身长度将在几毫米至十几毫米的纳米飞机，质量为0.1~10 kg的纳米卫星，可声控的纳米机器人士兵（蚂蚁兵）等。虽然在现在看来它们似乎像是科学幻想，但是在17世纪、18世纪也认为飞机、航天飞行器、登月、计算机、高速网络等是幻想，而现在已成为现实。

4.3　阻尼材料

▶▶▶ 4.3.1　阻尼概述 ▶▶▶ ▶

随着近代各种机械的功率、速度不断增加，振动造成的有害噪声也随之增长。有害的振动导致材料疲劳，并降低机械部件的工作可靠性。潜艇发动机振动噪声沿艇体的传播和发射，不但干扰导航仪器的正常工作，而且将自己暴露；音像系统中的机械振动将不可避免地被调制成背景噪声，降低信噪比，影响图像的声音和质量。噪声在造成严重环境污染的同时，还恶化劳动条件，刺激人体中枢神经和血管系统。表4.3列出在不同连续工作时间中，环境允许的噪声水平（美国标准）。

表4.3　环境允许的噪声水平（美国标准）

日工作时间/h	8	6	4	2	1.5	1	0.5	0.25
噪声级/dB	90	92	95	97	100	102	105	110	115

治理机械振动噪声方法有3种：系统减振、结构减振和材料减振。虽然可以从设计上使构件固化，如采用合理的设计或附加隔音装置等结构减振，但势必使机器大型化，质量增加，成本提高。对于工作在动力状况下的机械与结构零件，采用具有大内耗的高阻尼合金，对减小有害振动和噪声，阻碍传播，以及降低共振峰值应力等方面有效，在很多情况下甚至是唯一可采用的方法。由于这种合金存在大内耗，结构的自由振动很快地衰减，在共振状况下受迫振动的振幅大大降低，在自由度大的结构中，脉冲应力显著降低，而且在动态应力集中的地方发生松弛。如苏联对内燃机曲轴振动的研究表明，当其振动向共振过渡时，曲轴中依靠材料的阻尼，可消耗振动能量的60%~65%，而用结构减振仅消耗35%~40%。利用阻尼合金达到减振有3大优点：防止和减少振动；防止和减少噪声；增加材料的疲劳寿命。

▶▶▶ 4.3.2　阻尼的概念和度量 ▶▶▶▶

1. 内耗和阻尼

固体对振动的衰减,是弹性波与固体内的各种缺陷(点、线、面)或声子、电子、磁子等的相互作用,而使机械能消耗的现象,是一种力学损耗。

一个自由振动的固体,即使与外界完全隔离,它的机械能也会转换成热能,从而使振动逐渐停止。如果一个机械系统处于强迫振动,则必须不断从外界供给能量才能维持振动。这种由于材料内部的原因而使机械能消耗的现象称为内耗或阻尼。高阻尼合金就是利用金属材料内部的各种相应阻尼(内耗)机制吸收机械振动能,并将振动能转换成热能而耗散,从而达到对机械、仪器仪表等的减振或降噪功效。众所周知,对于完全弹性体而言,应变能够单一地为每一瞬间的应力所确定,即应力和应变间存在着单值函数关系。这样的固体在加载和去载时,应变总是瞬时达到其平衡值,在发生振动时,应力和应变始终保持同位相,而且呈线性关系,称为弹性,不会产生内耗,如图 4.16(a)所示。实际固体则不同,当加载和去载时,其应变不是瞬时达到平衡值,振动时应变的位相总是落后于应力,这就使应力和应变不是单值函数,称为滞弹性。显然,在远低于引起范性形变的应力下能观察到内耗(阻尼)现象,这一事实表明,实际固体没有一个真正的"弹性区"。这些非弹性行为在应力–应变曲线上出现滞后回线,振动时就要产生内耗,其内耗的大小决定于回线所包围的面积,如图 4.16(b)所示。可见内耗是与实际固体的非弹性行为相联系的现象。

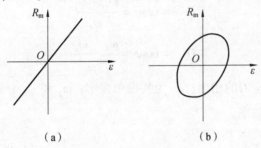

图 4.16　应力–应变曲线
(a)弹性应力–应变曲线;(b)非弹性应力–应变曲线

若用 W 表示总振动能量,ΔW 表示固体振动一周的能量损耗,则可用 $\Delta W/W$ 来衡量内耗的大小,而物理学上为了与阻尼的电磁回路相对应,常采用 Q^{-1} 来表示内耗,这里 Q^{-1} 是振动系统的品质因子,类似于电磁回路中品质因子的定义。内耗的计算公式如下:

$$Q^{-1} = \frac{1}{2\pi} \frac{\Delta W}{W} \tag{4.4}$$

目前有多种度量内耗的方法,它们随测量方法或振动模式而不同,但相互之间可以转换。

2. 内耗和阻尼的度量

1)自由衰减法

图 4.17 所示为自由振动的衰减曲线。由图可知,材料在最初受外力激发及去除外力后,其振动的振幅随时间衰减。阻尼大的材料,衰减速率快。采用振幅的对数缩减量 δ 来度量内耗的大小,这里 δ 表示相邻两次振动中振幅比的自然对数,即取第一次的振幅 A_1

和第 $n+1$ 次的振幅的对数值。计算内耗 Q^{-1} 公式为

$$Q^{-1} = \tan\varphi = \frac{1}{\pi}\delta = \frac{1}{\pi}\ln\frac{A_n}{A_{n+1}} = \frac{1}{n\pi}\ln\frac{A_1}{A_{n+1}} \tag{4.5}$$

采用倒扭摆仪测量丝状(直径为 0.5~1.5 mm，长度为 4~10 mm)或片状试样，测量的频率为 0.5~20 Hz，应变振幅为 10^{-7}~10^{-4}。

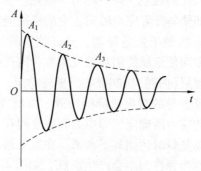

图 4.17　自由振动的衰减曲线

2)强迫共振法

当试样做强迫振动时，根据振动方程求解，可以得到应变振幅随角频率变化的共振曲线(图 4.18)表达式，由此可求得内耗为

$$Q^{-1} = \tan\varphi = \frac{\omega_2 - \omega_1}{\omega_r} \tag{4.6}$$

$$Q^{-1} = \tan\varphi = \frac{\omega_2 - \omega_1}{\sqrt{3}\,\omega_r} \tag{4.7}$$

式中，φ 为应变落后于应力的相角；ω_r 为共振角频率；ω_2 和 ω_1 分别为振幅下降到最大值的 $1/\sqrt{2}$ 时前、后的角频率。

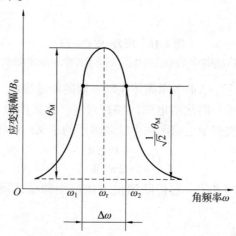

图 4.18　应变振幅随角频率变化的共振曲线

由此可见，只要在实验中测得共振曲线，即可求出内耗值。显然当采用共振法时，内耗测量的精度随 $\Delta\omega = \omega_2 - \omega_1$ 的增加而提高，因此在高阻尼情况下采用共振法是较为合理的。振动频率与试样的几何尺寸有关，圆柱试样的扭振动和纵振动模式的频率，主要决定

于试样的长度，其频率一般为 $10^4 \sim 10^6$ Hz，横振动模式的频率为 $3 \times 10^2 \sim 10^4$ Hz，取决于试样的长度和直径或横截面。

3）复合振荡器法

结合共振棒法中的纵向法、扭转法在超声频率的推广，将 $6.5 \times 3 \times 3$ mm^3 试样粘贴到熔石英上，置于加热炉中，再先后通过其石英晶体侧粘贴到第二探测石英晶体和第三驱动石英晶体上，组成一个四元复合振荡器。通过粘贴在驱动和探测石英晶体上的电极导线来施加驱动信号和采集信号，可在自由振动衰减、恒定振幅和共振频率下测定内耗，包括单悬臂弯曲或双悬臂弯曲法、三点弯曲法、纵向法和扭转法等。适用频率为 $30 \sim 200$ Hz。

4）比阻尼

工程上使用的比阻尼（specific damping capacity，SDC）（衰减系数）定义为

$$SDC = \frac{A_n^2 - A_{n+1}^2}{A_n^2} \times 100\% \tag{4.8}$$

式中，A_n 为第 n 个振幅；A_{n+1} 为第 $n+1$ 个振幅。

5）SDC 和 Q^{-1} 的关系

衰减可用 Q^{-1} 或 δ 表示，在衰减能大时一般用 SDC 表示，两者的关系为

$$Q^{-1} = \frac{\delta}{\pi} = \frac{SDC}{200\pi} \tag{4.9}$$

SDC 值超过 20% 的材料定义为高阻尼材料，表 4.4 按 SDC 值的大小列出一些金属材料在室温时的阻尼特性。

表 4.4 一些金属材料在室温时的阻尼特性

材料	SDC/%	屈服强度/MPa	密度/(g·cm^{-3})
镁	49	180	1.74
Cu-Mn	40	310	7.50
Ni-Ti	40	172	6.45
Fe-Cr-Al	40	276	7.40
高碳铸铁	19	172	7.70
纯镍	18	62	8.90
纯铁	16	69	7.86
马氏体不锈钢	8	526	7.70
灰铸铁	6	172	7.80
铝粉	5	138	2.55
低碳钢	4	345	7.86
铁素体不锈钢	3	310	7.75
球墨铸铁	2	345	7.80
中碳钢	1	413	7.86
奥氏体不锈钢	1	240	7.80

▶▶▶ 4.3.3 阻尼材料的分类 ▶▶▶

阻尼材料可以分为金属类阻尼材料、黏弹性阻尼材料、阻尼复合材料和智能型阻尼材料。

1. 金属类阻尼材料

产生金属类材料阻尼的原因可以归因于热弹性阻尼、磁性阻尼、黏性阻尼和缺陷阻尼。热弹性阻尼是材料受力不均匀在内部造成温度差，从而产生热流引起能量耗散从而产生阻尼。磁性阻尼是铁磁金属受外力作用，引起磁畴壁的微小移动而产生磁化，损耗能量从而产生阻尼。黏性阻尼是当温度很高时，材料具有黏弹性而引起的阻尼，此时应力和应变之间的关系为非线性，变形也不能完全恢复。缺陷阻尼是由于材料本身对缺陷区域原子运动的阻碍引起的阻尼，是材料的固有阻尼。对于金属材料，缺陷阻尼是总体阻尼的主要组成部分。金属类阻尼材料又可分为复相型、强磁型、位错型、孪晶型和超塑性型5类。

1）复相型

在强韧的基体中，如有软的第二相析出，则在基体和第二相的界面上，容易发生塑性流动或黏性流动，外界的振动或声波可以在这些流动中被消耗，声音被吸收。片状石墨铸铁中75%～90%的碳在基体中为片状石墨，断口呈灰色，可用于制造机床底座和电动机机座。然而片状石墨铸铁加工困难、质脆、机械强度低、耐蚀性差，因而应用受到限制。但在碳当量为4.5%～5.2%的铸铁中加入少量的Zr元素，或加入其他少量的合金元素，使片状石墨粗大成长，可提高铸铁的衰减系数。图4.19为Fe-C-Si复相型阻尼合金的石墨分布。

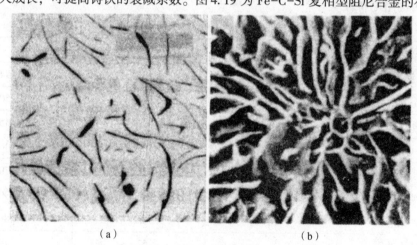

（a）　　　　　　　　　　　　　　　　（b）

图4.19　Fe-C-Si复相型阻尼合金的石墨分布

（a）金相图；（b）扫描图

另一种复相型阻尼合金为Ni-Zn(SPZ)、Al-40Zn和Al-78Zn，合金分别经固溶、150℃时效，在晶界有Zn的不连续析出相产生，合金的衰减能随温度增高而上升，在50℃附近可获得高衰减系数SDC=30%，这是最早报道的高阻尼合金。这种合金具有牢固、便宜、轻巧和易于加工等优点，能吸收电动机的微振，使唱针免干扰，确保音质清晰，可用来制作唱机的转盘。用这种材料制造发动机机盖和部分机械，能使噪声大幅度减弱。在新型减振降噪（高阻尼）ZDAl［Zn-(18～27)AlMnCuSiMg］铸造Zn-Al合金基础上，添加Ti(0.01%～0.5%)、B(0.001%～0.22%)、Zr(0.01%～0.8%)、Cr(0.01%～0.5%)和

Re(0.01% ~ 1.0%)等微量元素，能对 Zn-Al 阻尼合金的组织进行细化，使强韧性得到改善，且合金元素的加入对 Zn-Al 母合金的界面可动性影响不大，而可动界面的数量增加，使阻尼性能得到相应地提高。多元素共同添加的作用效果较之单元素显著，多元素优化配比共同添加可使强度提升149%左右，延伸率提升30%，其阻尼性能(内耗值)可提高30%以上。

2)强磁型

磁性体内部被划分成由磁壁包圈的磁畴小单元，在外加交变应力下，磁堕振动吸收能量，这种能量损耗产生的阻尼为强磁型阻尼。磁弹性内耗是铁磁材料中磁性与力学性质间的耦合所引起的，磁致伸缩提供了磁性与力学性质的耦合。由于在应力作用下存在磁弹性能，因而可引起磁畴的转动和畴壁的推移，这种交变应力引起磁畴的运动是一个不可逆的过程，在能量上引起从机械能到热能的转换。磁弹性内耗一般可分为3类：①宏观涡流损耗；②微观涡流损耗；③与磁机械滞后有关的损耗。通常前两种损耗数值不大，而磁机械滞后损耗则要大得多，故对于创造高阻尼合金具有实际意义。这一类的阻尼合金是铁基阻尼合金，如 1Cr13 类型铁素体钢的阻尼性能大约比奥氏体不锈钢高一个数量级。在要求较高强度和耐热性能的条件下，钴镍基合金的比阻尼性能又比铁素体铬钢要高好几倍。

3)位错型

Granato-Lucke 位错型阻尼的钉扎模型如图 4.20 所示。通常情况下，位错被杂质原子钉扎，见图 4.20(a)的 a；随外应力加大，位错突出成弧形，见图 4.20(a)的 b、c；当应力继续增大时，位错可从钉扎处脱开，见图 4.20(a)的 d、e；最后形成位错环，见图 4.20(a)的 f。当应力减小时，位错沿 f→e→d 途径变化，之后不经过 c、b 而直接回到 a。如图 4.20(b)所示，图中的阴影部分能量转变成热能散逸出去，这就是这类阻尼机制的基本原理。

这类合金具有最大的衰减系数。铸造镁合金衰减系数可达60%，由于它具有强度大，密度小(1.74 g/cm^3)，能承受较大的冲击负荷，以及对碱、石油、苯和矿物油等有较高化学稳定性的优点，因此镁合金(Mg-0.6Zr 的 KIXI 合金)已被用在火箭的姿态控制盘和陀螺仪的安装架等精密装置上。这种合金最适合在宇航和运输工业上作为减振材料应用。

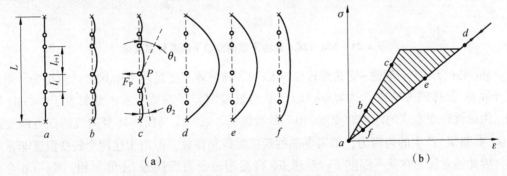

图 4.20　Granato-Lucke 位错型阻尼的钉扎模型

(a)被杂质钉扎的位错在应力下的脱离；(b)位错应力应变途径

4)孪晶型

孪晶是晶体中的面缺陷，以孪晶面为对称面，孪晶面两边的晶体结构镜面对称。孪晶面在外应力下的易动性和弛豫过程，造成对振动能的吸收。1948 年，C. Zener 发现 Mn–12Cu 合金经 925 ℃时效几小时后水冷，在室温附近具有很高的内耗值，他指出该内耗是由于(101)和(011)孪晶面的应力感生运动引起的。F. Worrell 采用电磁激发共振棒法，证实在频率 700 Hz 和 0 ℃附近，该合金存在一个 10^{-2} 数量级的内耗峰，与该合金强烈形成孪晶的性质相对应，并首先用金相腐蚀方法观察到了该孪晶组织。在退火过程中，随着孪晶的不断消失，内耗峰也逐渐降低。近年来的工作表明，Mn–Cu 合金这一内耗峰和模量亏损的对应关系，可以确定属于弛豫型内耗。改变频率测量内耗与模量(或频率)的变化，可以看到弛豫峰随频率增大而向高温方向移动，但更高温度的相变峰温却不随频率的变化而移动。

(1)高锰($\omega_{Mn} > 70\%$)的 Mn–Cu 二元高阻尼合金

Mn–12Cu 合金声频横振动下的内耗温度谱如图 4.21 所示。这是试样在均匀化退火处理后，又经 850 ℃或 900 ℃固溶 2 h，迅速淬入 10%(质量分数)的 KOH 溶液中，在声频横振动下的内耗温度谱。它有两个明显的内耗峰：低温峰(主峰，0 ℃附近)为孪晶界的弛豫峰，峰高可达 10^{-2} 数量级；高温峰(副峰)为马氏体相变峰，峰温处伴随弹性模量的软化。随着试样中 Mn 含量的降低，马氏体相变峰向低温侧移动，当 $\omega_{Mn} < 74\%$ 时，不再有孪晶峰和马氏体相变峰。

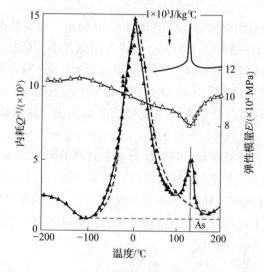

图 4.21　Mn–12Cu 合金声频横振动下的内耗温度谱

Mn–Cu 合金中，顺磁–反铁磁转变与 fcc–fct 马氏体相变是两个相互独立的相变。磁转变导致 fcc 晶体四方畸变，这为 fcc–fct 马氏体转变奠定了基础，并由此触发了 fcc–fct 转变。由磁性转变造成的四方畸变度(10^{-6} 数量级)及 fcc–fct 马氏体转变造成的四方畸变度(10^{-2} 数量级)产生的内应力，都因孪晶的形成而得到释放，但由于这两个转变温度非常接近，因此通常认为在某一温度下，顺磁 fcc 高温相转变为反铁磁 fct 低温相。Mn–Cu 合金的高阻尼来源于反铁磁马氏体孪晶在外力作用下的弛豫运动及再取向，即马氏体相变是 Mn–Cu 合金获得高阻尼的必要条件，图 4.22 所示为孪晶金相组织。但当合金中的 $\omega_{Mn} < 70\%$ 时，由于 T_N 点和 M_s 点远低于室温，因此不能在室温附近发生上述相变，从而获得高阻尼，此时通常在 400～600 ℃时效来使合金的相变点升高。

图 4.22 孪晶金相组织

（2）中锰（ω_{Mn} = 40% ~ 60%）的 Mn-Cu 多元高阻尼合金

当 Mn-Cu 合金的 ω_{Mn} > 30% 时，其平衡组织为（α + γ）相；当 Mn-Cu 合金的 ω_{Mn} = 40% ~ 60% 时，其从 γ 相区水淬后，在 450 ℃、550 ℃、600 ℃ 等不同温度时效，发生 γ → γ + α 分解。在此过程中，T_N 点和 M_s 点均明显升高，并且 γ-Mn-Cu 合金在时效过程中的分解是一个渐近的过程。γ → γ + α 的早期阶段，将优先形成富锰区域，随着时效时间的延长，将有 α-Mn 的沉淀析出。在 α-Mn 析出之前，合金一直保持单一的 γ 相。富锰区的形成，产生了显微不均匀性，在随后的冷却过程中，这些富锰区所发生的反铁磁转变和 fcc-fct 马氏体相变（形成反铁磁的 fct 结构），与高锰的 Mn-Cu 合金从高温 γ 相淬火冷却过程中的转变类似。因此，中锰的 Mn-Cu 合金，淬火后再经 400 ~ 600 ℃ 时效处理，可使其转变温度升高，从而在室温附近发生相变而获得高阻尼。通常认为 γ-Mn-Cu 合金在亚稳混溶区内时效所发生的分解为亚稳态 Spinodal 分解，随后冷却所形成的花呢状马氏体孪晶，为高阻尼的内耗源。图 4.23 所示为这种分解的调幅结构形貌，其形貌类似粗花呢织物。

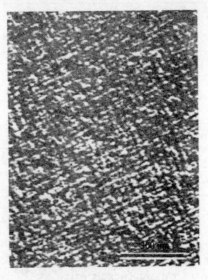

图 4.23 调幅结构形貌

Mn-Cu 二元高阻尼合金锰含量高，因而耐蚀性差，需通过降低锰含量，并添加镍、铝等合金元素提升性能。合金从 γ 相区淬火后，在亚稳互溶区时效，一方面使合金的反铁磁转变及马氏体相变的相变点升高，从而在室温附近发生相变以获得高阻尼；另一方面使合金兼具耐腐蚀、强度、韧性等综合力学性能。国际铜研究协会开发的 Incramute（45Mn-53Cu-2Al）早已取得商业应用，其典型热处理工艺为：700 ~ 800 ℃（γ 相区）固溶后水淬，400 ℃时效 8 ~ 16 h 冷至室温。要注意控制一定的时效时间，避免 α -Mn 析出降低阻尼性能。

5）超塑性型

一些合金中的晶界在周期应力作用下发生塑性流动引起应力松弛，从而产生阻尼。这种机制和合金的超塑性机理相似，称为超塑性型阻尼，如 Zn-Al 合金。Zn-Al 合金密度小，在小振幅下有较高的阻尼性能，且不受磁场的影响，但合金的强度较低，耐蚀性较差。合金的阻尼性能与振幅无关，随频率增加略微下降后保持不变，当温度升高时，合金的相界面和相界面的原子扩散加剧，界面更易滑动，使合金的阻尼性能随温度的升高而升高。

Zn-Al 共晶合金中加入微量的 Sc 和 Zr，能提高合金在 10 ~ 200 ℃的阻尼性能，其阻尼峰值从 218 ℃移到 195 ℃。由于 Al_3（Sc，Zr）金属间化合物粒子钉扎晶界，阻碍了晶粒的粗化，因此 Zn-22Al-0.55Sc-0.26Zr 比 Zn-22Al 合金有更稳定的室温阻尼。已商业化金属阻尼材料的阻尼性能和力学性能如表 4.5 所示。

表 4.5　已商业化金属阻尼材料的阻尼性能和力学性能

类型	名称	合金系 （质量分数/%）	内耗 Q^{-1} /（×10^{-2}）	屈服强度 /MPa	抗拉强度 /MPa	延伸率 /%
复相型	减振铸铁	Fe-3.39C-2.3Si-0.7Mn	2.3	—	419.4	—
强磁型	Gentalloy	Fe-(0.5 ~ 3)Mo	4	720	800	10
	Silentalloy	Fe-12Cr-3Al	6.5	—	411.6	—
	Tranqalloy	Fe-12Cr-1.36Al-0.59Mn	6.5	245	401	20
位错型	纯 Mg	99.9Mg	9.5	18	100.9	4
	MCl	Mg-6.9Al-3.0Zn	5.5	—	209.8	38
	KIXI	Mg-0.6Zr	8.7	62	153	10
	Mg-Cu-Mn 系	Mg-7Cu-2.3Zn	8.0	—	183.3	—
孪晶型	Incramute	Mn-48.1Cu-1.55Al-0.27Si	6.4	294	568.4	38
	Sonoston	Mn-36.2Cu-3.49Al-3.04Fe-1.17Ni	6.3	250 ~ 279.3	539 ~ 588	13 ~ 30
	M2052	Mn-20Cu-5Ni-2Fe	6.3	300	540	32
超塑性型	ZA27	Zn-27Al	3.2	365 ~ 390	390 ~ 426	8 ~ 11
	SPZ	Zn-22Al	3.5	200	260	10
	ZDAl	Zn-(18 ~ 27)Al-(0 ~ 8)Si-(0 ~ 0.5) Mg-(0.1 ~ 3.0)Mn-(0.1 ~ 5.0)Cu	4.3	—	308	3.85

2. 黏弹性阻尼材料

黏弹性阻尼材料是指材料同时具有黏性和弹性固体特性。当材料受到外力时，分子链在被拉伸的同时，分子之间链段还会产生滑移。当外力消失后，被拉伸的分子链恢复原位，释放外力所做的功，表现为弹性；而链段滑移不能完全恢复原位，外力所做的功转变为热能耗散于周围环境中，表现为黏性。

3. 阻尼复合材料

阻尼复合材料包括聚合物基阻尼复合材料和金属基阻尼复合材料。聚合物基阻尼复合材料是用纤维增强具有一定力学强度和较高损耗因子的聚合物而形成的复合材料。金属基阻尼复合材料可通过在金属基体中添加金属基复合材料、两种不同的金属板叠合、金属板和树脂黏合等多种方法制成。无论聚合物基阻尼复合材料还是金属基阻尼复合材料，其阻尼均来源于基体和复合相的固有阻尼、复合材料的界面滑动和界面处的错位运动。

4. 智能型阻尼材料

智能型阻尼材料包括压电阻尼材料和电流变流体，其最大特点是损耗因子可控。压电阻尼材料是在高分子材料中填入压电粒子和导电粒子。当材料受到振动时，压电粒子能将振动能量转换成电荷，导电粒子再将其转换成热而散发出去。压电阻尼材料产生的电荷量与材料所受力的大小成比例，也就是说损耗因子根据外力变化而变化。电流变流体是在油质基液中加入微小的多孔性固体颗粒组成的易受电场影响的特殊流体，可根据所施加电场的变化在很短时间内改变其表观黏度，且损耗因子随之变化。

▶▶▶ 4.3.4 阻尼材料的特性 ▶▶▶

1. 阻尼材料和强度的关系

James 做了各种金属材料的衰减系数与抗拉强度之间的关系试验，其结果如图 4.24 所示，得出各种材料的衰减系数的大小基本上与抗拉强度成反比关系。图 4.24 中没有指出的金属材料，大部分的衰减系数在 0.1% 以下，图中 α 为衰减系数与抗拉强度的乘积，$\alpha = 10$、$\alpha = 100$ 和 $\alpha = 1\,000$ 3 条直线表示了衰减系数与抗拉强度之间的关系倾向。非铁金属材料以衰减系数大，抗拉强度极低的 Pb 为出发点，沿 $\alpha = 10$ 的直线，随抗拉强度增高，衰减系数降低。常用的主要钢铁材料，沿 $\alpha = 100$ 的直线，随抗拉强度增加，衰减系数降低。图 4.24 中用黑点表示的 6 种高阻尼合金，接近于 $\alpha = 1\,000$ 的直线，其抗拉强度与衰减系数两者都优于其他材料。在相同的强度下，其衰减系数比其他材料大 10 ~ 100 倍。

2. 阻尼材料和温度的关系

阻尼材料的阻尼机制不同，它们与温度的依赖关系也明显不同。孪晶型合金虽然室温的阻尼性能很高，但由于马氏体相变温度的限制，其使用温度不得超过 80 ℃。强磁型合金具有很好的高温阻尼性能，在 380 ℃ 以下，合金的阻尼性能不变；此外，这类合金还具有高于低碳钢的抗拉强度，以及与铁素体不锈钢相当的耐蚀性和焊接性，并且有良好的热加工、切削性能。可以看出，这类合金在最大切应变振幅下都有很高的内耗值，比普通低合金钢高几百倍。试验结果表明，典型的强磁型 Fe-Cr-Al 合金，具有和普碳钢相同的强度和物理性能，而且阻尼性能与木材相当。目前有抗拉强度大于 600 MPa 的高阻尼合金能满足某些工业所提出的高强、高温和高阻尼等要求。

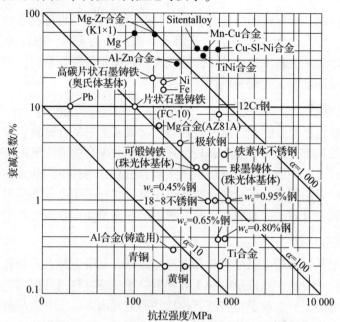

图 4.24　各种金属材料的衰减系数与抗拉强度关系

3. 阻尼材料和振幅的关系

各类高阻尼材料的阻尼特性或大或小地依赖于应变(或应力)振幅,复相型合金受振幅影响较小,孪晶型和位错型较大,强磁型最大。一般应变振幅越大,阻尼越大。根据阻尼机制的不同,阻尼特性与振幅的依赖关系有两种形式:①随振幅增加而阻尼增加;②阻尼性能开始随振幅增加而增加,在达到饱和值后,有时会随振幅增加而下降。考虑到强磁型合金对应变(或应力)振幅的这种强烈依赖关系,在设计使用时应充分加以利用,使振源的振幅落在阻尼最大的区域内,以达到最佳的减振降噪效果。当然,在使用强磁型合金时,注意不要在强磁场下工作。当外磁场强度大于 1 591.55 A/m 时,其阻尼性能急剧下降。此外,也不要在冷加工态或内应力很大时使用,这将妨碍磁畴壁的运动,从而降低阻尼性能。总之,强磁型合金使用的最佳态是低(或无)磁场、应力低而应变振幅大的横振动场合,这样扬长避短,充分发挥材料的作用。

4. 阻尼材料和频率的关系

高阻尼材料之所以具有高内耗值,是因为它在接受外界振动能量的同时,通过内部微观结构的运动,对外来能量加以消耗。这种内部微观结构的运动有两种:①只与振动的振幅有关而与频率无关,称为静滞后型内耗,强磁型、孪晶型、位错型合金的阻尼特性属此类型;②当内部微观结构的运动频率与外界振动频率一致时,内耗达到最大值,从而使内耗对频率有明显的依赖关系,而与振幅无关,称为弛豫型内耗,如复相型合金,其阻尼性能在低应力振幅时随频率的升高而下降。

此外,晶粒大小、晶界的敏化程度和微结构的体积分数等冶金因素,对某些高阻尼合金的阻尼特性也有影响。因为阻尼特性将影响材料的使用寿命,近年来已逐步将它作为材料的基本特性加以考核。当然,阻尼合金的耐磨性、耐蚀性、刚性、抗时效性、焊接性和

加工性等，都因合金成分、阻尼机制的不同而不同，在合金研制与使用时，要区别情况分别对待。

4.3.5 阻尼材料在兵器工业中的应用

1. 阻尼材料在舰船上的应用

近几十年，随着各国海军装备水平的不断提高、各种精密制导技术的应用，海军舰船的攻击力获得了极大的提高，以致在现代战争中，谁的隐身化水平越高，谁就将掌握战争的主动权。舰船不仅本身存在多种振动源，而且在航行过程中会被激发而产生强烈的振动，从而产生空中和水中的噪声。雷达和声呐是远程探测和制导的主要手段，所以减少舰船的各种振动源是提高其隐身能力的基础。

阻尼材料可在不改变舰船原有设计和设备的条件下进行有效减振降噪，从而可使舰船有效避开雷达和声呐的远程探测，从根本上提高舰船的隐身化水平。中国自20世纪80年代中期以来，陆续对033型/ES5A/B型攻击型常规潜艇进行了现代化改装，其中包括低噪声螺旋桨、螺旋桨导管粘贴阻尼材料、低噪声液压舵机操纵器和柴油机通气管浮阀等其他减振降噪改装，使其噪声等级降低了一个数量级以上，提高了潜艇的隐蔽性，加大了声呐系统的作用距离。美国的"海狼"级第四代核动力攻击型潜艇、英国的"特拉法尔加"级攻击型核潜艇和法国的"红宝石"级攻击型核潜艇均采用了先进的阻尼材料和消声减振技术，使其辐射噪声很低，提升了其水下隐蔽性，是20世纪90年代最具代表性的核动力攻击潜艇。

20世纪80年代末期，阻尼材料开始在我国舰船上得到应用，主要产品有上海钢铁研究所的阻尼钢板、洛阳船舶材料研究院的阻尼胶板、原化工部海洋化工研究院（青岛）的ZHY-171和T54/T60阻尼涂料等。其中洛阳船舶材料研究院研制生产的SA-3高阻尼黏弹性材料主要以高聚物和无机填料组成，具有良好的阻尼、阻燃性能和耐介质性能，已经通过了部级鉴定，应用于潜艇的噪声治理；原化工部海洋化工研究院研制生产的T54/T60舰船用阻尼涂料，属于约束阻尼结构，阻尼层由无溶剂聚氨酯、片状填料和助剂等组成。约束层由无溶剂环氧树脂、颜填料和助剂等组成，具有复合损耗因子高、阻尼温域宽等特点，已累计超过180艘舰船成功应用，取得了显著的减振降噪效果。

进入21世纪，新型阻尼材料相继问世，较传统的阻尼材料相比，新型阻尼材料具有施工简便灵活、质量轻、覆盖全面等工艺性优点，但目前实际经验和效果不足，只能在较小范围内试验性使用，为研究人员提供减振降噪设计的一种新思路。近年来，随着对船舶舱室噪声的重视程度加深和我国化工行业的发展，喷涂型的阻尼涂料也逐渐国产化和多功能综合一体化，人们接触的减振降噪新产品越来越多，即使人们在船上工作和生活，也能有一个安静的环境。

2. 阻尼材料在导弹上的应用

在现代兵器工业中，高性能阻尼材料的应用起到越来越重要的作用。卫星、航天飞船发回信息的准确性，导弹命中的精确性，除了取决于仪器本身先进以外，很多方面依赖于阻尼材料的减振。运载火箭、导弹以及飞机在飞行过程中，大功率推进装置产生强烈的振动和剧烈的流体摩擦成为结构振动的激振源。该激振源具有宽频带和随机特性，从而引起飞行器薄壁结构多共振峰的共振，不仅产生噪声，还易造成结构件的疲劳破坏，极大地影响了仪器的正常工作和使用寿命。随着航天科技的飞速发展，为降低仪器的共振响应，提高精密仪器的可靠性和精度，国内外大量采用阻尼技术来减少振动和共振。例如在航天工业上已经用于导弹的制导系统和飞行器导航系统主动控制等；在船舶工业上用于水翼船的水翼减噪、制造潜艇的螺旋桨，以及舰艇底板、隔板座椅的降噪等，应用前景非常广阔。阻尼材料以其优良的减振性能，已经获得了国内外航天工作者的认可，广泛应用于航天仪器仪表，特别是黏弹性阻尼材料，以其在较宽的频率范围内具有良好的阻尼性能的特点，能够克服多共振峰振动，成为各国研究应用的热点。在国内，ZN-1 阻尼材料是航天材料及工艺研究所成功开发的黏弹性阻尼材料，系采用丁基橡胶与酚醛树脂共混而成，已广泛地应用在火箭、导弹和战斗机等兵器工业上。重庆高交会所展示的黏弹性阻尼材料专门用于卫星和航天发射中，可以明显减弱发射所产生的振动波和冲击波，并能越过宽频率带。国外在航天设备中也大量采用了黏弹性阻尼材料，例如美国陆地卫星的 PSM 继电器板面上粘贴一种阻尼材料，使共振放大倍数从 43 下降到 6；日本实验广播卫星的通信转发器采用了以石墨/环氧复合材料为约束层格子状阻尼条，使转发器的平板响应将原来的放大倍数由 33 降低到 15 左右。据资料报道，阻尼橡胶材料能较好地消除雷达的干扰讯号，从而使雷达能够准确地确定目标的方向和距离。此外，阻尼材料还应用在飞机炮弹减振上，炮舱区域的结构动应力在应用阻尼材料后普遍下降，最大下降值约 50%，普遍在 30% 以上，有效改善了炮舱区域的振动环境。

4.4 隐身材料

▶▶▶◀4.4.1 战场威胁与任务 ▶▶▶ ▶

现代战场上，随着探测、控制、弹药技术的不断发展，先进侦察系统和精准打击系统已经对地面武器装备构成了不可忽视的威胁。这种威胁具有全方位、大纵深、全天候和多层次等显著特点，因此先进侦察系统和精准打击系统构成了地面武器装备的主要战场威胁环境。

1. 先进侦察技术构成的威胁

随着高新技术的广泛应用，使现代军事侦察技术种类日益繁多，按侦察平台，可将侦察技术分为天基侦察、空基侦察、海基侦察和陆基侦察等。

1）天基侦察

天基侦察主要依托的平台是各种军用侦察卫星，是一种非常重要的战略侦察手段，其中对装甲装备构成直接威胁的主要侦察卫星包括成像侦察卫星、电子侦察卫星、导弹预警卫星和海洋监视卫星等。目前，世界各国共发射各类侦察卫星 1 300 余颗，其中美国是拥有军事卫星最多的国家，其功能配系较全。

2）空基侦察

空基侦察主要指各种航空侦察装备（也称空中侦察装备），是军事侦察系统中最为重要的组成部分，它包括有人驾驶侦察机、无人侦察机、侦察直升机、预警机、侦察气球、飞艇等侦察平台和安装在平台上的各种雷达及电子探测器材等侦察设备。

3）海基侦察

目前，各国海上的侦察装备主要由水面舰艇、潜艇等平台携带有关传感器，包括雷达、声呐、电子支援设备和光电设备组成的侦察系统。这些系统虽然专用于侦察目的，但大都是包括武器、指挥和控制等功能的综合系统。对于地面两栖装备，可能遇到的海基侦察手段由各种舰载或岸基雷达组成。未来还有雷达与指挥控制综合系统、主动式被动相控阵雷达和高频表面波雷达。

4）陆基侦察

地面侦察装备主要包括装甲侦察车、战场雷达、地面传感侦察系统和无人地面侦察车等，这些侦察系统能够与海基侦察、空基侦察和天基侦察资源共同构成陆战侦察体系，及时为地面部队提供准确的战场态势和目标信息。表4.6列举了典型的陆基侦察装备。

表4.6 典型的陆基侦察装备

载体	设备类型	应用实例	典型装备
装甲侦察车	美国 M3"骑兵"侦察车、英国"弯刀"和"佩刀"侦察车、法国 AMX-10RC(6×6)侦察车、德国"山猫"(8×8)侦察车和俄罗斯"山猫"侦察车	战场监视雷达、热像观察装置、激光测距仪、地面导航系统	战场监视雷达、热像观察装置、激光测距仪和地面导航系统
战场雷达	侦察雷达	美国 AV-PPS-5 雷达、AN-TPS-5X X 雷达、英国"姆斯塔"和 ZB298 战场监视雷达、法国 RB12A 战场监视雷达	—
	测试雷达	—	合成孔径技术
	炮位侦察雷达	美国 20 世纪 80 年代初装备的 AN-TPQ-36 和 AN-TPQ-37 炮位侦察雷达	电扫描的相控阵体制
地面传感侦察系统	—	美国 20 世纪 80 年代装备的"伦巴斯"系统	—
无人地面侦察车	—	美国"萨格"(Sarge)监视、侦察地面设备	彩色和增强型黑白摄像机

2. 精确打击技术构成的威胁

精确打击技术是各种高新控制技术和弹药技术相结合的产物。地面武器装备面临的精确打击火力可以分为两类，一类为精确制导技术，另一类为末敏弹技术。

1）精确制导技术

精确制导技术的发展集中体现在导弹导引体制导的变化上，现已发展的精确制导技术主要包括毫米波制导、红外制导、激光制导、电视制导、微波制导和光纤制导等。这些技术的应用，使反坦克导弹对装甲目标实施精确打击成为可能，尤其是毫米波的使用及红外

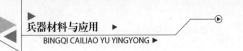

导引头/探测器技术的发展，使导弹的精确制导有了引人注目的发展。表4.7列举了国外研制的几种新型反坦克导弹。

表 4.7　国外研制的几种新型反坦克导弹

类型	国家	工作波段	发射平台	射程/m
"沃斯普"（WASP）	美国	94 GHz	机载	—
"小牛"（AGM-65H）	美国	末段 8 mm 波	机载	—
"海尔法"-2（Hellfire-2）	美国	激光 1.06 μm 和红外制导	直升机或地面车辆	8 000
"陶氏"（TOW）	美国	红外与毫米波复合制导	车载	65 ~ 3 750
"霍特"（HOT）	欧盟	1.06 μm、10 μm 双色红外	地面、车载或直升机	75 ~ 4 000
"米兰"（MILAN）	欧盟	红外热像和可见光相机	地面、车载或直升机	25 ~ 1 920
AT-5"Spandrel"	印度	主动、被动红外	车载	25 ~ 2 000

2）末敏弹技术

末敏弹是末端敏感弹药的简称，这里的"末端"是指弹道的末端，而"敏感"是指弹药可以探测目标的存在并被目标激活。末敏弹专门用于攻击集群坦克的顶部装甲，是一种以多对多的反集群装甲和火炮的有效武器。末敏弹除了具有常规炮弹间瞄射击的优点以外，还能在目标区上空自动探测、识别并攻击目标，实现"打了不用管"，是一种具有优化性价比的智能炮弹。尽管末敏弹的命中概率低于导弹的命中概率，但要高于常规炮弹，且其成本较低，因此具有广阔的应用前景。世界上几种较为典型的末敏弹如表 4.8 所示。

表 4.8　世界上几种较为典型的末敏弹

名称	弹径/mm	敏感器类型
SADARM	155	双色红外、3 mm 波主被动
SMART155	155	双色红外、3 mm 波主被动
BONUS	155	红外、毫米波
ACED	155	双色红外、3 mm 波主被动
ZEPL	155	红外、毫米波
EPHRA	155	红外、毫米波
MXM838	203	毫米波
AIFS	203	红外、毫米波

▶▶▶ 4.4.2　隐身技术概述 ▶▶▶

隐身技术又称为低可探测技术，是指通过弱化呈现目标存在的雷达、红外、声波和光学等信号特征，最大限度地降低探测系统发现和识别目标能力的技术。通过有效地控制目标信号特征来提高现代武器装备的生存能力和突击能力，达到克敌制胜的效果。

隐身技术是现代武器装备发展中出现的一项高新技术，是当今世界三大军事尖端技术之一，是一门跨学科的综合技术，涉及空气动力学、材料科学、光学和电子学等多种交叉学科。隐身技术是未来信息化战争中实现信息获取与反获取、夺取战争主动权的重要技术

手段，是攻防对抗双方取得战略、战役、战术和技术优势的重要内容，也是新一代武器装备的显著技术特征。隐身技术的成功研发标志着现代国防技术的重大进步，在军事发展史上具有划时代的意义，对现代武器装备的发展和未来战争产生深远的影响，是现代战争取胜的决定因素之一，世界军事强国已将其提升到和电子信息战技术同等地位来发展。

近年来，隐身技术发展迅速，已成功应用于飞机、导弹、船舰、坦克装甲车和一些其他的军事设施中，并取得显著的作用效果，目前美国在隐身技术领域方面的研究处于领先地位。

▶▶▶ |4.4.3　隐身材料的分类及其原理 ▶▶▶ ▶

隐身材料按频谱可分为雷达吸波隐身材料、红外隐身材料、可见光隐身材料、激光隐身材料和多频谱兼容隐身材料等，这里着重介绍3类重要的隐身材料。

1. 雷达吸波隐身材料

所谓的吸波材料是指能够通过自身的吸收作用来减少目标雷达散射截面的材料。其基本原理是将雷达波换成其他形式的能量(如机械能、电能和热能)而消耗。经合理的结构设计、阻抗匹配设计及采用适当的成形工艺，吸波材料可以几乎完全地衰减、吸收所入射的电磁波能量。

目前雷达吸波隐身材料主要由吸收剂和高分子树脂组成，其中决定吸波性能的关键是吸收剂类型及其含量。根据吸收机理的不同，吸收剂可分为电损耗型和磁损耗型两大类，前者包括各种碳化硅纤维、特种碳纤维、金属短纤维和各种导电性高聚物等，后者包括各种铁氧体粉、超细金属粉或纳米相材料等。

当前雷达系统一般是在 $1 \sim 18$ GHz 频率工作，但新的雷达系统在继续发展，吸收体有效工作的带宽还将扩大。

Johnson 对材料的机制作出解释，雷达波体通过阻抗 Z_0 的自由空间传输，然后投射到阻抗为 Z_1 的介电或磁性介电表面，并产生部分反射，根据 Maxwell 方程，其反射系数 R 由下式得出，即

$$R = \frac{1 - \dfrac{Z_1}{Z_0}}{1 + \dfrac{Z_1}{Z_0}} \tag{4.10}$$

式中，$Z_0 = \sqrt{\mu_0/\varepsilon_0}$；$Z_1 = \sqrt{\mu_1/\varepsilon_1}$；$\mu$ 和 ε 分别为磁导率和介电常数。

为了达到无反射，R 必须为0，即满足 $Z_1 = Z_0$ 或 $\mu_1/\varepsilon_1 = \mu_0/\varepsilon_0$，因此理想的吸波材料应该满足 $\mu_1 = \varepsilon_1$，而且 μ 值应尽可能得大，以便用最薄的材料层达到最大吸收，通过控制材料类型(介电或磁性)和厚度、损耗因子和阻抗以及内部光学结构，可对单一窄频、多频和宽频 RAM 性能进行优化设计，获得频带宽、质量轻、多功能、厚度薄的高质量吸波材料。

从雷达吸波隐身材料的吸波机理来看，吸波材料与雷达波相互作用时可能发生3种现象：①可能会发生电导损耗、高频介电损耗、磁滞损耗或者将其转变成热能，使电磁能量衰减；②受吸波材料作用后，电磁波能量会由一定方向的能量转换为分散于所有可能方向上的电磁能量，从而使其强度锐减，回波量减少；③作用在材料表面的第一电磁反射波会

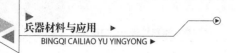

与进入材料体内的第二电磁反射波发生叠加作用，致使其相互干扰，相互抵消。

基于上述机理，人们设计出以下 3 种应用类型材料：①吸波型；②谐振或干涉型；③衰减型。

1）吸波型

①介电吸波型材料。介电吸波材料由吸波剂和基体材料组成，通过在基体树脂中添加损耗型吸波剂制成导电塑料，常用的吸波剂有碳纤维或石墨纤维、金属粒子或纤维等，依靠电阻损耗入射能量，把入射的电磁波能量转化成热能散发掉。在吸波材料设计和制造时，可通过改变不同电性能的吸波剂分布，达到其介电性能随其厚度和深度变化的目的。吸波剂具有良好的与自由空间相匹配的表面阻抗，其表面反射性较小，大部分进入吸波材料体内的雷达波会在其中被耗散或吸收。

②磁性吸波材料。磁性吸波剂主要由铁氧体和稀土元素等制成；而基体聚合物材料则由合成橡胶、聚氨酯或其他树脂基体组成，如聚异戊二烯、聚氯丁橡胶、丁腈橡胶、硅树脂、氟树脂和其他热塑性或热固性树脂等，通常制成磁性塑料或磁性复合材料等。制备过程中，通过对磁性和材料厚度的有效控制和合理设计，使吸波材料具有较高的磁导率。电磁波作用于磁性吸波材料时，可使其电子产生自旋运转，在特定的频率下发生铁磁共振，并强力吸入电磁能量。设计良好的磁性吸波隐身材料在一个或两个频率点上，可使入射电磁波衰减 20 ~ 25 dB，也就是说，可吸收电磁能量高达 99% ~ 99.7%；而在两个频率之间峰值处，其吸收电磁波能量能力更大，即可衰减电磁能量 10 ~ 15 dB，即吸收电磁能量的 90% ~ 97%；典型的宽频吸波材料可将电磁波能量衰减 12 dB，即吸收 95% 的电磁能量。

2）谐振型

谐振型又称干涉型，是通过对电磁波的干涉相消原理来实现回波的缩减。当雷达波入射到吸波材料表面时，部分电磁波从表面直接反射，另一部分透过吸波材料从底部反射。当入射波与反射波相位相反而振幅相同时，二者便相互干涉而抵消，从而使雷达回波能量被衰减。

3）衰减型

材料的结构形式为把吸波材料蜂窝结构夹在非金属材料透放板材内间，这样既有衰减电磁波，使其发生散射的作用，又可承受一定载荷作用。在聚氨酯泡沫蜂窝状结构中，通常添加像石墨、碳和羰基铁粉等之类的吸波剂，这样可使入射的电磁能量部分被吸收，部分在蜂窝芯材中再经历多次反射、干涉而衰减，最后达到相互抵消的目的。

上述 3 种形式基本上均为导电高分子材料体系，电磁波的作用基本上是由电场和磁场构成，二者在相互垂直区域内发射电磁波，电磁波在真空中以大约 3×10^8 m/s 的速度发射，并以相同的速度穿过非导电材料。当遇到导电高分子材料时，电磁波部分被反射、部分被吸收。电磁波在吸波材料中能量成涡流，这种涡流对电磁波可起衰减作用。导电高分子材料可对 80% 电磁波进行反射，20% 被吸收，而导电的金属材料则对电磁波进行全部的反射作用。这就是吸波材料要选用树脂或橡胶基体的缘故。

2. 红外隐身材料

随着红外成像技术的日臻完善，高探测精度和分辨率的红外探测手段的相继出现，以及红外精确制导武器的大量使用，红外跟踪设备已成为当代电子战中最有效的目标跟踪系统之一。常规的红外对抗措施已越来越难以满足现代实战的需要，为了保证武器系统在整个作战过程中有足够的生存能力和突防能力，能够实现红外隐身的战斗机、轰炸机已在海湾战争中亮相并取得了举世瞩目的战绩，隐身舰艇也已出现，全方位的地面目标，尤其是坦克车辆的红外隐身将是发展的必然，红外隐身技术已成为红外对抗的主要研究方向。

飞机、导弹、战舰和坦克均具有较强红外辐射的目标，它们的任何部位都可能成为红外辐射源，它们自身的辐射和对环境辐射的反射都是被探测和跟踪的信息，尤其是发动机的高温喷气流、机体热部件、气动力加热和对阳光的反射与散射被认为是红外辐射源的几个主要方面。红外隐身技术的实质就是抑制和缩减其红外辐射能力，避免过早地被发现和跟踪。它已是当前仅次于雷达隐身的主要隐身措施。

国外开展对红外隐身技术的研究比雷达隐身技术大约要晚十几年，目前，国外红外隐身技术已发展到实用化阶段。1988 年以来，除飞机之外，战舰、坦克、各类武器发射平台，乃至夜战士兵的服装均提出了要用红外隐身技术来改善或提高其战场生存能力的要求。由于这些武器装备自身的红外辐射特征及其面临的战场环境均互有区别，因此其测量、估算红外辐射特征的方法和抑制措施也将有所不同，这将在很大程度上促进红外隐身技术的进一步发展，其结构形式从单一化向多样化扩大。红外抑制技术的抑制范围已从只对中、近红外波长的强红外热辐射源的"点"抑制，进而扩大到对远和超远波长的低红外辐射源进行"面"抑制，研究重点已发生重大变化。表 4.9 为现代侦察设备对红外隐身的要求。

表 4.9　现代侦察设备对红外隐身的要求

编号	波段	用途	侦察器材或装备	对材料要求
1	近红外 0.7~2 μm	图像转换	①主动式红外照射/红外潜望镜；②有线制导导弹航向跟踪仪；③激光指示器；④激光测距仪	①与自然背景有相近的光谱反射特征；②激光吸收率>95%，不受灰尘和雨雾影响
2	中红外 3~5 μm	热导的导弹	①红外导引灵敏武器；②热成像仪	辐射率<0.5，耐热温度高于200 ℃
3	远红外 3~5 μm	可视红外系统	①热成像仪；②配有有线制导导弹热视仪	辐射率>0.5，形成热迷彩

实现红外隐身的基本原则有 3 条：

①设法降低辐射源的温度，尽量减少向外辐射的能量。

②改变目标的红外辐射频率或频谱特性，使其产生最大辐射强度时的波长偏离红外探测系统最敏感的工作区间。

③降低目标的黑度，使其有较低的辐射能力，以降低红外探测系统的分辨能力。

各种红外抑制技术正是根据这 3 条原则来减弱目标在主要威胁方向的红外辐射强度等指标，达到降低各种红外探测设备的作用距离、灵敏度和分辨力的目的。据估计，实施红外隐身的最佳综合效果，可使目标的红外辐射减缩 90% 以上。国外早在 20 世纪 60 年代就对各种军事目标的红外辐射特征进行了研究，重点研究它们的发动机红外热辐射特性及影响发动机热辐射能力的各种重要因素，并进行了大量的试验，为各种红外抑制技术的发展提供了理论依据。美国和苏联深入地研究了各种红外抑制技术，如红外辐射遮挡技术、高

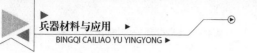

速气流引射冷却技术、对流气膜冷却技术、隔热绝缘材料的应用以及减少羽烟中的碳粒、氮化物、未燃尽物的燃烧技术和添加剂等，并且始终处于领先地位，现已在部分现代武器系统中得到应用。

众所周知，任何物体都存在热辐射，红外作战武器正是利用这些目标的辐射特性来探测和识别目标的。目前，红外探测主要有两种探测方法：一是点源探测；二是成像探测。

对于点源探测，根据红外点源探测方程可知，红外系统能探测目标的最大距离与目标辐射特性的平方根成正比，与大气透过率的平方根成正比，另外还与红外探测器本身的一些特性有关，因此要实现目标红外隐身，主要应从降低目标的红外辐射和大气的红外透过率着手。

对于成像探测，由于它主要是利用目标与背景的红外辐射差别通过成像来识别目标，因此实现目标红外隐身，应设法使目标势图与背景势图相似，也就是说通过调整目标的红外辐射，使目标在红外热图像上与背景相融合。

通过以上分析可以看出，利用涂料实现红外隐身，对于点源探测来说，就是降低目标涂层的红外发射系数；对于成像探测，就是调整目标涂层的红外发射系数，使其与背景辐射一致。由于高红外发射系数的涂料是比较容易获得的，因此不论是点源探测还是成像探测，对涂料的研究主要是寻找低红外发射系数的涂料。

对于红外隐身涂料的研究，应从两个方面进行：一是研究优良的红外透明胶粘剂，如国外的 KRATON 树脂，尽管其物理力学性能并不很好，但在 $8 \sim 14 \mu m$ 波段具有良好的红外透明性，在研究红外透明胶粘剂时，可依据材料基团的红外谱图，从无机材料和有机材料两个方面寻找；二是研究填料，红外隐身低发射系数的获得在很大程度上取决于填料，填料主要有金属填料、着色填料和半导体填料。其中金属填料用得较多，如铝粉等，但由于金属填料在对激光、雷达隐身方面存在很多缺陷，因而在应用中受到很多限制。着色填料主要是为了调色，以便与可见光伪装兼容，对红外发射系数的降低不起作用。

目前红外隐身材料大致可分为红外隐身涂料、低发射率薄膜和宽频带兼容热隐身材料等。

1）红外隐身涂料

红外隐身涂料是表面用热红外隐身材料最重要的品种之一。在中、远红外波段，目标与背景的差别就是红外辐射亮度的差别，影响目标红外辐射亮度的因素有两个：表面温度和发射率。只需改变一个因素，即可减小其辐射亮度，降低目标的可探测性。一个简单可行的办法就是使用红外隐身涂料来改变目标的表面发射率。

众所周知，武器装备及其他地面目标与其周围环境有不同的辐射特征，它们的自身辐射与对环境辐射的反射均是被探测和跟踪的信息。各种军事目标的表面温度一般都高于背景温度，红外成像系统正是利用目标与背景发射的热辐射能量之差来识别军事目标的。目标与背景二者的温差哪怕只有 $1 \sim 3 ℃$，也会被红外探测和成像系统探测到，从而暴露目标的形状，使目标成为打击对象，对坦克的威胁很大。针对红外探测和成像的原理，各国都在加紧研制低红外辐射涂料。

红外隐身涂料一般由胶粘剂和掺入的金属颜料、着色颜料或半导体颜料微粒组成。选择适当的胶粘剂是研制这种涂料的关键，作为热隐身材料的胶粘剂有热红外透明聚合物、导电聚合物和具有相应特性的无机胶粘剂。热红外透明聚合物具有较低的热红外吸收率和较好的物理力学性能，已成为热隐身涂料用胶粘剂研究的重点。胶粘剂通常采用烯基聚合物、丙烯酸和氨基甲酸乙酯等。从发展趋势看，最有可能实用化的胶粘剂是以聚乙烯为基本结构的改性聚合物。一种聚苯乙烯和聚烯烃的共聚物 Kraton 在热红外波段的吸收作用明显地低于醇酸树脂和聚氨酯等传统的涂料胶粘剂，它的红外透明度随苯乙烯含量的减少而增加，在 8 ~ 14 μm 远红外波段，透明度可达到 0.8，且对可见光隐身无不良影响，有希望成为实用红外隐身涂料的胶粘剂。此外，还有氯化聚丙烯、丁基橡胶也是热红外透明度较好的胶粘剂。一种高反射的导电聚合物或半导体聚合物将是较好的胶粘剂，因为它不仅是胶粘剂，而且自身还具有热隐身效果。

美国 20 世纪 70 年代就推出了"热红外涂层"，又叫"隔热泡沫涂料"，该涂料可用来降低目标的热辐射强度和改变目标的热特征和热成像。20 世纪 80 年代美国完成了有机胶粘剂对红外光谱吸收性能的研究，研制出具有较高水平的混合型涂料和其他红外隐身涂料，其已用于坦克隐身，可提高其生存能力。美国洛克希德·马丁公司已研制出一些红外吸收涂层，可使任何目标的红外辐射减少到 1/10，而又不会降低雷达吸波涂层的有效性。美国研制的一种发动机排气装置用热抑制涂层，它是用黑镍和黑铬氧化物喷涂在坦克发动机排气管上，试验证明，它可大大降低车辆排气系统热辐射强度。此外，在坦克发动机内壁和一些金属部件上还可以采用等离子技术涂覆氧化隔热陶瓷涂层，以降低金属隔热壁的温度。

2）低发射率薄膜

低发射率薄膜是一类极有潜力的热隐身材料，适用于中、远红外波段，这种薄膜的作用是弥补目标与环境的辐射温差。按其结构组成可分为半导体薄膜、类金刚石碳膜和电介质/金属多层复合膜等。

①半导体薄膜是以金属胺化物为主体，加入载流子给予体掺杂剂，其厚度一般在 0.5 μm 左右，发射率小于 0.05，只要掺杂剂控制得当，载流子具有足够大的数量和活性，可得到满意的隐身效果，现已广泛应用的半导体薄膜有 SnO_2 和 In_2O_3 两种。

②类金刚石碳膜可用作坦克车辆等表面的热隐身材料，抑制一些局部高温区的强烈热辐射，其厚度约为 1 μm，发射率为 0.1 ~ 0.2。英国的 RSRE 公司曾采用气相沉积法在薄铝板上制成碳膜（DHC），硬如金刚石。

③电介质/金属多层复合膜的典型结构为半透明氧化物面层/金属层/半透明氧化物底层，总厚度在 30 ~ 100 μm，发射率一般在 0.1 左右，其缺点是在雷达波段反射率高，不利于雷达隐身。

3）宽频带兼容热隐身材料

鉴于雷达吸波材料在美国 B-2 隐身战略轰炸机和 F-117A 隐身攻击机上的成功应用，现代军事专家已把注意力转移到频率更高的红外波段，因此未来的隐身材料必须具有宽频带特性，能够应对厘米波至微米波的主动式或被动式探测器。

要实现上述目的，可以采用两种技术途径。一种方法是分别研制高性能的雷达吸波材料和低比辐射率的材料，热后再把二者复合成一体，使材料同时兼顾红外隐身和雷达隐身，这类材料以涂料型最为适合。研究结果表明，这两种材料复合后，在一定厚度范围内能同时兼顾两种性能，且雷达波吸收性能基本保持不变，这种叠加复合结构固然也能满足兼容的要求，然而它仍然受到涂层厚度的限制。因此，另一种一体化的多波段兼容隐身材料则更为理想。它们吸收频带宽，反射衰减率高，除具有吸收雷达波能力外，还具有吸收红外辐射和声波及消除静电等作用，有很大的发展潜力。这种兼容材料通常为薄膜型和半

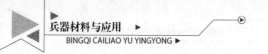

导体材料，美、俄两国正在研制含有放射性同位素的等离子体涂料和半导体涂料，目前美国已研制出一种由红外热隐身的面漆(4～8 μm 厚)加雷达吸波涂层构成的材料。

3. 激光隐身材料

由于激光侦测、火控系统和寻的半主动制导系统是依据向目标发射激光束，然后接收从目标反射回来的激光而测定其距离、方位等进行工作的，因此激光隐身材料的隐身原理，就是在目标表面涂覆一层对激光具有强烈吸收和散射的涂料，使军用激光装置接收不到反射回来的激光，从而实现激光隐身。因此可以看出，涂层激光反射率是激光隐身材料的一个重要指标，想要实现激光隐身就要设法降低目标涂层激光的反射率。

目前坦克装备的 YAG 脉冲激光测距仪的测程为 4 000 m，在作战时，发现跟踪目标的距离在 1 500～3 000 m，开始攻击距离一般在 1 200～1 500 m。要实现目标激光隐身，需测距仪在 1 200 m 以上探测失灵才可达到。根据脉冲激光测距仪的测距方程可知，对于大目标来说，脉冲激光测距仪的最大测程与漫反射大目标反射率的平方根成正比，所以只有使目标表面反射率降低一个数量级以上，才能使最大测程减少到原来的 1/3～1/2，从而实现激光隐身。表 4.10 列出了某些目标或背景材料的反射率，由表中可以看出，要使反射率降低一个数量级(10 倍)以上，雷达涂层反射率保持在 1.8% 以下。

表 4.10　某些目标或背景材料的反射率

目标或背景	反射率/%
木材	3.5
红砖	4.0
水泥	1.8
树叶	2.0
铜板	14.5
玻璃	10.9
淡绿油漆	9.1
深绿油漆	8.0

激光隐身要求材料具有低反射率，红外隐身的关键是寻找低发射率材料。从复合隐身角度考虑，原激光隐身涂料在具有低反射率的同时，一般具有高发射率，因此原激光隐身涂料可用于红外迷彩设计时的高发射率材料部分，问题是如何使材料在具有对红外隐身的低发射率要求的同时，还具有对激光隐身的低反射率要求。

对于不透明物体，根据能量守恒定律可知，在一定温度下，物体的吸收率 α 与反射率 R 之和为 1，即

$$\alpha(\lambda,\ T) + R(\lambda,\ T) = 1 \tag{4.11}$$

再根据热平衡理论，在平衡热辐射状态下，物体的发射率 ε 等于它的吸收率 α，即

$$\varepsilon(\lambda,\ T) = \alpha(\lambda,\ T) \tag{4.12}$$

涂料一般均为不透明的材料，对激光隐身涂料而言，要求反射率低，则发射率必高；对红外隐身涂料而言，要求发射率低，则反射率高。这表明从寻找低发射率红外隐身材料角度而言，激光隐身和红外隐身对材料提出了相互矛盾的要求。对于同一波段的激光隐身与红外隐身，如 10.6 μm 激光和 8～14 μm 红外的复合隐身，可采用光谱挖孔等方法来实

现，而对于 1.06 μm 左右的激光和 8 ~ 14 μm 波段红外的复合隐身，由于它们并不在同一波段，因而不存在矛盾。如果材料具有图 4.25 所示的理想 $R-\lambda$ 曲线或使某些材料经过掺杂改性以后具有图 4.25 所示的 $R-\lambda$ 曲线，则均有可能解决 1.06 μm 激光隐身材料低反射率与 8 ~ 14 μm 波段红外隐身材料低发射率之间的矛盾，从而实现激光隐身、红外隐身兼容。

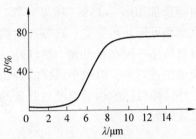

图 4.25　理想 1.06 μm 激光与 8 ~ 14 μm 波段红外隐身材料的 $R-\lambda$ 曲线

4. 可见光隐身材料

可见光是人的眼睛可以看见的光线，其波长范围是 0.4 ~ 0.75 μm。常见的可见光探测器有望远镜、电视、微光夜视仪等，要实现可见光伪装，必须消除目标与背景的颜色差别。只要伪装目标的颜色与背景色彩协调一致，就能实现伪装，这就是可见光伪装的原理。

可见光伪装采用的方法主要是迷彩伪装，有保护迷彩、变形迷彩和仿造迷彩等。其中保护迷彩的单一迷彩，适用于背景、色调比较单一的地区，当前应用最多的可见光伪装方法是变形迷彩和仿造迷彩。

对地面目标实施迷彩伪装是最早采用的伪装技术之一。采用迷彩伪装涂料将目标的外表面涂覆成各种大小不一的斑块和条带等图案，不仅可防可见光探测，还可防紫外、近红外雷达的探测。这是一种最基本的伪装措施，其目的是改变目标的外形轮廓，使之与背景相融合，减小军事目标与地形背景之间的光学反差，以降低被发现概率。

坦克从开始就应用了伪装涂料，其迷彩伪装主要由多块棕、绿、黑色斑图案组成，减小了车辆的目视特征。试验结果证明，用微光夜视仪观察 1 000 m 无迷彩坦克正面，其被发现的概率为 75%，而有迷彩的概率则为 33%，涂料的颜色、形状和亮度等随地形地貌、季节和环境的气候条件而变化，以使坦克与周围环境的色彩一致。20 世纪 70 年代中期，美国陆军采用四色迷彩图案使目标被发现的概率降低了 30%，然而不久便暴露了不足之处。经过改进后，因涂覆方法复杂，成本高且费时费力，未被军方采用。德国研制了一种三色迷彩图案，据称它优于美国的四色迷彩。这种涂料是由聚氨酯和丙烯酸盐为基料，添加棕、绿、黑三色配制而成。涂料色彩暗淡，在远距离观察时，伪装效果甚好，非常适于应对作用距离大的光学侦察器材，它涂覆方便、成本低，成为美国与德国的标准伪装迷彩涂料，已被广泛采用。

伪装迷彩分为 3 种：①适用于草原、沙漠、雪地等单色背景上目标的保护迷彩；②适用于斑驳背景上活动目标的变形迷彩；③适用于固定目标的仿造迷彩。

当代最具代表性的伪装涂料是美国的耐化学毒剂渗透的聚氨酯伪装涂料，这种涂料在遇到化学毒剂污染时容易消洗，尤其是在改用三色迷彩和大斑点后，在远近距离上都有较

好的伪装效果。在海湾战争中，美军使用了研制成功的新品级耐化学毒剂的伪装涂料，即标准黄棕色 Tan 686A 型，将这种涂料涂在坦克的顶部，其红外反射率为 45%，当美军发现阿拉伯半岛的沙漠比其他地方的沙漠明亮时，迅速研制出 Tan 686A 型，将其红外反射率提高到 70%，而且使用这种涂料涂覆的车辆或掩蔽所内部的温度下降了 8.4 ℃。

国外已研制出一种多用途的伪装迷彩，它由塑料溶液添加 5% ~ 25%（质量分数）的金属粉料制成的外壳和用酚醛树脂添加 10% ~ 15%（质量分数）的石墨制成的导电纤维所组成，使用这种伪装迷彩的坦克车辆可防止可见光、红外和射频的探测。

德国的涂覆型多波段隐身材料是一种在可见光、热红外、微波和毫米波都可起作用的涂料，它可使目标特征尽可能地接近背景，以减小目标的可侦察性，在可见光区的颜色和亮度适宜、光泽度小，在热红外区使目标的辐射温度与背景的辐射温度相适应，在微波和毫米波段尽可能宽的波段内吸收辐射。

▶▶▎4.4.4　隐身材料在兵器工业中的应用 ▶▶▶

1. 隐身材料在飞机上的应用

隐身飞机具有比常规飞机更高的作战效能，更强的威慑能力，研究和发展隐身飞机仍然是各军事大国隐身技术发展的重要方向。例如，美国的 F-117A 隐身攻击机、B-2 隐身战略轰炸机、F-22 隐身战斗机、"曙光"远程侦察机、"卡曼奇"侦察/攻击隐身直升机，俄罗斯的 T-60 隐身轰炸机及"1-42 工程"等。

1）F-117A 隐身攻击机

F-117A 隐身攻击机是世界上第一种服役的隐身战斗机，由洛克希德·马丁公司研制。现有 56 架在美国空军服役，其 RCS 估计约 0.02 m²，采用的隐身技术主要如下：

①采用多棱面形体外形，大斜度机身侧面，大后掠角机翼前缘和后缘，垂尾外倾斜，多面体各表面与垂直方向夹角大于 30°，使基本反射为上、下方向，雷达信号不反射回接收方向；

②进气口采用奇特的格栅设计，格栅网眼尺寸为 1.9×3.8 cm²，可阻止 X 波段的雷达波进入进气道；

③座舱采用镀有导电金属材料的风挡玻璃，座舱盖的边缘采用锯齿形；

④广泛使用雷达吸波材料，部分结构件使用具有吸波性能的纤维复合材料制成；

⑤排气经过两条高 15 cm、宽 183 cm 的尾喷口，形成两股面积大而宽的气流，使排气温度下降；

⑥排气缝内的 11 片排气导流片可作为发动机构件的遮盖物，把红外特征和雷达特征抑制在窄方位内；

⑦埋入式发动机及特殊进气/排气装置有利于减少噪声，降低飞机的声音特征。

2）B-2 隐身战略轰炸机

B-2 隐身战略轰炸机是由诺斯罗普公司研制的新一代战略突防隐身轰炸机，是世界上最先进的突防隐身轰炸机，目前已有 21 架装备部队，其主要特点如下：

①采用独特的飞翼式布局，整个外形呈三角形，机身、机翼和发动机舱融为一体，外部有雷达吸波层，机体后缘呈锯齿形，这样做是为了最大限度地减小飞机的雷达反射截面积，提高隐身能力；

②采用未经遮蔽但涂有吸收雷达波材料的 S 形进气道，与埋在机翼中的 4 台 FHO 发动机相通，减少了飞机的红外特征；

③发动机热排气可直接从机翼上表面排出，使排气被机翼遮蔽，并很快与大气相混而降温，防止地面红外传感探测器对飞机的探测；

④双人座舱和发动机进气口没有放置在视野最宽、最佳的机头顶部，而是移到了较后的位置，这是为了避免雷达波照进座舱后引起强反射；

⑤广泛使用碳纤维复合材料，机翼采用了雷达吸波结构（radar absorbing structure，RAS），前沿采用雷达吸波材料（radar absorbing material，RAM）。

3）F-22 隐身战斗机

F-22 隐身战斗机是由洛克希德·马丁公司等研制的第五代战斗机，首架试飞型飞机于 1997 年研制成功，美国空军计划装备 442 架，以取代现有的 F-15。F-22 综合平衡了隐身性能、超声速巡航、敏捷性、可靠性和可维护性的不同要求，在隐身技术方面比 F-117A 更先进、更成熟。其主要特点如下：

①雷达截面分析和计算技术已经达到较高水平，可采用整机计算机模拟，包括考虑进气道吸波材料等的影响，而当时 F-117A 只能采用先分段计算机模拟，然后再将结果合成的方法；

②吸波材料主要用于边缘和腔体，并且把吸波涂层涂覆于吸波结构表面，这样高频信号被表面的吸波涂层吸收，低频信号被吸波结构吸收；

③发动机喷管采用耐高温陶瓷基雷达吸波结构。

4）"曙光"远程侦察机

"曙光"远程侦察机是洛克希德·马丁公司于 1981 年开始研制的高空高速远程隐身侦察机。1985 年首飞，1989 年开始服役，每架价格约为 10 亿美元，现有 25 架在美国空军服役，其巡航速度为 6 125.4 ~ 7 350.5 km/h，最大巡航速度为 9 800.6 km/h，巡航高度为 3 000 ~ 4 000 m，航程为 15 000 ~ 17 000 km，可从美国大陆出发到达世界任何地方，然后再返回美国。

该机机长 35 m，翼展 20 m，最大起飞质量 78 t，燃油质量 44 t。飞机采用细长三角形外形，带有 75°前缘和可回缩的前翼和两台回热式空气涡轮冲压发动机，其 RCS 为 0.1 ~ 0.2 m^2。

5）"卡曼奇"侦察/攻击隐身直升机

1991 年波音公司、西科斯基公司的方案在美国陆军的 LHX 计划竞争中获胜，定名为 RAH-66"卡曼奇"，于 1996 年初首飞，2000—2005 年生产 153 架，已形成初步的作战能力。该机在雷达隐身方面的特点如下：

①采用全复合材料机体；

②座舱玻璃均为平板状，内表面经金属化处理；

③起落架为可收放式，且很多结构由复合材料制成；

④采用埋入式发动机安装方式。

该机在红外隐身方面采用了带条排气系统，靠近机体的排气温度比不装该排气系统时低一半，其侧面的红外辐射强度是 OH-58D 的 1/2.3，是 AH-64A 的 1/4.7。

在声隐身方面，该机采用了翼梢后掠的 5 桨叶低噪声旋翼和桨叶复合材料涵道式尾桨，其声可探测性是 OH-58D 的 1/1.75，是 AH-64A 的 1/4.25。

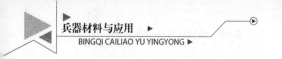
6）T-60 隐身轰炸机

T-60 隐身轰炸机是苏联在 20 世纪 80 年代后期开始秘密研制的一种超声速中程隐身轰炸机，用于替换已经老化的苏-16、苏-22 和苏-24 等型号的作战飞机。苏联于 1991 年解体后由俄罗斯继续研制工作，但由于缺乏资金，研制工作进展缓慢。

改型机的武器将全部内置，以便减少红外辐射，进气口设在机背，使对方探测的信号难以进入机内。改型机还将装备电子干扰系统，一旦遭到敌方雷达的照射或导弹的追踪，其干扰系统将会自动启动。

7）"1-42 工程"

米高扬设计局的"1-42 工程"的研制工作始于 1983 年，投产后将命名为米格-35。该机采用了气动性与隐身性的最佳折中方案，被认为是"俄式的 ATF"。该机采用三角形鸭式布局，流线化的机身和宽间隔双垂尾的外形，内埋式弹舱，广泛使用了雷达吸波材料，动力装置有推力矢量喷管，具有超声速巡航能力。

2. 隐身材料在导弹上的应用

对飞航导弹强散射源分布特性的研究表明，飞航导弹的进气道是一个强散射源，在相对于迎头方向≤140°内，进气道对电磁波的反射量超过了弹体其他任何部位，因此研制低雷达散射截面的进气道是非常必要的。飞航导弹的进气道全长 1.4 mm，是 S 形变截面，圆口端 ϕ=360 mm，方口端 213 mm×418 mm，壁厚 6～7 mm。该进气道尺寸较大，型面变化复杂，要求所使用的吸波材料不但要有较好的吸波性能，还要有比较简单的成形工艺。因此，选择 89-90 号试片的吸波材料作为制作进气道的材料，成形工艺采用手糊整体一次成形。对进气道采用一维和二维高分辨率测试系统进行吸波性能测试，结果表明，隐身进气道在 8～18 GHz 频率下，对电磁波的衰减达 15 dB，覆盖的频带为 10 GHz，取得了比较理想的隐身效果。

国外隐身导弹的情况及隐身效果见表 4.11 和表 4.12。美国、俄罗斯、欧洲、日本等国家在新一代导弹的研制中，都把导弹的隐身性能作为导弹先进性的一个重要方面，新一代导弹几乎都具有隐身能力，而各种先进复合材料和吸波材料也在导弹上得到了广泛的应用，美国、苏联等国家尤为重视巡航导弹的隐身能力。由于巡航导弹射程远且速度较慢，因此为了提高巡航导弹的生存能力和突防能力，应用隐身技术就显得更为重要。美国的"战斧"巡航导弹目前的雷达散射截面只有 0.05 m²，新一代巡航弹 AGM-129 的雷达散射截面将会比"战斧"巡航导弹更小。

表 4.11　国外隐身导弹的情况

型号	主要隐身措施	装备情况
ACM （美国先进巡航导弹）	可活动前掠翼，圆拱形弹体外形，隐蔽进气口，采用雷达波吸收材料，透波材料垂尾	已生产
XSSM-Ⅱ （日本面对面导弹）	涂有 2.5 mm 厚的吸波涂料	应用
SRAM （美国短程攻击导弹）	采用吸波复合材料代替金属水平安定面	装备在 B-52 飞机上

续表

型号	主要隐身措施	装备情况
ASM-1 （日本空舰导弹）	尾翼采用铁氧体玻璃钢	已装备
SSM-1 （日本地舰导弹）	尾翼和弹翼均采用铁氧体玻璃钢	应用
AGM-136A （美国反雷达导弹）	弹体采用雷达透波材料制造，采用低红外辐射涡扇发动机	已生产

表 4.12 国外隐身导弹的隐身效果

雷达散射截面/m²　　不同时期　导弹	无隐身措施	当前隐身水平
空对地导弹	1~2	<0.5
"战斧"巡航导弹	—	0.05

3. 隐身材料在坦克装甲车上的应用

20 世纪 70 年代开始，各国对地面武器装备，尤其在坦克装甲车辆的隐身材料和应用技术等方面开展了大量研究工作，其中装甲车辆用隐身材料已经日趋成熟。目前在各国的先进主战坦克上广泛采用了可对付可见光、近红外、远红外（热像）和毫米波的多功能隐身涂料或隐身器材，有效降低了目标特征信号。典型车辆有美国的 M1A2，法国的"勒克莱尔"，德国的"豹"-2，英国的"挑战者"，俄罗斯的 T-80Y、"黑鹰"和以色列的"梅卡瓦"-3 等主战坦克。

先进的多功能隐身涂料，在可见光、近红外、中红外、远红外 8 mm 和 3 mm 雷达波等 5 波段一体化方面取得了较大的进展。美国研制的多功能隐身涂层，在毫米波 30~300 GHz 吸收率为 10~15 dB，中红外 3~5 μm 辐射率为 0.5~0.9，远红外 8~14 μm 辐射率为 0.6~0.95，在可见光波段的光谱特性与背景基本一致。德国研制的半导体多功能隐身涂层，在可见光波段有低反射率，在热红外波段有低辐射率，在微波和毫米波段有高吸收率，这种涂层可同时对抗可见光、近红外、激光、远红外和雷达的威胁。美国波谱动态公司下属 Hickory 公司的多频谱微球隐身涂料，可吸收射频、雷达、微波、毫米波等波段的电磁能量，具有电磁屏蔽、雷达吸收、红外吸收各种功能。

目前，国外陆军武器在可见光、近红外、中红外、远红外和毫米波等波段上实现了一体化，4 波段以上的隐身材料及激光隐身材料已有应用。隐身涂料技术的总体水平如下：

①热红外辐射率 0.5 以下，具有防热成像红外隐身功能；

②在 30~100 GHz 频率衰减 10 dB 以上；

③兼顾可见光迷彩伪装效果；

④总厚度小于 1 mm。

4. 隐身材料在舰船上的应用

隐身材料可分为两类，一是水声吸波材料，二是吸波材料。目前世界各国研制出用于

舰船方面的隐身材料主要有雷达吸波材料和雷达透波材料。涂覆隐身材料是减小雷达散射截面积的有效方法，如果舰艇或设备表面涂覆隐身材料，则照射的雷达波就会被吸收或透过，从而减小雷达回波强度，达到隐身的目的。

隐身材料分为吸波涂料和吸波结构材料两类。其中，吸波涂料主要是涂覆于舰艇或设备外表，使用吸波涂料一般可达到 $10\sim30$ dB 的吸波率。一般情况下，一艘目标舰船散射截面积约 25 000 m^2。吸波结构材料是用来制造舰艇或设备外表的壳体和构件，一般以非金属为基体，填充吸波材料形成的既能减弱电磁波的散射，又能承受一定载荷的结构复合材料。吸波结构材料在国外已得到成功应用，如瑞典海军在"斯米格"号上就使用一种"克夫拉"玻璃钢复合板的吸波结构材料。

5. 隐身材料在水雷上的应用

目前，在水雷电磁隐身方面主要是采用玻璃钢雷体，玻璃钢雷体的制造技术已经成熟，适合水深也达到 $400\sim500$ m，其磁辐射已很难被探测。此外，新型材料的应用对水雷电磁隐身技术也有相当大的促进。关于不均匀磁化等离子体片对圆极化电磁波、异常模电磁波的吸收，计算了不同条件下的衰减率。计算表明，当电磁波的频率接近电子碰撞频率时，磁等离子体对电磁波的吸收达到最大值；当入射电磁波的频率很低时，不均匀磁化等离子体的碰撞对声呐波的吸收非常小；当入射电磁波频率较高时，等离子体的碰撞对入射电磁波的衰减很有效。在磁场对电磁波衰减率的影响上，对右旋电磁波，磁场变大，衰减率曲线的峰值向较低的碰撞频率方向移动且衰减率减小；而对左旋电磁波，磁场变大，衰减率曲线的峰值向高的碰撞频率方向移动且衰减率也增大。同时，在一定条件下，磁场使电磁波的有效吸收带宽变宽。此时，等离子体对电磁波的吸收也最大，特别是当入射电磁波的频率较低时这一特性更显著。

 参考文献

[1]李长青，张宇民，张云龙，等. 功能材料[M]. 哈尔滨：哈尔滨工业大学出版社，2013.

[2]曾黎明. 功能复合材料及其应用[M]. 北京：化学工业出版社，2007.

[3]李廷希. 功能材料导论[M]. 长沙：中南大学出版社，2011.

[4]张骥华. 功能材料及其应用[M]. 北京：机械工业出版社，2009.

[5]张骥华. 功能材料及其应用第二版[M]. 北京：机械工业出版社，2017.

[6]曹茂盛. 纳米材料学[M]. 哈尔滨：哈尔滨工业大学出版社，2002.

[7]张立德. 纳米材料和纳米结构[M]. 北京：科学出版社，2001.

[8]戴德沛. 阻尼技术的工程应用[M]. 北京：清华大学出版社，1991.

[9]常冠军. 粘弹性阻尼材料[M]. 北京：国防工业出版社，2013.

[10]刘海. 阻尼材料在水面舰船的应用[J]. 船舶与海洋工程，2016，32(1)：5.

[11]李林凌，王博，张浩勤，等. 阻尼技术与工程应用[M]. 北京：化学工业出版社，2017.

[12]孙敏，于名讯. 隐身材料技术[M]. 北京：国防工业出版社，2013.

[13]张玉龙，李萍，石磊，等. 隐身材料[M]. 北京：化学工业出版社，2018.

[14]邓少生，纪松. 功能材料概论——性能、制备与应用[M]. 北京：化学工业出版社，2011.

第5章
弹箭材料

 5.1 穿甲弹

坦克是现代陆地上军事作战的主要武器，有"陆地之王"的美称，本质上就是一个移动的堡垒，有火力凶猛、机动性能好、防御出色等优点，从1914年第一次世界大战开始，坦克已经走过100多年的发展路程，目前第四代坦克已经开始崭露头角，与此同时，伴随的各种反坦克武器也在与时俱进，面对越来越厚的坦克装甲，到底有哪些武器可以撕开坦克的防御？它们又有什么区别呢？

▶▶▶ 5.1.1 穿甲弹的原理及分类 ▶▶▶

目前，反坦克武器用的炮弹主要有3种，即穿甲弹（AP）、破甲弹（high-explosive anti-tank，HEAT）和碎甲弹（HESH）。由于现在复合装甲的应用，碎甲弹已经越来越无能为力，战场上常见的只有穿甲弹和破甲弹。穿甲弹和破甲弹的相同点很简单，目的都是为了射穿坦克装甲，但是区别在于撕开装甲的方法和原理不一样。

1. 穿甲弹的原理

穿甲弹的原理很简单，简单来说，就是依靠弹头的动能暴力强行撕开装甲，弹头越尖，硬度越大，速度越快，破开坦克装甲的概率也就越大。其特点为初速快、射击精度高，目前最先进的是贫铀穿甲弹。

穿甲弹基本构造由风帽、弹芯、弹体和曳光管组成，其中弹芯是核心。

穿甲弹以炮弹材料的硬度和形状，加上装药在射击时传递的动能，在与坚硬的目标接触时穿透表面而达到破坏的效果。穿甲弹的威力取决于炮弹击中目标时的动能，以及炮弹材料自身的物理特性。

动能取决于速度和质量，在速度一定的情况下，增加弹体的质量就是增加动能的另一种方式，故而穿甲弹一般由密度较大、较为坚硬、耐受高温的金属制成。这样可以保证弹体在与被打击装甲碰撞时不易弯折，碰撞产生的热能不会降低弹体的强度。

根据基本的物理学知识，弹体越细，阻力越小。但是考虑到火炮口径是一定的，科学家们想出一个办法，即用一个轻质弹托把穿甲弹弹体夹在中间，弹托的口径与大炮口径一致，穿甲弹被做成细长的杆状，出膛之后，弹托由于阻力的作用自动脱落，弹体沿着炮管指向继续飞行。

2. 穿甲弹的分类

AP 穿甲弹(图 5.1)是一种对所有穿甲弹药的统称，其中包含 APC 被帽穿甲弹、APBC 风帽穿甲弹、APCBC 被帽风帽穿甲弹等。这些名字很复杂，其实是穿甲弹加了额外的作用效果。

最原始的穿甲弹，早在美国南北战争时期就开始使用，南北两军的铁甲舰拿着爆破弹对轰，双方都对自己的装甲很满意，也对敌人的装甲很头疼。后来为了对付这些铁罐头，开始给线膛炮装备这种尖头穿甲弹，这类型穿甲弹和穿甲子弹一样，使用更坚硬的金属材料制成，以期望硬碰硬击穿对面的装甲。

坦克使用的尖头穿甲弹，在射击一些小倾斜角的普通钢装甲时，能有效地硬碰硬击穿。

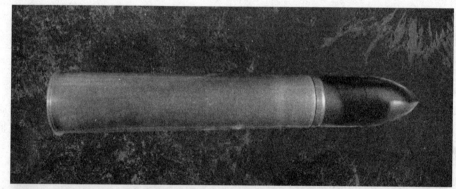

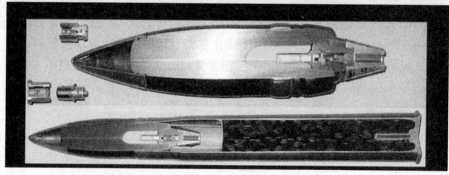

图 5.1　AP 穿甲弹

当炮弹打到倾斜角较大的装甲上，光滑的尖头穿甲弹比较容易弹跳。为了避免这种情况，改进发展了钝头穿甲弹，在命中倾斜装甲时，这样能增大接触面积。同时，外垣会先在装甲上凿出一个凹痕，炮弹会开始向着装甲倾斜，使入射角增大，这种情况称为炮弹的"转正效应"，借此来更好地击穿倾斜装甲。

但是这种钝头的 AP 穿甲弹，在飞行过程中，由于外形会导致空气阻力较大，故速度降得也很快。所以，先在炮弹前端戴个尖尖的外壳，以优化炮弹外形，使炮弹飞行时阻力更低，这便是"风帽"。击中目标后，由于风帽是空心软金属制成，因此碰到装甲后它直接就碎了，这样就完成了它帮助炮弹飞行的使命。风帽的缩写是 BC，与穿甲弹 AP 组合成为 APBC，全称为风帽穿甲弹，如图 5.2 所示。

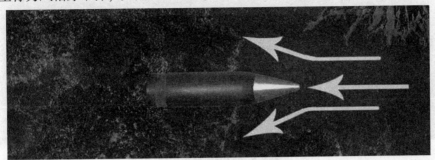

图 5.2 APBC 风帽穿甲弹

20 世纪 30 年代开始，坦克普遍采用钢板表面硬化技术，而为了对抗这种表面硬化的装甲，炮弹发射的弹速必然要提升。但是炮弹飞行速度的提高，裸头穿甲弹在命中这种硬化装甲的时候会发生碎弹，即炮弹砸上去直接裂开。为了改善这种情况，APC 被帽穿甲弹诞生，这种炮弹在命中硬化装甲时，会磕碎一部分表面硬化装甲，然后被帽因为强大的撞击力也会碎掉，如图 5.3 所示。

图 5.3 APC 被帽穿甲弹

被帽风帽穿甲弹（APCBC）是穿甲弹既戴了被帽，又戴了风帽，把两者的特性结合在一起使用，兼顾飞行性能与抗碎弹能力，如图 5.4 所示。

图 5.4 APCBC 被帽风帽穿甲弹

穿甲榴弹（APHE）是在原本实心穿甲弹的尾部掏一个空腔，向里面加入苦味酸等炸药，再安装引信，如图 5.5 所示。

图 5.5　APHE 穿甲榴弹

硬芯穿甲弹，简称 APCR，如图 5.6 所示。硬芯穿甲弹如同它的名字，在弹头内部是很硬的弹芯，其一般由钨合金制成，外面套一层软质金属作为弹托，以适配火炮口径，来保证发射时的火药密封。

图 5.6　APCR 硬芯穿甲弹

第二次世界大战末期，出现了一款新的炮弹——脱壳穿甲弹，简称 APDS，如图 5.7 所示。脱壳穿甲弹与硬芯穿甲弹原理相同，都是将动能集中到密度更大、直径更小的硬质弹芯上，借此希望更有效地击穿装甲。

但问题在于，这种硬质弹芯口径很小，也就是很细。为了解决这个问题，给细弹芯加了外壳，以方便塞进炮管，适配更大口径的火炮进行发射。同时，这样使用大口径火炮，能用更多的推进药。炮弹推进药的能量，最后可以集中在脱壳后的小直径弹头上，使这种弹药飞行速度相当高，穿深也高于之前的传统弹药，并且这种高速弹药穿甲后，即使不内装炸药，靠穿甲产生的碎片也能有效杀伤车组成员。

图 5.7　APDS 脱壳穿甲弹

尾翼稳定脱壳穿甲弹(APFSDS),和脱壳穿甲弹一样,需要外面安装弹托来适配口径,如图5.8所示。弹托的形状有饼状弹托和马鞍形弹托,发射后弹托脱出,弹芯依靠尾部的尾翼稳定飞行,直至击中目标。

APFSDS一般用滑膛炮发射,但也可以用传统线膛炮发射,通过给弹托安装滑动弹带,屏蔽膛线带来的自旋使其也能适配线膛炮,并且尾翼稳定脱壳穿甲弹配合高精度的线膛炮还有奇效。

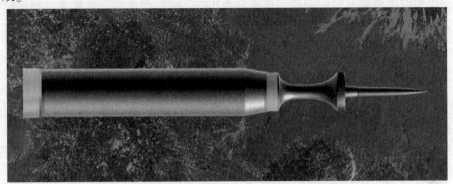

图5.8 APFSDS尾翼稳定脱壳穿甲弹

5.1.2 弹芯材料——钨 ▶▶▶

金属钨本身的耐高温优点,使其被用于各种高速弹药,尤其是穿甲弹,几乎是其必不可少的元素。金属钨一直是稀缺资源,而钨几乎曾是高速穿甲弹弹芯材质的唯一选择,各种弹道导弹武器由于飞行速度极高,必须在外壳应用钨合金,以此对抗高速飞行中因空气摩擦产生的高温,使各种钨合金成为必不可少的关键成分。作为重要的战略资源,钨产业关系着国家经济命脉和国防安全。

穿甲弹在不断的进化演变过程中,由原来的尖头弹到最新的尾翼稳定脱壳穿甲弹,经历了很长的时间。材料也由原本的钢材变成了性能更好的碳化钨合金材料,碳化钨本身拥有极高的密度,这有利于弹芯拥有更大的穿深而不碎裂。此外,这种材料虽然昂贵,但是相对于所要攻击的目标价值不值一提,如一辆主战坦克的价格普遍在500万美元以上,而一枚尾翼稳定脱壳穿甲弹的价格不过才100多美元,两者相差较大。综合评判,钨合金有如下优势。

1. 穿甲能力强

钨芯弹的弹芯采用钨合金制造,钨的硬度比钢更高,所以同样口径下钨芯弹的穿甲能力要比钢芯弹强,这点也是各国极力抛开价格因素影响而选择钨芯弹的主要原因。

一般搭配钨芯弹的30 mm口径近防炮,其有效侵彻深度可达50~70 mm,这个穿透力是一般钢芯弹无法比拟的。所以一旦被钨芯弹击中,它能有效穿透来袭弹体并破坏导弹的结构,保护效果极佳。

2. 耐热度高

近防炮在高射速下会产生巨大的热量,如果弹体材质不佳,子弹就容易变形,从而影响射击精度,而钨的熔点高达3 410 ℃,它是熔点最高的金属,素有"烈火金刚"的美称。

由于钨的耐热特性,钨芯弹也具备耐热度高的特点,能很好地克服因发射热量带来的

不利影响，也因为这一特性，各国敢于研发射速更高的近防炮，使其拦截效果更佳。

3. 弹道正

钨芯弹的弹道正也是得益于钨的密度大、硬度高和耐热性等特点。钨芯弹发射后，在飞行途中不易变形，弹体比较笔直，所以其弹道相对较正，这有利于提高射击效率。

因为近防炮是舰艇的最后一道防线，一旦守不住，后果十分严重。而实战中往往留给近防炮的射击时间也就是短短的数十秒甚至是几秒，所以弹道的曲直程度，对拦截效果十分重要，而钨芯弹在这点上做得比较好。

▶▶▶ 5.1.3 弹芯材料——贫铀 ▶▶▶ ▶

穿甲弹是装甲装备的主要弹种，穿甲弹能贯穿装甲并摧毁目标的原因，前面已经介绍。作为一种动能武器，如果想获得更好的穿甲效果，高密度的弹芯必不可少，这也是常常使用钨合金、铀合金等高密度材料作为弹芯的原因。

虽然弹头质量越大，效果越好，不过为了保证射程远，弹头部分一般都设计得很小，此外，为了保证弹药充足，还会与之搭配大口径的火炮。

穿甲弹在穿甲前期，运动的弹丸和装甲高速碰撞，飞行的弹体遇阻碍，与装甲钢之间产生高应力作用，正常情况下弹体会不断破碎、飞溅，此时弹丸的动能转化为热能，加热与弹丸接触的装甲材料，使接触面破碎的装甲飞溅，并在装甲表面形成一个口部不断扩大的凹坑。

贫铀弹因为本身硬度高、韧性好，所以在碰撞的过程中更难破碎，穿透能力更好。同时，铀容易氧化，撞击产生的高温，会引发铀燃烧，从而产生更高的温度，使装甲的强度进一步下降，破坏效果更好。

穿甲中期，弹体持续向装甲内部穿透，进入凹坑后，弹体在破碎的同时不断侵彻装甲，弹体产生的碎块被反挤在弹体周围，使凹坑进一步扩大，在弹体侵彻到一定深度后，会在装甲背面出现鼓包。贫铀弹在穿甲过程中，弹头会不断"自锐"，使其穿甲能力相比"自钝"的钨合金穿甲弹进一步增强。

所谓的"自锐"是指贫铀合金在温度上升时带来的强度降低程度，超过了这一过程中自身变形得到的强化，从而产生绝热剪切带，弹芯头部因碰撞产生的裂痕会沿着该剪切带扩展，裂纹持续扩展后使弹芯头部边缘材料崩落，弹头就相当于被削尖。

穿甲末期，虽然弹体的破碎不再继续，但装甲背面的鼓包仍会在惯性作用下继续扩大，而装甲的凹坑部位因为变形量过大，抗力也越来越小，最终在最薄弱处被穿透，弹体的残余部分及产生的破片，以剩余速度从装甲背面形成的孔中高速喷出，杀伤装甲内部的坦克成员，破坏装甲内部的装备。

此时，贫铀弹会造成放射性污染，并在铀燃烧时产生大量云雾状氧化铀尘埃，这些物质一旦被吸入人体，就会造成内脏组织的永久性损伤，甚至导致死亡。

▶▶▶ 5.1.4 钨合金和贫铀之争 ▶▶▶ ▶

目前广泛应用于各型杆式穿甲弹弹芯的材料是贫铀合金和钨合金，二者性能的优劣一直以来都是大家讨论的话题。

一般来说，在同等情况下，贫铀合金的侵彻能力较钨合金高 10% ~ 15%，这是由于贫铀合金材料的临界绝热剪切应变率较低，易发生绝热剪切断裂，即"自锐"效应；而钨合金在穿甲过程中，穿杆头部会"自钝"，致使侵彻阻力增大，侵彻力深度降低。

由图5.9可知，在同等弹芯直径条件下，贫铀合金穿甲通道直径最小，穿甲阻力最小。

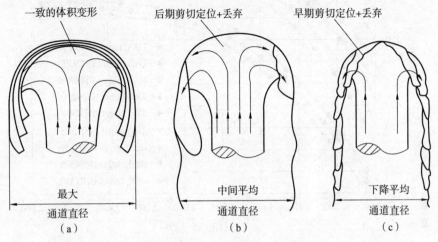

图 5.9 纯钨、钨合金和铀合金材料弹芯穿甲过程中弹头的行为特征
(a)纯钨；(b)高密度钨合金；(c)一种贫铀合金材料(含钛/钒)

此外，贫铀易燃，在穿甲后具有强烈的纵火作用，对车辆成员有更强的杀伤效果，更容易引发二次效应。

但是贫铀也有缺点，具体如下。

①贫铀具有放射性，会威胁坦克装甲车辆成员的健康，燃烧过程中产生的放射性烟气，被人体吸入后会造成严重内照射。

②贫铀化学活性高，容易氧化变质，不利于长期储存。

③贫铀合金刚度较低，需要使用更大尺寸的弹托防止在膛内加速时弯曲，增加了消极质量，减小了穿甲体获得的动能。

④贫铀的熔点为 1 133 ℃，钨的熔点为 3 410 ℃。由于 APFSDS 的飞行速度达 $5 \sim 6\ Ma$，在这种速度下的气动加热可达 2 500 K 左右，在强大的高温和气动力的耦合作用下，贫铀合金的形变较大，弹芯产生的形变会降低速度、加剧振动影响精度和破坏着靶姿态，从而降低穿深。

⑤贫铀合金的流变极限强度较低，在穿杆高速撞击并穿透靶板的过程中会发生压缩变形，应变速率提高，峰值应力也将逐渐增大，"自锐"效应将被削弱。

⑥贫铀较低的剪切强度在带来"自锐"特性的同时，也使面对爆炸反应装甲、约束式复合装甲时，穿杆更容易被折断。

由图5.10可知不同材料的弹芯在长径比 $\lambda = 30$、冲击动能 $E = 10$ MJ 的情况下，着速与穿深的关系。注：THA(tungsten heavy alloy)——高密度钨合金；DU(depleted uranium)——贫铀；steel——钢；target——目标；BHN(brinell hardness number)——布氏硬度，后面的数字越大，材料越硬；均质轧压装甲 RHA 一般特指 RC-27 钢板(4340 钢)，BHN=250～390，对应国标钢号40CrNiMoA。

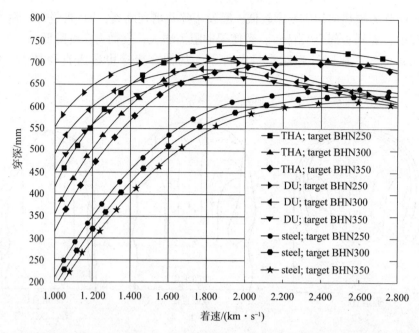

图 5.10　不同材料的弹芯在长径比 $\lambda = 30$、冲击动能 $E = 10$ MJ 的情况下，着速与穿深的关系

目前以固体火药为发射动力的 120~125 mm 坦克炮炮口动能都在 10~13 MJ，已经非常趋近常规火炮的极限。在实际应用中，穿甲体的质量和初速是互相制约的，即穿甲体加长，速度就会降低；速度升高，穿甲体就要缩短，因此在设计上需要取舍。

在当前技术条件下，射击均质钢装甲时，贫铀合金穿甲弹的最佳着速 $v_c = 1\,600$ m/s，而钨合金穿甲弹 $v_c = 2\,000$ m/s（着速可以大致视为炮口初速－速度降）。这一点在弹药参数选择上有明显体现，例如，德国 DM-53 的初速为 1 670 m/s、美国 M829A3 的初速为 1 550 m/s、中国出口型 125 弹初速为 1 700 m/s 等，而制约钨合金杆式穿甲弹穿深的最主要因素是"自钝"效应。

采取措施减小钨合金"自钝"现象带来的影响，也是当前技术条件下提高穿深的有效方法之一，主要有以下两种方式。

①改进材料组分，使其具有绝热剪切特征。

W-Hf 合金，有 50W-50Hf 和 74W-26Hf 两种，采用流化床化学气相沉积加固态固结工艺制成，准静态压缩力学性能与 90W-7Ni-3Fe 合金相当。

W-金属间化合物，目前合成的有 W-7Ni-Fe-Al，该合金烧结密度达 96%，平均晶粒尺寸为 7 μm，在动态压缩试验中，显示了绝热剪切特征。

W-Mn 合金，有 90W-Ni-Mn 和 95W-5Mn 两种，烧结密度达 95% 以上，在动态试验中，均显示了绝热剪切特征。

②改进穿杆结构，用结构自锐来替代材料本身的自锐。

图 5.11 所示为一种具有结构自锐能力的组合式侵彻体及组合杆弹体头部在不同时刻的侵彻形状，这种侵彻体由其外层的钨合金管包覆内层的碳化钨弹芯构成。

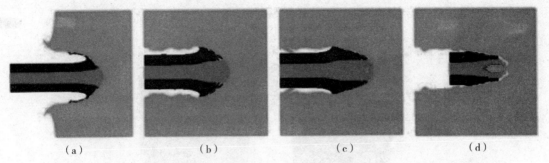

（a）　　　　　　（b）　　　　　　（c）　　　　　　（d）

图 5.11　一种具有结构自锐能力的组合式侵彻体及组合杆弹体头部在不同时刻的侵彻形状

(a)0.02 ms；(b)0.1 ms；(c)0.2 ms；(d)0.28 ms

可以看到，在改进结构之后，钨合金也同样可以"自锐"。不过，相对于贫铀弹芯合金仍然有差距。

组合式结构自锐弹芯相较于改善材料性能的单杆式弹芯，工序更少、成本更低，目前这项技术已经应用在中国新型坦克炮用尾翼稳定脱壳穿甲弹上。

贫铀合金和钨合金有各自的性能优势，铀钨复合也是一个发展趋势。此外，基于复合材料的优良性能，目前还开发了一些用于穿甲弹弹体的贫铀基复合材料。

目前，由常规火炮发射的穿甲弹初速依然有限，当主战坦克的典型交战距离为 2 000 m 或更远距离时，穿甲弹的着速仍然小于 2 000 m/s，所以在对 RHA 的穿透力上，贫铀合金比钨合金仍具有优势。

随着新型装药技术、液体发射装药、电热化学炮、电磁发射技术等的发展，未来杆式穿甲弹的着速将会超过 2 000 m/s 的临界点。

当着速超过 2 000 m/s 时，惯性效应在侵彻中开始居支配地位，穿甲机理发生变化，材料之间行为差别的影响逐渐减少。这时穿杆的结构由连续杆变为分段间断杆后，穿甲性能更好，对于不同的着速，分段间断杆存在最佳的分段及段间间隙。

▶▶▶ 5.1.5　穿甲弹弹芯材料的未来思考 ▶▶▶

军事上，很多国家正在研究将非晶合金作为弹芯材料，制造穿甲武器，替代对人类健康和生态环境造成严重危害的贫铀弹。

弹芯是穿甲弹的主体，弹芯材料的物理特性直接决定穿甲弹的侵彻性能，所以穿甲弹的技术核心还是在于弹芯，特别是弹芯材料的选择。

在各类型的穿甲弹中，贫铀弹的性能相对比较优异，价格也比较便宜，但它在使用过程中造成的放射性污染会对人体造成极大的伤害，这也是许多国家不愿意使用这种武器的主要原因。因此，寻找可替代的材料逐渐成为各国研究的重点。

然而，可供选择的贫铀弹替代品，要么是效果没铀合金好，要么是价格昂贵。

目前使用量最大的主流替代品是钨合金，但是钨合金的密度不够高，物理特性也没贫铀好。另一种使用量大的则是碳纤维材料，主要是普通碳纤维和碳纳米管，它们和铀合金一样具有自锐的特性，但缺点是碳纤维材料一般都非常轻，相比合金弹头而言，动能太低，而如果只用作包裹弹芯材料，又会明显地降低整个弹头的硬度。

在对装甲的侵彻过程中，钨纤维/非晶合金复合材料穿甲弹能形成狭窄弹孔，而钨合金穿甲弹形成的弹孔直径不断增大，说明复合材料的弹芯产生了自锐效应。图 5.12 为钨

合金弹芯和钨纤维复合材料弹芯打靶的弹孔纵剖面对比。

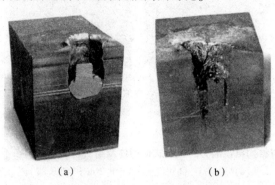

（a）　　　　　　　　　　　（b）

图5.12　钨合金弹芯和钨纤维复合材料弹芯打靶的弹孔纵剖面对比

（a）钨合金弹芯；（b）钨纤维复合材料弹芯

中国钨的储量十分丰富，所以在弹芯材料的选择上，能接受略贵一些的钨合金作为穿甲弹弹芯的主体材料，但是钨合金弹头的自钝性在战场上却是无法接受的。想要让弹头像贫铀弹一样既有自锐性又有高密度，核心的秘密就是非晶合金加上钨合金的组合。

中美两国都在积极地研发将非晶合金应用到穿甲弹上的技术。美国研究制备了钨丝嵌在连续的非晶态（金属玻璃）或纳米晶合金中的复合材料穿甲弹弹芯，复合后的弹芯在综合性能表现及物理特性上都完全可以达到贫铀弹的穿甲能力。中国则以一种新型的钨纤维/锆合金金属玻璃（非晶合金）基复合材料作为穿甲弹的弹芯，在与钨合金穿甲弹进行靶场侵彻性能的对比试验中，其性能要优于钨合金穿甲弹，主要表现在以下3个方面。

①在复合材料弹芯中，弹芯基体（锆基非晶合金）在侵彻时会断裂和破碎，但不会像钨合金那样发生塑性变形和墩粗，形成蘑菇头，这是产生自锐行为的主要原因。加入的钨纤维则起到增强韧性，提高材料的断裂强度，同时增加弹芯密度的作用。实验中复合材料的侵彻深度比钨合金弹芯高约72%。

②在冲击和摩擦过程中，非晶合金因为弹头动能转化为热能而被加热，非晶会结晶化，并且放出热量，这与铀合金受热燃烧类似，温度的上升容易使装甲软化，穿甲能力提高。

③复合材料弹芯在穿甲侵彻过程中，撞击产生的强大应力，会使非晶合金基体发生破碎、钨纤维产生大角度的弯曲甚至断裂，但破坏失效区域可以局限在弹芯头部的狭小边缘层内，而内部的基体和钨纤维的微结构无明显变化，这使复合材料弹芯的穿甲性能可靠性得到进一步的保证。

虽然弹芯中只加了少量的非晶合金，但钨合金的弹芯却有了与贫铀合金弹芯一较高下的能力。

5.2　破甲弹

▶▶▶|5.2.1　破甲弹的原理及简介 ▶▶ ▶

1. 破甲弹的原理

破甲弹的技术含量相对穿甲弹高一些，其破甲的原理应用了门罗效应，也称聚能效应，即炸药爆炸后，爆炸产物在高温高压下基本是沿炸药表面的法线方向向外飞散的。简单一点可以理解为定向爆破技术，即破甲弹爆炸以后，形成的高温高压金属射流向前方射出，对装甲产生熔蚀作用，目前应用范围大于穿甲弹。基本构造有头螺、弹体、聚能炸药、隔板、中心起爆调整器、引信和稳定装置。

破甲弹由弹体、带空心凹陷的炸药、金属药型罩和起爆装置组成，弹丸头部装有瞬发的压电引信。破甲弹设计的突出特点是用相对较少的炸药和较轻的弹头达到较大的穿透深度。破甲弹战斗部的基本组件是空心装药战斗部，这种设计结构目的是产生一个含有金属粒子的狭长气流即金属射流，爆炸穿过装甲并在装甲内部产生像喇叭样散开的装甲碎片，战斗部必须在最佳炸高上适时爆炸才能形成强有力的金属射流。

破甲弹的破甲深度达到破甲弹直径的 4~6 倍，如一发直径为 85 mm 的破甲弹，其破甲深度约为 400 mm。它穿过破甲后的金属射流温度近千摄氏度，速度达几千米每秒，有很大的杀伤力和破坏作用。它是反坦克的主要弹种之一，主要配用于坦克炮、反坦克炮、无后坐力炮等，用于毁伤坦克等装甲目标和混凝土工事。射流穿透装甲后，以剩余射流、装甲破片和爆轰产物毁伤人员和设备。图 5.13 展示的是被尾翼稳定脱壳破甲弹穿深的钢板。

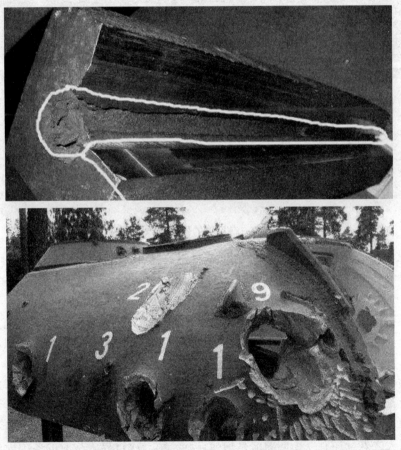

图 5.13　被尾翼稳定脱壳穿甲弹穿深的钢板

现代用新型材料制成的破甲弹的穿甲速度已大大超过了以往，如用贫铀材料制成的贫铀破甲弹就有很大的破甲威力，贫铀合金半球形罩破甲弹的破甲深度达到了药型罩最大直径的 9 ~ 10 倍，未来随着高性能炸药的使用，弹丸的破甲能力将进一步提高。

2. 破甲弹的简介

破甲弹，简称 HEAT，又称为空心装药破甲弹，是一种不会受飞行距离影响穿深的炮弹。它是靠物理攻击的炮弹，飞 100 m 和 1 000 m 携带的动能完全不一样。破甲弹的使用，加强了对坦克的威胁，其主要特点是靠装药本身的能量来穿甲，故不受初速和射距的限制。不过它的装药很有学问，因为空心装药破甲弹主要靠把装药制成带锥形孔的空心圆柱体药柱，并在锥形孔药柱表面加上金属罩，爆炸时即会聚成一股速度、温度和压力都很大的金属射流，即聚能效应，摧毁装甲。反之，如果把装药制成实心，就不能达到破甲的目的。破甲弹的外形及内部结构如图 5.14 所示。

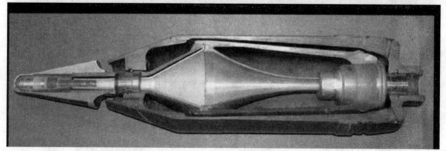

图 5.14　破甲弹的外形及内部结构

破甲弹的穿甲方式通过化学能完成，不管飞行多少米，只要在破甲弹命中目标的瞬间，锥形金属药型罩受爆炸产生的高压，会在轴线上出现一股峰值速度达到 8 000 m/s 的金属射流，不断冲击装甲最终击穿后杀伤内部。

然而破甲弹的金属射流并不是液态的，虽然爆炸会加热锥形药型罩，但是并没有达到能融化整个药型罩的地步，其温度在 900 ~ 1 000 ℃，尚未达到铜的熔点，所以看似流体的金属射流，实际上是因为爆炸的超高压让金属射流拥有了"部分流体"的性质。

所以破甲弹不需要依赖炮口动能等因素来决定穿甲能力，其在哪怕几米，或者几千米的破甲能力都是一样的。

破甲弹虽然不受初速和距离衰减的影响，但是在那个时期破甲弹穿深普遍不高，除了口径没那么大之外，还有一个问题就是炮弹自旋。第二次世界大战时的各国大规模装备的都是线膛炮，炮弹发射时与膛线摩擦高速旋转，无法将全部的能量集中到一个点上，从而影响穿深。

为了解决这个问题，有将成型装药战斗部做成锯齿状，使爆炸产生一个反向旋转的力去对抗炮弹自旋。还有一种办法是使用旋转稳定装置，在弹体上加装一层带有轴承的外壳，发射时外壳高速旋转保持炮弹稳定，内部由于加装了轴承，自转会比常规炮弹慢得多，从而最小程度地降低因炮弹自旋带来的穿深衰减。这种做法最出名的就是法国装备的 G 型破甲弹，虽然好用，但毕竟多加了一个外壳，工艺与工时也会相应提升，导致这种炮弹造价较为高昂。

为了保证能在接触装甲的那一瞬间爆炸，破甲弹使用的压电引信一般设计得都比较灵敏，所以在沙漠草原等旷野还好，一旦遇上障碍物，压电晶体受到撞击就会激活引信引爆炮弹，于是一些载具开始装备外挂式轻型装甲，这种简单的防御方式能有效地对抗破甲弹，使其错过最优炸高，等爆炸波及主装甲时，已经没有那么多能量。

在第二次世界大战的柏林战役中，苏军在 T-34 外侧加装了铁丝制成的简易格栅装甲，来应对德军的"铁拳"，毕竟都是破甲战斗部。除了刚才提到的锯齿药型罩和加装轴承，还有一种方法就是降低破甲弹的自旋速度，但较低的自旋速度又没办法让炮弹在空中稳定飞行，不过这个问题也好解决，即给破甲弹加上尾翼来保持飞行稳定。

这样在炮弹尾部加上尾翼的破甲弹，便是尾翼稳定破甲弹，简称 HEATFS，如图 5.15 所示。尾翼稳定破甲弹也能用线膛炮发射，跟 APFSDS 一样通过加装滑动弹带来适配线膛炮。尾翼稳定破甲弹的外形除了加装尾翼，其弹体外形也进行了改变，现在的尾翼稳定破甲弹的头部，有些会设计成长鼻状，这根故意凸起来的杆子，是为了产生锥形激波，在超声速情况下，长鼻弹的阻力要比使用超口径尾翼的流线型弹头阻力还要小。同时较重的钢制长杆，会使弹体质心前移，从而产生较大的恢复力矩，保持弹丸稳定飞行。

图 5.15 HEATFS 尾翼稳定破甲弹

破甲弹还有一个重要的数值就是炸高，炸高是指破甲弹成型装药战斗部与装甲之间的爆炸距离，因为成型装药战斗部在爆炸时，需要一段距离来完成金属射流的形成，而这段距离就是炸高。军工专家经过无数次计算与测试，会得出每一型破甲弹的最优炸高，所以保持良好的炸高就是破甲弹拥有高穿深的关键。

但破甲弹依然会面对各种防御手段，现在各型主战坦克装备的复合装甲、反应装甲、间隙装甲等，使实际没有那么厚的装甲，面对破甲弹的抗破能力能达到上千毫米。所以即使破甲弹有七八百毫米的穿深，但实际上现代坦克也用复合装甲来应对，毕竟矛与盾是相对的。

现在也有被升级改进战斗部的多用途破甲弹，简称 HEAT MP，可以当高爆弹来反工事，同时像 M830A1 多用途破甲弹的引信还兼容无线电近炸（VT）引信的近炸功能，如图 5.16 所示。

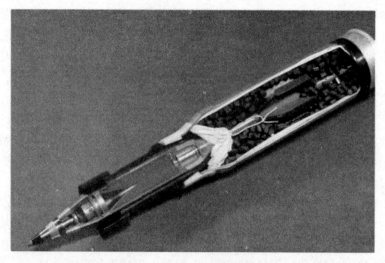

图 5.16　M830A1 多用途破甲弹

▶▶▶ 5.2.2　破甲弹常用材料 ▶▶ ▶

穿甲弹和破甲弹主要用于毁伤坦克、装甲车等装甲目标，常见于坦克炮、反坦克炮、反坦克导弹等。药型罩是两者的"心脏"，药型罩材料并不是只有铜、镍、钽，还有其他材料。破甲弹药型罩结构如图 5.17 所示。

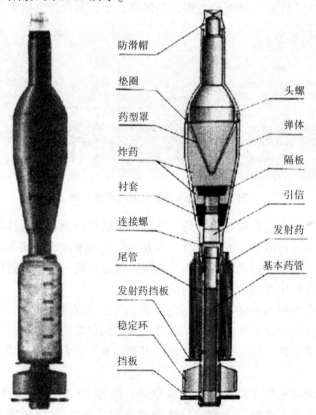

图 5.17　破甲弹药型罩结构

药型罩作为战斗部的关键部件之一，也是破甲弹的重要组成部分，其性能的优劣将直接影响射流质量的好坏。其中，药型罩材料是药型罩诸多参数中影响射流速度及射流长度的重要因素。据专家介绍，药型罩材料需要满足高熔点、高密度、高声速以及良好的塑性等特点，才能够在一定程度上提高射流的质量。药型罩材料主要有纯金属、合金和活性金属材料3种。

1. 纯金属

1）铝

铝密度较低，是一种轻质材料，具有高声速（5.32 km/s）和良好的延展性，美国的AT4火箭筒发射空心装药破甲弹，采用的是铝或铜铝复合药型罩。破甲后能在车体内产生峰值高压、高热和大范围的杀伤破片，并伴有致盲性强光和燃烧作用。

2）铜

铜是纯金属药型罩材料中应用最普遍的材料。这得益于铜具有良好的密度、塑性和声速，因而可以在爆炸加载条件下获得延性射流。此外，还有一个因素是比较便宜。但是，装甲防护技术处于动态发展中，随着装甲防护技术的发展，具有更高密度或更高声速的镍、钽、钨、钼等材料也逐渐引起各国的重视。

3）镍

镍的密度与铜的密度相近，而且它和铜一样，都具有优良的塑性，但镍的声速较铜的高，这使镍药型罩形成的射流具有更高的头部速度。镍药型罩比铜药型罩形成射流的速度高15%，数据显示，镍药型罩形成的射流头部速度可达到11.4 km/s。此外，早些年美国已经将镍药型罩用于"海尔法"导弹串联战斗部。

4）钽

钽（图5.18）具有高密度、较高的声速和良好的动态特性。德国Smart 155 mm末敏弹是当今世界最先进的炮射末敏弹之一，使用的就是钽药型罩。与铜药型罩相比，钽药型罩产生的穿透力提高了35%。不仅如此，在最大射程上，钽药型罩仍能确保击穿坦克的顶装甲。但遗憾的是，钽的成本较高，这严重阻碍了这种药型罩的广泛应用。

图5.18 钽

5）钨

钨（图5.19）是极为理想的药型罩材料，首先，钨具有高密度、高声速、高熔点等优势；其次，钨具有很高的动态塑性，可以形成长且连续的射流，这得益于钨是体心立方金属，存在很多的滑移系。纯钨药型罩破甲性能明显高于纯铜药型罩，纯铜药型罩的射流长度仅为670 mm左右，而纯钨药型罩的射流长度延伸至880 mm左右。

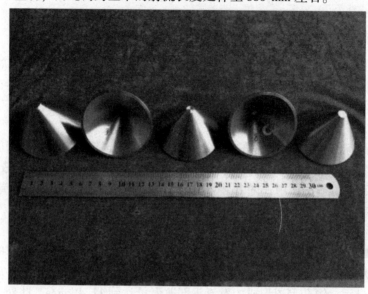

图5.19　钨

6）钼

钼可能是较不熟悉的药型罩材料，有资料显示，钼具有高声速和高密度，也是较为优良的药型罩材料。早前，美国陆军就已经对钼药型罩及其射流特性进行了大量的试验研究。研究发现，钼药型罩具有良好的射流延性，其射流头部速度最高可达到12.5 km/s。

但是，实际上不管是用哪一种纯金属，这些纯金属药型罩都存在很多问题。比如，射流长度的增加需要通过增加射流速度梯度实现，然而采用纯金属药型罩难以提高射流速度梯度。此外，尽管钨、钼和钽可以提高药型罩的密度，但它们的工艺难度和制造成本也大大增加。

7）贫铀

贫铀是核工艺生产中的副产品，具有高密度（19.1 g/cm³）、高硬度和高韧性的特点，贫铀能大幅提升穿甲强度，在聚能金属药型罩的选材上具有很好的前景。研究发现，把高能炸药压在贫铀药型罩上，留下一个圆锥形的空腔，顶端在炸药内部，当聚能装药点火时，爆炸材料中的爆震波将药型罩推向中轴线，从顶部开始一直持续到药型罩的底部。贫铀本身就变成了高速的物质射流，这种射流可以刺穿装甲钢，也可以刺穿混凝土或岩石，如花岗岩或砂岩。

2. 合金

近些年，为了找到更高性能的药型罩新型材料，国内外都在研制高性能合金药型罩，如镍合金、RE-Cu、W-Cu、W-Ni-Fe以及超塑合金等。W-Cu合金密度很高，因此，能提高射流对均质钢靶板的侵彻性能，然而W与Cu无法相互溶解，常规工艺难以制造药型罩，限制了其发展。W-Ni-Fe 合金药型罩能形成高速延性射流，虽然穿深较低，但破孔孔径大。

随着 W 含量的增加，W-Al-PTFE 材料的反应阈值、应变率和比能量阈值都会增加。虽然 W 加强了某些力学性能，但是 W 可降低材料的反应性和总能量，所以为了改进，向 W-Al-PTFE 材料中适当地加入 Mg。加入适当的 Mg 会增强材料的能量密度，提高该反应的反应速率和程度，在试验时发现增加了更多的毁伤坑。

此外，对贫铀铌合金药型罩进行研究，发现铀合金药型罩形成的射流最高侵彻深度较紫铜材料的平均侵彻深度提高 33.4%，贫铀合金半球形药型罩的破甲深度可达药型罩最大直径的 9~10 倍，而常规圆锥形铜药型罩的破甲深度约为药型罩最大直径的 7 倍。

钛合金聚能装药药型罩形成的射流与传统紫铜药型罩形成的射流，在侵彻深度基本一致时，开孔孔径提高约 20%；在孔径基本一致时，钛合金聚能装药药型罩射流的侵彻深度明显高于传统紫铜药型罩的侵彻深度。钛合金药型罩射流基本连续、准直，可形成有效的聚能杀伤元，具有很好的应用前景。

Fe-Al-Bi 合金聚能装药药型罩最佳合金配比为 36Fe-54Al-10Bi，在该配比下，与传统的纯金属聚能装药药型罩相比，Fe-Al-Bi 合金聚能装药药型罩射流不再是细长射流，而是形成了高温高压区域，这有利于提高超临界射流的侵彻性能，聚能装药药型罩在穿透后没有棒塞残留，穿透通道不堵塞，高能粒子射流与靶体发生反应后，不会产生弹状物。因此，Fe-Al-Bi 合金聚能装药药型罩具有更好的侵彻性能。

W-Cu-Zr 非晶合金材料拥有高强度、高硬度、高延展性、优异软磁性、高耐蚀性及优异的电性能、抗辐照能力等特性，它作为药型罩材料，可以提高射流动能，增加射流长度，形成的射流不易断裂，提高了药型罩的侵彻威力，是各方面性能都很好的药型罩材料之一。

但是合金药型罩也有其自身的缺点，那就是密度均匀性较差，射流不稳定，很难用在实际中。

3. 活性金属材料

活性金属材料是两种或两种以上的金属，受强烈外部条件（如冲击或热）的刺激，在固体或液体状态下相互扩散，形成的一类有序化合物。原子比一般符合固定的比例，在形成过程中释放大量的热量。一些金属甚至可以发展自蔓延反应行为，其中比较典型的是 Mo-Si、W-Zr、Al-Ni、Al-Fe 等，由于活性金属间体系材料的密度和强度普遍高于氟基材料，因此这种材料近年来发展迅速。此外，反应结构材料的类型还有金属硼化物，如 B-Ti、B-Zr、金属碳化物和氢化物的系统。

 # 5.3 火炸药

火炸药是兵器的能源，炮弹、导弹、航弹、鱼雷、水雷、地雷、火工品以及爆破药包等都要装填火炸药。火炸药也广泛应用于矿石、煤炭、石油和天然气开采，开山筑路、拦河筑坝、疏浚河道、地震探矿、爆炸加工、控制爆破等方面，以及卫星发射和航天事业等领域。

火炸药是具有爆炸性的物质，当其受到适当的激发冲量后，能够产生快速的化学反

应，并放出足够的热量和大量的气体产物，从而形成一定的机械破坏效应和抛掷效应，通常也统称为炸药。火炸药可以是化合物，也可以是混合物。

▶▶▶ 5.3.1　火炸药的有关概念 ▶▶ ▶

火炸药最重要的概念就是爆炸，其是指物质迅速的物理变化或化学变化。在此变化过程中，有限体积内发生物质能量形式的快速转变和物质体积的急剧膨胀，并伴随强烈的机械、热、声、光、辐射等效应。

爆炸可分为物理爆炸、化学爆炸和核爆炸。

1. 物理爆炸

物理爆炸是由物理变化而引起的，物质因状态或压力发生突变而形成爆炸的现象。例如容器内液体过热汽化引起的爆炸，锅炉的爆炸，压缩气体、液化气体超压引起的爆炸等。物理爆炸前后物质的性质及化学成分均不改变。

2. 化学爆炸

化学爆炸是指由化学变化引起的爆炸。化学爆炸的能量主要来自化学反应能。

化学爆炸变化的过程和能力取决于反应的放热性、反应的快速性和生成大量气体产物。放热是爆炸变化的能量源泉；快速则是使有限的能量集中在局限化的空间，这是产生大功率的必要条件；气体是能量的载体和能量转换的工作介质。下面重点介绍火炸药的化学爆炸过程。

火炸药是在外部激发能作用下，能发生爆炸并对周围介质做功的化合物(单质炸药)或混合物(混合炸药)。它是一类化学能源材料，广泛应用在军事、民域，以完成推进、炸毁、抛射、爆破等目的。

火炸药化学爆炸的一些具体参数：

①反应的放热性：衡量炸药爆炸做功能力的一个重要参数是爆热，军用炸药的爆热一般为 36 MJ/kg；

②反应的高速性：爆炸反应是在微秒级(10^{-6} s)的时间完成的，军用炸药的爆速一般为 5~9 km/s，这是爆炸具有巨大功率和爆破作用的前提条件；

③生成大量气体产物：军用炸药爆炸时生成的气体产量一般为 600~1 000 L/kg。

3. 核爆炸

核爆炸是核武器或核装置在几微秒的瞬间释放大量能量的过程。为了便于和普通炸药比较，核武器的爆炸威力，即爆炸释放的能量，用释放相当能量的 TNT 炸药的质量表示，称为 TNT 当量。核反应释放的能量能使反应区(又称活性区)介质温度升高到数千万开，压强增加到几十亿大气压(1 大气压等于 101 325 Pa)，产生高温高压等离子体。反应区产生的高温高压等离子体辐射 X 射线，同时向外迅猛膨胀并压缩弹体，使整个弹体也变成高温高压等离子体并向外迅猛膨胀，发出光辐射，接着形成冲击波(即激波)向远处传播。

▶▶▶ 5.3.2　火炸药的基本特征 ▶▶ ▶

火炸药的爆炸绝大多数是氧化还原反应，可视为定容绝热过程，高温、高压的爆炸气态产物骤然膨胀时，在爆炸点周围介质中发生压力突跃，形成冲击波，可对外界产生相当大的破坏作用。

与普通燃料相比，火炸药具有不同的特点，即高能量密度、自行活化、亚稳态和自供氧。

1. 高能量密度

火炸药是一种具有高能量密度的物质，能发生剧烈的化学变化，其特点在于以单位体积计算释放的能量多。

例如：1 L TNT 的爆热相当于 1 L 汽油-氧混合物燃烧时放热量的 370 倍；而 1 L 硝化甘油的爆热相当于 1 L 汽油-氧混合物燃烧时放热量的 570 倍。

2. 自行活化

火炸药是一种强自行活化的物质，燃烧或爆炸时，释放大量的能量，而且一旦其有一个分子被活化，引起爆炸反应，则爆炸反应会自行延续下去，直至全部结束反应。

3. 亚稳态

火炸药是在热力学上相对稳定(亚稳态)的物质，但并非是一触即发的危险品，只有在足够外部能量的激发下，才能引发爆炸。

4. 自供氧

常用单质炸药的分子内或混合炸药的组分内，不仅含有可燃组分，而且含有氧化组分，它们不需要外界供氧，在分子内或组分内即可进行化学反应。即使与外界隔绝，炸药自身仍可发生氧化还原反应，甚至燃烧或爆炸。

▶▶▶ 5.3.3　火炸药的基本要求 ▶▶ ▶

1. 满意的能量水平

具有尽可能高的做功能力和猛度，且不同能量指标的要求常随炸药用途各异。

①破甲弹：要求高爆速；

②对空武器：要求高威力；

③矿井用安全炸药：要求高合适的爆速和爆压。

2. 良好的安全性能

对机械、热等各种外界刺激的感度足够低，以保证生产和使用过程中的安全；此外，随使用条件的不同，还要求其具有相应的安全性能。

①高温条件：要求耐热；

②低温条件：要求低温稳定性；

③水下条件：要求良好的抗水性能。

3. 安定性和相容性

火炸药应该具有良好的安定性和相容性，以保证长储安全。

①军用炸药储存时间较长；

②火炸药还要与包装材料、弹体等相接触；

③混合炸药中，组分间的相容性。

4. 良好的装药工艺

火炸药应具有良好的加工和装药性能，能采取压装、铸装和螺旋弹体，且成型后的药

柱具有良好的力学性能。

5. 原材料与生产工艺

①火炸药原材料来源丰富，价格可以接受；

②生产工艺成熟、可靠；

③产品质量合格率再现性好。

6. 生态和环境保护

①生产过程中，不产生或少产生三废，且可以处理；

②易实现，不增加对环境新的污染；

③不影响生态平衡。

▶▶▶ **5.3.4　火炸药的分类** ▶▶ ▶

1. 按用途分类

起爆药：用来引爆猛炸药爆轰或燃烧剂燃烧的物质。

猛炸药：通过爆炸做功对目标进行毁伤破坏的物质。

发射药：利用其燃烧时产生的气体做抛射功，将战斗部输送到目的地。

1）起爆药

起爆药是一种敏感度极高，在受到撞击、摩擦或火花等很小的能量作用时，能立即起爆，而且爆炸时放出极大能量的炸药。其主要特征是对外界作用比较敏感，可以用较为简单的击发机构而引起爆炸。

2）猛炸药

猛炸药相对比较稳定，在一定的起爆源作用下才能爆轰，需要较大的外界作用或一定量的起爆药作用才能引起爆炸变化，其爆炸对周围介质有强烈的机械作用，能粉碎附近的固体介质，常作为爆炸装药装填各种弹丸及爆破器材。

3）发射药

发射药通常装在枪炮弹膛内，进行有规律地快速燃烧，产生的高温高压气体对弹丸做抛射功。

2. 按组成分类

1）单质炸药

单质炸药是能发生爆炸反应的单一化合物，按照分子结构可分为：①硝基化合物炸药（TNT）；②叠氮炸药；③呋咱类炸药；④硝胺炸药（RDX 和 HMX）；⑤二氟氨基类炸药；⑥硝酸酯炸药（PETN）。

2）混合炸药

混合炸药是能发生爆炸反应，由两种或两种以上化合物组成的混合物，通常由单质炸药和添加剂，或由氧化剂、可燃剂和添加剂按适当比例混制而成。氧化剂包括硝酸盐、高氯酸盐、氯酸盐、富氧硝基化合物等；可燃剂包括木粉、金属粉、碳氢化合物等；添加剂包括黏合剂、增塑剂、敏化剂、顿感剂、交联剂、乳化剂等。

混合炸药又可分为军用混合炸药和民用混合炸药。军用混合炸药用于装填各种武器弹药和军事爆破器材；民用混合炸药用于工农业，主要用于开山采矿、土建工程、地质勘探、油田钻探、爆炸加工等。

▶▶◀ 5.3.5　火炸药常见材料 ▶▶▶

1. 黏合剂

黏合剂是具有黏结性的物质，一般为高分子或高分子预聚物，借助其黏结性能将火炸药中的氧化剂、金属燃烧剂、高能炸药等固体颗粒黏结在一起，使火炸药具有一定的力学性能，并在燃烧时释放尽可能多的能量。除硝化棉（NC）、丁羟（HTPB）等经典黏合剂以外，近年来，聚醚类的聚乙二醇（PEG）、环氧乙烷/四氢呋喃无规共聚醚（PET）、环氧乙烷/四氢呋喃嵌段共聚醚（HTPE）、聚己内酯/四氢呋喃嵌段聚酯醚（HTCE），叠氮类的缩水甘油叠氮聚醚（GAP）、3,3-双（叠氮甲基）氧杂环丁烷与四氢呋喃共聚醚（PBT）、聚3,3-双叠氮甲基氧丁环（PBAMO）、3-叠氮甲基-3-甲基氧丁环均聚物（PAMMO），硝酸酯类的聚缩水甘油醚硝酸酯（PGN）以及氟氨基类等黏合剂得到了迅速发展，有些已实现了工程应用，针对各种类型黏合剂的合成与改性也开展了大量研究。

2. 增塑剂

增塑剂是具有高沸点、低挥发性，并能与黏合剂相互混溶的小分子物质，是火炸药的关键组分之一，通常与黏合剂配合使用，以降低含能材料药浆的成型黏度，提高成型工艺性能，同时还可有效降低黏合剂体系的玻璃化转变温度，满足含能材料宽温度适应性使用要求。适用于非极性黏合剂的惰性酯类增塑剂的研究已比较成熟，对于极性黏合剂则以含能增塑剂为主，近年来主要发展了硝酸酯类、叠氮类、硝胺类、偕二硝基类等。

3. 燃烧催化剂

燃烧催化剂是指通过对发射药、推进剂燃烧过程中气、固相反应过程的影响，调节发射药、推进剂的燃烧历程，控制发射药、推进剂燃烧特性对压力、温度等环境因素的敏感程度，实现发射药、推进剂可靠、稳定燃烧的一类功能材料。燃烧催化剂经过多年的发展，从传统的金属离子盐燃烧催化剂到双金属基多功能燃烧催化剂，再到近期的高分子负载型燃烧催化剂，其作为发射药、推进剂的核心功能组分，一直是国内外的研究热点。从未来对武器性能要求出发，燃烧催化剂未来发展方向主要有以下4个。

①绿色环保化：含铅等重金属的燃烧催化剂会对环境造成不利影响，发展绿色环保的燃烧催化剂已成为必然趋势，如采用毒性低、烟雾少且生态安全的含铋化合物替代含铅催化剂，生物基碳材料催化剂、双金属高效催化剂也是未来绿色催化剂的发展方向。

②含能化：赋予催化剂一定的能量特性，可减少催化剂应用对能量性能的损失，已成为燃烧催化剂发展的重要方向，如含能基团取代的有机金属化合物（3-硝基-1,2,4-三唑-5-酮金属盐）、四唑类催化剂、席夫碱铜盐等。

③纳米化：纳米燃烧催化剂一直是高效催化剂技术研究的热点，纳米化可在减少催化剂用量的前提下，大幅改善其催化活性。随着科技发展，单原子催化、纳米碳材料（石墨烯、碳纳米管、C60等）负载催化、纳米双金属有机化合物催化等纳米化高效催化技术已被人们所重视，并逐步进行研究应用。

④多功能化：随着含能材料构成越来越复杂和新型单质高能材料的不断出现，传统单一催化功能的燃烧催化剂已不能满足应用需求，多金属协同催化、有机/无机复合催化，以及催化燃烧的同时具备键合、降黏、改善工艺等功能的燃烧催化剂是未来重要的发展

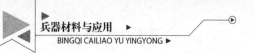

方向。

4. 键合剂

键合剂又称偶联剂，是在黏合剂和固体组分之间通过化学、物理作用，增强界面结合力的物质。理想的键合剂要求既能与固体氧化剂、高能炸药等表面发生物理或化学的作用，又要能通过化学反应与黏合剂相结合，是改善火炸药"脱湿"现象、提高力学性能的有效技术途径。随着黑索今（RDX）、奥克托金（HMX）、六硝基六氮杂异伍兹烷（CL-20）、二硝酰胺铵（ADN）等高能固体组分应用的不断拓展，硼酸酯键合剂和中性大分子键合剂的设计、合成与应用已受到研究者的广泛关注。

5. 工艺助剂

工艺助剂是调节火炸药药浆的流变特性，以有效改善火炸药在制备成型过程中的工艺性能的小分子或高分子预聚物等物质，起到降低药浆黏度、减小屈服，改善药浆流动和流平性能，延长药浆适用期、改善挤出性能等作用。按照功能分类，工艺助剂一般可分为改变药浆流变特性的工艺助剂和延迟药浆固化的工艺助剂等。未来应该加强对含能材料用工艺助剂作用机理方面的研究，并逐步实现工艺助剂的含能化、高效化和复合多功能化。

①含能化：通过化学改性在表面活性剂、固化延迟剂等工艺助剂分子中引入硝基、硝酸酯基、叠氮基等含能基团，可实现工艺助剂含能化，在调节含能材料药浆流变性能的同时，不影响其能量特性。

②高效化：通常情况下，含能材料中工艺助剂的用量要求尽可能少，以避免其带来的能量、力学以及燃烧等方面性能的损失，或者造成工艺助剂与其他组分间的相容性问题，通过新型有机配体、高效路易斯酸、界面作用增强等技术，开发高效工艺助剂是未来发展的主要方向。

③复合多功能化：与燃烧催化剂类似，针对含能材料的复杂构成和新型高能材料的应用，开发同时具备湿润、增溶、分散、键合、燃烧和催化等多种功能的工艺助剂，已成为目前工艺助剂技术研究的前沿和热点。

 ## 参考文献

[1]王泽山. 含能材料概论[M]. 哈尔滨：哈尔滨工业大学出版社，2006.

[2]田德余，赵凤起，刘剑洪. 含能材料及相关物手册[M]. 北京：国防工业出版社，2011.

[3][德]托马斯·马蒂亚斯·克拉珀特克. 含能材料百科全书[M]. 北京：国防工业出版社，2021.

[4]罗运军，夏敏. 火炸药用功能材料发展趋势的思考[J]. 含能材料，2021，29（11）：1021-1024.

50 nm

图 2.53　Mo$_2$C 析出相在 Ferrium M54 钢中的分布